国家林业和草原局普通高等教育"十三五"规划教材

沿海防护林学

吴鹏飞　编

中国林业出版社

内 容 简 介

《沿海防护林学》是基于沿海地区生态环境现状及其防护林建设相关学科的发展编写而成，便于读者理论技术与实践的联系。本教材共分为10章：第1章绪论，概述了沿海防护林学的定义及与其他学科的联系；第2章沿海防护林研究进展，阐述了国内外沿海防护林的研究发展概况；第3章沿海造林环境特点，包括沿海相关地理概念、主要自然灾害、土壤及植被类型等基本情况；第4章沿海防护林建设规划，介绍了沿海防护林建设的规划依据和原则，并分析了不同类型海岸防护林体系的规划目标；第5章沿海消浪林的营造，对沿海消浪林带主要的植物红树林、柽柳林和消浪草带进行了研究；第6章沿海基干林的营造，从沿海基干带的建设现状、问题中提出了沿海基干林带的营造技术；第7章沿海纵深防护林的营造，分别从沿海的水源涵养林、水土保持林、平原农田防护林、四旁绿化、成片林等方面介绍了我国海岸纵深防护林建设基本情况，提出了沿海地区营造纵深防护林带的基本理论及实践措施；第8章沿海防护林抚育管理与更新改造，主要阐述了沿海防护林抚育管理、低效防护林改造、沿海防护林主要更新方式等内容；第9章沿海防护林综合效益评价与提升，介绍了沿海防护林综合效益组成特征及其综合效益评价体系的构建与全面提升对策；第10章沿海防护林法制保障及生态管护，包括沿海防护林法制与引导、有害生物防治、防火及预警。

本教材作为高等农林院校林学、水土保持与荒漠化防治、环境科学、生态学等专业的教科书，也可作为相关专业的科研、管理和生产人员的工具书和参考用书。

图书在版编目（CIP）数据

沿海防护林学/吴鹏飞编. —北京：中国林业出版社，2020.9
国家林业和草原局普通高等教育"十三五"规划教材
ISBN 978-7-5219-0749-0

Ⅰ.①沿… Ⅱ.①吴… Ⅲ.①沿海防护林-高等学校-教材 Ⅳ.①S727.26

中国版本图书馆 CIP 数据核字（2020）第 161598 号

审图号：GS（2020）5006 号

中国林业出版社教育分社

策划编辑：肖基浒 李 伟　　责任编辑：高兴荣 肖基浒
电　话：（010）83143555　　传　真：（010）83143516

出版发行：中国林业出版社（100009　北京市西城区德内大街刘海胡同 7 号）
　　　　　E-mail: jiaocaipublic@163.com　电话：（010）83143500
　　　　　http://www.forestry.gov.cn/lycb.html
经　销：新华书店
印　刷：三河市祥达印刷包装有限公司
版　次：2020 年 9 月第 1 版
印　次：2020 年 9 月第 1 次印刷
开　本：850mm×1168mm　1/16
印　张：14
字　数：332 千字
定　价：50.00 元

序

人类文明由大陆文化和海洋文化共同构成。海洋孕育着生命，充满着无限生机与活力，唤起人类对海洋的深切渴望与探求，先民纷纷顺水而下，或划向海洋。沿海地区人口随之日益增多，城市化进程加快，开发强度增大，在经济飞速发展的同时也带来诸多负面的生态影响。人们在进一步加深对海洋认识及利用的同时，由于开荒拓疆，海岸带原生植被遭到破坏，土壤产生退化，频繁的自然灾害造成了极大的生态破坏及经济损失，区域生态环境问题日益突出。为探寻防灾减灾之路，民众的注意力先是集中在地震预报、海啸预警及海防设施建设等工程措施上，后经多方实践发现沿海地区森林植被的繁茂程度，对降低海啸和台风等的破坏力起到了至关重要的绿色屏障作用，沿海防护林建设由此受到国内外的高度关注。

沿海防护林具有防风固沙、保持水土、涵养水源、改善生态环境和人民生产、生活条件的重要功能，是维护沿海地区生态安全的有效保障。沿海防护林体系构建，需要解决规划布局、造林材料选择、结构配置、困难立地造林和林带经营管理等诸多问题，以期研制出一套成效显著、切实可行的沿海防护林可持续经营技术，这是当前沿海防护林建设工程中的迫切任务。"沿海防护林学"即为研究和解决这些问题的一门科学与技术。

我国沿海防护林体系建设历经数十年的探索与实践，正迈入稳步发展的轨道，工程建设正逐步向自然条件更为恶劣的地区推进，建设理念也发生了重大变化，呈现综合型、高效型发展的趋势。未来沿海防护林体系建设不单纯是发挥一般的防护作用，更重要地体现在抵御重大自然灾害、维护生态安全和发挥多种效益等诸多方面，这就需要从学科发展的维度进行更深入、全面的理论和实践研究。

该书是吴鹏飞教授在福建农林大学主讲"沿海防护林学"的长期教学与实践过程中，经多年知识积淀编写完成的。作者总结了国内外沿海防护林建设的现状及其发展趋势，全面剖析沿海防护林体系在工程建设区生态防护、维持区域经济社会可持续发展的重要贡献，并针对不同海岸类型的生态环境特征，系统概述沿海防护林营造、抚育、改造、更新及管护等方面内容，充分体现传统的沿海防护林体系朝向海岸带生态系统复合体系的发展思维。

该书充分反映了"沿海防护林学"理论与技术的成果，为新形势下防护林科学体系的完善迈出了可喜的一步，对我国从事沿海防护林教学、科研和实践的工作者具有积极的借鉴作用，并将更好地推动我国沿海防护林科学技术的研究与发展。

叶功富

2020 年 2 月于福建省林业科学研究院

前　言

　　我国海岸线漫长曲折，全长约 3.0×10^4 km，整个沿海地区的地质地貌条件和景观特征多变。随着台风、风暴潮、灾害性海浪、海啸等海洋性自然灾害愈发频繁，以及人们对沿海森林植被的肆意破坏，沿海地区水土流失现象日趋严重，造成损失逐年增大，已严重制约了我国社会经济健康发展及生态文明建设的进程。由于工业的发展和人口的剧增，也使世界上很多沿海国家海岸区的植被遭到破坏，土壤退化，频繁的灾害性天气对农、林、牧、渔业和人民生命财产造成严重的损失。从 20 世纪 30 年代开始，美国、苏联、日本及中国等国家对此越发重视，都大规模地开展了沿海地区防护林工作。科学营建沿海防护林体系，可有效抵御和减轻多种自然灾害，从而降低沿海水土流失程度，维持国土安全。事实证明，发展沿海防护林是生态、经济、科学的体系，是沿海人民一道坚实的"避风港"。

　　沿海防护林体系应该是由消浪护岸林、防风固沙林、水土保持林、水源涵养林、农田防护林和其他林种片林等组成的防护综合体。从功能和作用上看，沿海防护林体系不仅具有防风固沙、保持水土、涵养水源的功能，还应具有抵御海啸和风暴潮危害、护卫滨海国土、美化人居环境的作用，而且对于沿海地区防灾、减灾和维护生态平衡起着独特而不可替代的作用。沿海防护林建设是一项复杂的工程，没有翔实的调查和理论指导，不可能规划设计适合当地自然环境和起到良好防护效应的森林体系。因此，学习掌握如何科学合理地营建沿海防护林体系的理论知识及其实践技能至关重要。

　　《沿海防护林学》作为林学专业的基础课程之一，具有很强的实践性和实用性，可为林业专业学生及生产管理者提供一本具有科学性的防护林专著。在当前人才培养创新模式的要求下，本书的出版对培养新时代创新型人才具有重要意义；同时，也可为其他防护林学著作撰写及科学研究提供一定的参考，对为林业科技工作者也有一些参考价值。

　　本书从筹备到完稿历时多年，编写过程中得到福建农林大学林学院院长马祥庆等领导，以及水土保持系各位老师的鼎力支持与指导，特别感谢你们所提出的宝贵意见！感谢林学院赖华燕、潘洁琳、吴凯、吴文景、卢佳奥、郑姗姗、黄博强、陈敏、林德城、张子扬、周杰、许静静、连晓倩、钟悦、张慧、魏博、王讷敏和郭昊澜等研究生及本科生在查阅资料等方面的工作。感谢卢佳奥为本书绘图及李明老师、郑峰和戴圆笙等好友不吝相赠的精美照片。还要感谢中国林业出版社对本书的出版的大力支持；同时本书大量引用了前人的研究成果，在此谨向各位前辈致以最崇高的敬意！衷心感谢叶功富教授级高级工程师在百忙中审阅本书并欣然作序，以及在编著过程不吝惠赐参考资料与所提出的宝贵意见！

感谢福建农林大学教务处、福建省一流林学学科建设经费及海峡两岸红壤区水土保持协同创新中心科研项目的资助。

鉴于沿海防护林学内容涉及学科知识众多，而编者的业务水平有限，书中不免存在错漏之处，谨请各位专家和读者批评指正。

吴鹏飞

2020 年 2 月于福建农林大学科技园

目　录

第 **1** 章

绪 论

【本章提要】

本章在介绍防护林及其体系建设重要性的基础上，着重阐明沿海防护林学的基本内涵和核心理论基础，及其与森林培育学、水土保持学、生态学、地质与地貌学等相关学科的内在关系。本书涉及自然科学、社会管理科学等方面的内容，理论性通俗易懂，但实践性强，只有熟练掌握科学建设沿海防护林体系的理论及实践知识，才可能有效减缓沿海水土侵蚀程度，维护国土安全。因此，通过本书内容的阅读学习，有助于人们因地制宜地造林植树，以有效缓解沿海地区频发自然灾害带来的危害，为沿海人民生产生活提供一定的保障。

我国海岸线漫长曲折，区域景观特征和地质地貌条件多变，全长约 3.0×10^4 km，其中大陆海岸线北起辽宁省鸭绿江口，南至广西壮族自治区北仑河口，全长约 1.8×10^4 km，另有岛屿海岸线约 1.2×10^4 km，涉及辽宁、河北、天津、山东、江苏、上海、浙江、福建、广东、广西、海南、台湾等 12 个省(自治区、直辖市)及香港、澳门特别行政区。海洋是人类的生命起源，随着沿海地区经济的日益发展，人口越来越多。然而，每年沿海地区台风、风暴潮、灾害性海浪、海啸、海水倒灌等自然灾害愈发频繁，加上人们对沿海森林植被的肆意破坏，沿海地区水土流失现象日趋严重，造成的损失巨大，严重影响着我国社会经济的发展。大量研究表明，科学发展沿海防护林是解决这一问题的有效途径之一。

1.1 沿海防护林学的定义

1.1.1 防护林和防护林体系

防护林(protective forest)是以发挥单种或多种防护功能为经营目标的林分的总称，包括了所有可以保持水土、防风固沙、涵养水源、调节气候、减少污染，改善生态环境和人们生产、生活条件的人工林和天然林（翟明普等，2016；朱教君，2013）。从生态学角度出发，防护林可以理解为利用森林具有影响环境的生态功能，保护生态脆弱地区的土地资源、农牧业生产、建筑设施、人居环境，使之免遭或减轻自然灾害，或避免不利环境因素危害和威胁的森林。实际上，陆地上所有的森林生态系统均具有一定的防护功能。沈国舫（2001）认为防护林是五大林种之一，它又分为以下次级林种：沿海防护林、农田防护林、水土保持林、草原护牧林、水源涵养林等。根据配置条件和目的要求，各种防护林发挥着特定的防护功能。

营建防护林是世界各国应对自然灾害和生态问题而采取的重要防治对策，随着环境问题的日趋严峻，森林生态服务功能逐渐为人们所认知，更加凸显了防护林建设的重要性。美国大平原各州林业计划的"罗斯福工程"（1935—1942年）、苏联的"斯大林改造大自然计划"（1949—1965年）和日本的首期治山治水防护林工程（1954—1963年），这些具有国家规模的防护林工程开创了防护林工程建设的先驱（高志义，1997）。

1949年中华人民共和国成立后不久，中国政府即着力开展全国性大规模的防护林工程，旨在防灾治灾、保障和提高农业生产，满足人民生活基本需求。这一时期的防护林实践和理论主要受苏联影响，防护林的概念基本上局限于农田、牧场结合的网、带之上，集中于平原沙区防护林，重点研究农田林网的规划和营造技术，其理论主要是在风沙流体动力学、土壤学和造林学理论之上的农田防护林学，其造林目的是防风、固沙固土、防御干旱、保护农田牧场。这期间我国先后营造了永定河下游、豫东黄河冲击区、陕北榆林沙区的防风固沙林，东北西部、内蒙古东部和冀西地区大规模的农田防护林，以及河西走廊垦区的绿洲防护林。20世纪60年代以后，农田防护林的建设由西部、北部风沙低产区扩大到华北、中原高产区；70年代扩展到江南水网区。其研究对象也已深入到以改造原有的农业生态系统为目标。到80年代，我国的带、网状防护林已突破了原有模式，发展为包括林粮间作在内的农田防护林、防风固沙林、牧场防护林，以及护路、护岸、护渠林等林种相结合，多功能、多效益相结合的平原区防护林体系，成为后期我国生态林业工程建设的重要组成部分（高志义，1997）。

与平原区防护林的发展同步，我国防护林实践和理论的另一个重要组成部分是起源于20世纪50年代中期的黄土高原地区水土保持林的营造与研究。1955年第一届全国人民代表大会第二次会议通过《关于根治黄河水害和开发黄河水利的综合规划的决议》。据此，黄河中、上游各省份紧密结合水土保持工作，开创了我国水土保持林、水源涵养林规模建设的历史。至50年代末，我国提出了生物措施（林草措施）与工程措施相结合的方针。

自20世纪60年代始，开展了黄土高原地区水土保持林体系的研究，这是我国"防护林体系"概念的初级阶段，在理论体系上主要是基于土壤侵蚀学、林学、小流域综合治理理论之上的水土保持林学；在技术体系上，以黄土地区小流域为系统，按地貌部位和水土流失规律布设形成相对完整的水土保持林体系；在林种上划分出水土保持林、水土保持经济林、薪炭林、水源涵养林；在配置上实行多林种、多树种相结合以及带、片、网相结合的格局。从此，我国在有关现代防护林体系概念的提出和"三北"防护林体系等生态林业工程大规模建设等方面有了很大的进步（高志义，1997）。

1979年，北京林业大学关君蔚教授总结了西北、华北、东北西部等地30年来防护林营造的实践经验，归纳出了以风旱防护林基本林种(6个林种)、沙地防护林专用林种(4个林种)、水土保持林专用林种(7个林种)、环境保护及其他专用林种(4个林种)为核心的防护林体系综合简表，比较完善地表达了中国当时防护林体系的结构、类型、林种配置和功能，完善了防护林体系的科学概念及内涵，并提出了解决复杂防护林体系问题的理论方法——生态控制系统工程学，为我国"三北"防护林体系等林业生态工程建设提供了科学的理论和技术依据。"三北"防护林一期工程(1978—1985年)的建设标志着中国防护林实践和理论研究进入了现代防护林体系阶段。其最突出的特点是：

(1)在观念上较为深刻认识到防护林在改善区域生态环境和促进经济发展两方面的巨大作用。

(2)将一个区域内，由木本植物组成的多个林种或林木群体均归属于区域防护林体系之中，并成为其有机组成部分。

(3)将灌木、草本引入到体系建设的植物中，并从宏观布局和微观配置上都实行乔、灌、草相结合。

(4)因地制宜、因害设防，实行从微观到宏观上的林带、片林、林网相结合的配置模式。

(5)将保护、封育和改造现有次生林纳入到防护林体系组成和经营范畴中。在理论上除了仍以传统的造林、营林理论为基础，并加强了规划设计、立地划分、适地适树和效益评价等研究外，生态经济学、生态控制系统工程学等理论已成为重要的研究基础和依据，专家系统、地理信息系统、数据模型库系统等高新技术已成为重要研究手段；在实践上，第一期工程就其建设目标、规模与速度、技术难度及其为当地经济建设发挥的保障、促进作用是举世瞩目的。至2008年，中国仅"三北"地区的防护林面积就达到 $3\,400\times10^4\ hm^2$，中国成为名副其实的防护林大国(朱教君，2013)。

"三北"防护林体系建设工程初期所形成的"生态经济型防护林体系"的概念标志着中国防护林实践和理论上的一次重大飞跃。随着"三北"防护林体系工程建设的深化，原林业部西北华北东北防护林建设局(以下简称"三北局")通过大量调查研究、实地考察与评价，发现有些地区防护林体系建设与当地的经济开发及群众直接经济利益结合得不够紧密，群众造林的积极性难以调动起来，从而影响了防护林建设质量及生态、经济、社会效益长期、稳定、高效的发挥。于是，"三北局"明确提出二期工程建设要走"生态经济型防护林体系工程"的建设道路，并于1985年提出了"生态经济型防护林体系示范区研究"的重大科研课题，于1988年实施了示范区建设和研究。从此"生态经济型"这个新概念，在理论界和实践中的各个层次广泛兴起，除了从生产实践中对生态经济型防护林体系的技术框架进行积极探索外，学术界就其概念内涵、目标及效益评价等展开了热烈讨论。

在1992年中国林学会水土保持专业委员会"三北"生态经济型防护林体系建设学术讨论会上对其概念初步达成下述共识：生态经济型防护林体系是区域或流域人工生态系统的主体和有机组成部分。在区域或流域性人工生态系统建设总体生态经济目标下，以优化土地结构为基础，以发挥当地水土资源、气候资源和生物资源生产潜力为依据，以防护林为主，用材林、经济林、薪炭林和特殊用途林科学布局，实行各林种、树种的合理配置与组合，充分发挥多林种、多树种生物群体的多功能和效益，是一种功能完善、生物学稳定、生态经济高效的防护林建设模式。这一概念较准确、全面地表达了"生态经济型"的内涵和外延，而在理论体系上，除传统的林学、水土保持理论外，可持续发展理论、生态经济学理论、景观生态学、系统论、生态控制系统工程、森林生态经济学等已成为生态经济型防护林体系建设和研究的重要理论支柱。

目前，"生态经济型"作为建设防护林体系的目标和指导思想，已被各林业生态工程所采用。继三北防护林工程以后，中国又先后启动了太行山绿化工程、沿海防护林体系工程、平原绿化工程、长江中上游防护林体系工程、防沙治沙工程、黄河中游防护林工程、淮河太湖流域、辽河流域、珠江流域综合治理防护林体系建设等十大林业生态工程。随着这些工程的深入开展，中国的防护林建设形成了较完善的、独立于世界的理论体系和技术系统。

总之，防护林体系（protective forest system）是由防护林林种组成的有机整体，就是在一个流域或区域范围内，依据地形条件、土地利用状况、影响当地生产生活的灾害的种类和程度，以及结合区域内道路、水利、工程和居民点等分布情况，规划配置各具特点的防护林林种，使它们在配置上互相协调、功能上互相补充，从而形成的因地制宜、因害设防的防护林综合体（翟明普等，2016）。

1.1.2 沿海防护林和沿海防护林体系

1.1.2.1 概念与范畴

沿海防护林（coastal protective forest）是抵御海潮、台风、海啸等自然灾害的生态屏障，是沿海地区人民赖以生存和社会经济发展的"生命林"和"保安林"，也是我国正在建设的十大生态屏障之一，已成为国家重点公益林的重要组成部分。我国海岸线长度总计大约 3.0×10^4 km，岛屿共有 6 500 多个。随着沿海地区人口数量激增，沿海区域的自然灾害频发。广义上，沿海防护林已不单单局限于防护林的其中一个林种，而应该是同时具备防风固沙、保持水土、涵养水源、保护农田、道路等多功能的天然林和人工林的总称。

因此，沿海防护林体系应该是由消浪护岸林、防风固沙林、水土保持林、水源涵养林、农田防护林和其他林种片林（林带）组成的"防护林综合体"。2008 年，国家林业局颁布的林业行业标准《沿海防护林体系工程建设技术规程》中明确指出：沿海防护林体系（coastal protective forest system）是指在规划的沿海防护林建设区域内，以抵御和减轻台风、海啸、风暴潮等自然灾害，改善生态环境，维护国土生态安全为主要功能，由海岸消浪林带、海岸基干林带和纵深防护林组成的多层次、多林种、多树种的综合防护林系统，以及建立与该系统相应的经营管理体系。

1.1.2.2 功能与作用

从功能和作用上看，沿海防护林体系是沿海地区重要的绿色屏障，不仅具有防风固沙、保持水土、涵养水源的功能，而且具有抵御海啸和风暴潮危害、护卫滨海国土、美化人居环境的作用，对于维护沿海地区生态安全、人民生命财产安全、工农业生产安全具有重要意义。加强沿海防护林体系建设是促进经济社会可持续发展的需要。我国沿海地区是带动我国经济社会快速发展的"火车头"，地位和作用十分重要。2017 年沿海 11 个省（自治区、直辖市）和 5 个计划单列市的 GDP 总量高达 46.6 万亿元，占全国的 56.8%。在这里分布有 100 多个中心城市和 630 多个港口。利用海洋资源、开发海洋产业、发展海洋经济，是沿海地区社会经济发展的重要增长引擎。全国海洋生产总值由 2001 年的 9 518 亿元增加到 2016 年的 70 507 亿元，占同期国内生产总值比重由 8.7% 上升到 9.5%。海洋经济的快速发展带来涉海就业人员的增长，2009 年、2016 年全国涉海就业人员分别为 3 270 万人、3 624 万人，年均创造就业岗位近 51 万个，涉海劳动就业人数占全国总就业人数分别为 4.21%、4.65%。可见，加强沿海防护林体系建设，对于保护沿海地区的经济发展成果，促进沿海地区经济社会的可持续发展具有重要意义。

自中华人民共和国成立以来，我国沿海防护林体系不断发展壮大。1991 年国家实施沿海防护林体系建设工程后，其发展速度明显加快。进入 21 世纪之后，国家相继启动了天然林资源保护、退耕还林还草、"三北"和长江中下游地区等重点防护林建设工程、京津风沙源治理工程、野生动植物保护和自然保护区建设工程、重点地区速生丰产用材林基地建设工程六大林业重点工程，进一步加大了沿海地区林业建设的力度，沿海防护林体系建设步入了快速发展的轨道。目前已取得更加明显的成效，为沿海地区防灾减灾作出了巨大的贡献。其主要作用表现在以下四个方面：

（1）防御和减轻海啸和台风风暴潮等自然灾害方面

据记载，1983 年 5 月 26 日日本海中部（秋田县）近海发生了 7.7 级的强烈地震，并引发海啸，潮高超过 10m，造成了相当严重的灾害。通过灾后调查发现，秋田县西部男鹿半岛以北的黑松（*Pinus thunbergii*）防护林对渔船、海滨房屋及其后方的农田起到了很好的保护作用，还一定程度上防止海水进入内陆低洼地带，极大减轻了内陆土地的盐碱化程度（石川政幸等，1984）。

近年来，更大的海啸灾难发生于 2004 年 12 月 26 日的印度洋，举世震惊，短短数小时内造成了巨大损失（图 1-1）。这场灾难引起了世界范围内关于防御自然灾害的广泛讨论。起初，人们的注意力主要集中在地震预报、海啸预警、海防设施建设等工程措施上，但随着对这次海啸教训的深入探寻，人们发现沿海森林植被对降低海啸的破坏力起到了至关重要的作用。以泰国拉廊红树林自然保护区为例，正因为在广袤的红树林保护之下，本次海啸灾难对岸边房屋及居民生活并未造成大的影响，而与它相距仅 70 km、没有红树林保护的地区，村庄、民宅被夷为平地，70% 的居民遇难。印度南部的泰米尔那都邦是海啸的重灾区，而其中的瑟纳尔索普等 4 个村子，由于海边有茂密的红树林，400 多个家庭安然无恙。灾区中 8 块国际重要湿地反馈的信息表明，海啸的能量经过湿地中红树林、珊瑚礁等的消耗后，进入村庄的海水只是缓缓上涨，随后徐徐退却，这与瞬间席卷无数村庄的凶猛海啸形成鲜明对比。

这样的例子，在我国过去发生的台风、风暴潮等自然灾害中也很多。2014 年 7 月 19 日，第 9 号超强台风"威马逊"先后登陆海南、广东之后，其台风中心在广西防城港市港口区光坡镇再次登陆，造成南宁城外甘蔗（*Saccharum officinarum*）、香蕉（*Musa nana*）等农作物，以及大量散生树木歪斜、断梢，甚者连片伏倒；大型广告牌、厂房顶棚损坏严重，有的连同墙体一起倒塌。台风中心最先到达港口区光坡镇，坐落在企沙半岛滨海的沙螺寮村按理应是重灾区，然而全村 545 户人家，竟看不到一间房屋倒塌。这归功于 1993 年种下的数千米长、数百米宽木麻黄（*Casuarina equisetifolia*）防护林，这些木麻黄树现今已长到

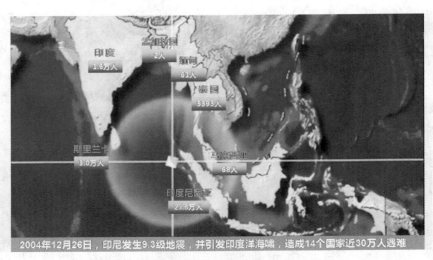

图 1-1　印度洋地震及海啸发生概况(潘洁琳　图)

15~18 m 高，为当地百姓生命财产搭建起了坚实可靠的避风港。

这些实例告诉我们，虽然人类对海啸、台风等自然灾害难以进行科学地预测和有效地控制，但是可以通过采取建设沿海防护林体系来减轻甚至抵消这些灾害的破坏力。目前，广西从沿海滩涂向内陆延伸，已经依次构筑完成了三道防线的沿海防护林体系，用于抵御台风、风暴潮等自然灾害：第一道防线以营造滩涂红树林防浪消浪林带为主体，第二道防线以营造防风固沙基干林带为主体，第三道防线以营造涵养水源、保持水土、防风固沙、保护农田的纵深防护林为主体。全区沿海防护林工程区森林覆盖率从 2000 年的 40% 提高到 2013 年的 52%，减少水土流失面积超过 2×10^4 hm^2，生态环境得到明显改善。

（2）保持水土和涵养水源方面

土壤是地球上所有生态系统的自然支撑和生物屏障，调节着地球表层系统过程。然而，来自世界各地的地球环境报告表明：在自然力 100~400 a 的持续作用下，才可能形成 1 cm 厚的土壤。因此，土壤的不断流失，会丧失农业生产之基、人类生存之本，对人类长期生存危害深重。沿海防护林的林冠层、枯枝落叶层、土壤根系层，能够有效地截流降水、增加入渗、减少地表径流、降低流速、保持水土。早在 1981 年就有报道：由于当时我国南方盛行"刀耕火种"这种人工林经营制度，在海南岛西南部落叶季雨林中，当森林砍伐后又经烧垦的裸露地将直接承受降水的冲击淋洗，当年土壤流失量可达 364.4 t/(hm^2 · a)，是有林地的 20 多倍，这意味着将近 2 cm 厚的表层肥沃土壤被冲刷流失（卢俊培等，1981）。特别是在特大暴雨的作用下，裸地土壤流失量可比有林地的高出 100 倍以上。

图 1-2 中，通过测定不同树木根系对土壤抗冲、抗蚀和渗透性的强化作用以及水土保持效益的差异性，筛选出了既适合当地立地条件，又具有较强水土保持功能的树种，认为在岩质海岸防护林建设过程中，毛竹（*Phyllostachys heterocycla*）林抗冲性强化值最大，而日本扁柏（*Chamaecyparis obtusa*）林分在强化土壤抗冲性效应的程度均强于湿地松（*Pinus elliottii*）和马尾松（*P. massoniana*）等其他林分（张金池等，2001）。另外，不同林分类型各土层抗冲指数都高于无林地，对于同一类型样地而言，0~20 cm 土层的抗冲性指数均高于 20~

40 cm 土层，究其原因是各林分类型土壤表层由于枯落物较多，使土壤有机质含量较高，同时由于土壤表土层根系数量多，尤其是根径<1.0 mm 的须根数量较多，改善了土壤结构，使土壤空隙度增加，容重变小，增加了土壤的通气透水性。植物细根还具有强大的抗拉能力和弹性，加之网络串联、根土黏结、根系生物化学等作用，强化了抗冲性作用（张晓勉等，2012）。

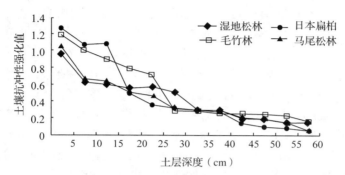

图 1-2 浙江岩质海岸不同防护林树种根系对土壤抗冲性强化值沿土层的变化
（引自张金池等，2001）

沿海森林植被不仅能减小频发暴雨对地表的冲击，而且雨水大部分迅速渗入土壤，使林地土层中涵蓄的水分大大高于无林地，从而有较强的调节降水分配和径流过程的作用，维持大气中水分、地表水和地下水的正常循环。据测定，在年降水量 340 mm 的情况下，只要地表有 1 cm 厚的枯枝落叶层，就可以把地表径流减少到裸地 1/4 以下，泥沙减少到裸地的 70%以下；林地土壤的渗透力更强，一般为每小时 250 mm，超过了一般降水的强度。一场暴雨的降水量通常可被森林完全吸收，每公顷森林可以涵蓄降水约 1 000 m³。在没有森林的情况下，降水就会通过江河很快流走。据富春江畔的建德林场研究，若以裸露土地 20 cm 土壤水分含量为 1；相比之下，阔叶林地为 2.62，杉木（*Cunninghamia lanceolata*）林地为 2.42，松林地为 2.25，草地为 1.81。通过对浙江省宁海县和临海市岩质海岸不同森林植被类型水土保持效益的调查分析发现，即使处在不同植被的幼龄阶段，其土壤平均含水量比荒草坡提高了 17.94%，有利于调蓄水源，改善沿海生态环境（高智慧等，1999）。有关泥质海岸防护林土壤渗透特性的研究，胡海波等（2001）研究表明，泡桐（*Paulownia* spp.）、紫穗槐（*Amorpha fruticosa*）及海堤上淡竹（*Phyllostachys glauca*）等有林地土壤的初渗速率较大，在降雨初期能吸收大量降雨；渗透速率大小主要取决于土壤有机质含量和非毛管孔隙率，这与不同树种根系在土壤中的生长习性密切相关。

（3）防风固沙和改善土壤环境方面

风和沙关系密切，沙借风势，可远行数百千米，在短时间内埋没农田、村寨甚至城市。沿海防护林的地上枝干及树叶可以增加地表空气阻力、降低风速、改变局部的风向；林木根系则具有明显的固土和改土作用。二者综合作用可减轻气流对表土的吹蚀，起到巨大的防风固沙作用。据分析，大范围的防护林能改变风沙流动的动力结构，使风速降低 20%～50%，林网内沙尘减少 80%，大气混浊度降低 35% 以上。广东省在东海岸林场和港口林场对海岸防护林带的防风效应进行测定，结果是林内风速显著低于林外，防风效能达

40%以上；滨海木麻黄防护林基干林带具有明显的防风作用，林带背风面 1~20H 水平风速降低可达 60%~70%。

同时，沿海防护林体系中的农田林网具有防风固沙、降低风速、提高湿度、调节气温的功能，可以有效地改善沿海地区的农田土壤环境，对防治自然灾害，保障农业稳产高产具有不可替代的作用。通过实地观测，农田林网一般可减缓风速 30%~40%，提高相对湿度 5%~15%，粮食亩产增加 10%~20%。孙林等（2011）对榆树市农田防护林的调查研究表明，营造农田防护林后，风沙瘠薄土地逐渐转变为良田，全市风剥地也逐年减少，防护林的防风固沙效果明显。福建省同安县内厝乡，新中国成立前黄沙弥漫，生态环境十分恶劣，新中国成立后营建了 64 km 长的主林带和 60 km 长的副林带，大大降低了风沙危害，在林带的庇护下，粮食产量从 3 t/hm² 提高到 9 t/hm²。王宗星等（2010）以上海市郊沿海防护林人民塘水杉（*Metasequoia glyptstroboides*）基干林带为观测对象，在基干林带与主害风垂直方向设置 1 条观测线，其结果表明水杉基干林带具有明显的防风效果，林带内至林带后 65 m 范围内的风速较林带前均有不同程度的下降，风速最低点在林带后 25 m 处。表 1-1 中，以海南东寨港红树林为研究对象，观测红树林内距向海林缘 50 m、地面以上 2 m 高处的风速、风向特征，发现无瓣海桑（*Sonneratia caseolaris*）和秋茄树（*Kandelia candel*）人工林均对偏北方向风速有明显的减弱效应，林带内 50 m 处的平均风速降低 85%以上，其中秋茄树人工林的减风效应更显著；无瓣海桑人工林内暖季的减风效应比冷季更显著（陈玉军等，2012）。

表 1-1　海南不同红树林内 50 m 处不同风向的风速减低率

红树林种类	N(%)	NNE(%)	NE(%)	NW(%)	NNW(%)
无瓣海桑人工林	92.7	89.8	86.9	96.2	93.7
秋茄树人工林	99.8	99.8	99.9	100.0	99.9

注：分别指在无瓣海桑人工林和秋茄树人工林内、沿与林带垂直方向距林带临海边缘 50 m 处，按 0~360°顺时针方向将风向划分为 16 个方位（每个方位角为 22.5°）：N、NNE、NE、ENE、E、ESE、SE、SSE、S、SSW、SW、WSW、W、WNW、NW 和 NNW 风。表中的 N、NNE、NE、NW、NNW 就是其中若干个测定值。引自陈玉军等，2012。

除季节性干旱之外，养分缺乏也是沿海防护林建设的主要限制因子。①沿海防护林造林树种发达根系的网络联结作用和生物化学作用可促进土壤团粒的形成，使土壤疏松和孔隙率增加，从而有效改善土壤理化性质（李强等，2013）。在 0~60 cm 内，湿地松、马尾松、日本扁柏、毛竹 4 种林分土壤容重分别降低 0.037 g/cm³、0.067 g/cm³、0.082 g/cm³ 和 0.103 g/cm³，非毛管孔隙度提高 0.88%、1.68%、2.59% 和 2.85%，总孔隙度提高 1.36%、2.56%、3.86% 和 3.87%（张金池等，2001）。②树木新鲜凋落物的输入作为有效的底物 C 源，可增加土壤中的微生物数量和酶活性。Leff 等（2012）在热带雨林中研究发现，去除凋落物使得土壤有机碳降低了 26%。Feng 等（2011）发现，去除亚热带季雨林地上部分凋落物 2 a 后降低了 19%的土壤微生物生物量碳。湿地松、木麻黄人工林去除凋落物显著降低了多酚氧化酶和过氧化物酶活性 30%、32%、36%、26%，在尾巨桉（*Eucalyptus urophylla×E. grandis*）人工林中去除凋落物使得革兰氏阳性细菌、真菌和放线菌生物量显著减少了 24%、27%和 24%（桑昌鹏等，2017）。③森林生态系统凋落物分解有效平衡土壤养分，改善了土壤环境，同时，细根在林分的物质周转与循环中占有不可忽视的地位

（张立华等，2007）。对不同林龄（6 a、7 a、16 a、19 a）的杨树（*Populus* spp.）纯林研究发现，6~19 a 内，杨树林地土壤密度从 1.60 g/cm³ 下降至 1.46 g/cm³，呈逐年减少的趋势；有机质含量从 4.20 g/kg 上升到 5.51 g/kg；全 N、全 P 含量分别从 2.38 g/kg 和 2.15 g/kg 上升至 3.25 g/kg 和 2.64 g/kg，土壤 pH 值则明显降低，且随着林龄的增加，改良土壤的作用逐渐增强（王洪等，2013）。木麻黄细根分解的 N、Ca、Mg 归还量分别为枯枝落叶归还量的 95.54%、25.09% 和 23.37%，而 K 的归还量比枯枝落叶还要高，为 1.3 倍，P 素在细根分解中则表现为养分积累。

沿海防护林还可以通过根系的生理代谢活动，有效改良土壤盐渍化、重金属污染等环境。黄俊彪等（2013）发现广州南沙沿海防护林群落可有效降低土壤及水体中 Na⁺、K⁺等的含量，明显改善沿海土壤的生物化学机能。除此之外，沿海防护林植被群落还可通过根系吸收转运土壤中铅（Pb）、镉（Cd）等重金属，并贮存于地上部各营养器官中，减缓了重金属向林地另一侧或林外继续迁移污染的程度。红树林生态系统作为一个热带、亚热带沿海部分区域的有效生物屏障，可显著减少重金属离子进入土壤及海洋的数量和速率。还有，苏北沿海泥质海岸的主要防护林树种刺槐、水杉，以及盐碱地指示植物碱蓬（*Suaeda salsa*）等植物均具有明显的脱盐效果，能改良土壤，增加耕作面积，促进林农增收（孟庆峰等，2012）。

（4）调节小气候和减轻城市污染灾害方面

沿海防护林对局部区域的温度、湿度、降水、光照强度、风速等气象因子可产生显著影响，一定程度上具有调节小气候的生态功能。树木大面积的叶片表面在蒸腾过程中，在消耗大量热能的同时还能吸收和反射太阳光线，有 20%~25% 的热量被反射回空中，还有约 35% 的热量被树冠吸收。据研究报道，沿海防护林体系可明显削弱近地面层的风速和乱流强度，起到防风作用。表 1-2 中，罗美娟（2002）对沿海地区木麻黄防护林在调节小气候等方面的生态作用进行了综合论述。王宗星等（2010）分析上海市郊水杉基干林带前后的风速、气温和空气相对湿度等气候因子的变化规律，认为水杉基干林带在台风登陆期间，能明显降低台风风速，并在一定程度上能降低局部气温、提高空气相对湿度。还有广西山口林场的 1.5~4.5 a 生窿缘桉（*Eucalyptus exserta*）防护林均表现出不同程度的调节小气候功能（黄承标等，1999）。

表 1-2 沿海防护林不同树种人工林对局部区域小气候因子的调节情况

树种	气温（℃）	空气相对湿度（%）	相对风速（%）	文献来源
木麻黄	-(0.4~0.7)	+(1~4)	-(60~70)	罗美娟，2002
水杉	-(0.3~1.6)	+(6~12)	-(58~65)	王宗星等，2010
马尾松	-(0.7~1.5)	+(2~11)	—	刘士玲等，2019
窿缘桉	-(0.2~0.7)	+(1~3)	-(62~86)	黄承标等，1999

注："+"表示增加，"-"表示降低。

由于森林能吸收二氧化碳，每公顷森林平均每生产 10 t 干物质，可吸收 16 t 二氧化碳，释放 12 t 氧气；破坏森林则释放二氧化碳，目前由于森林破坏的碳排放仅次于石化燃料造成的碳排放，居第二位。温室效应已对人类造成了严重危害。早在 2000 年 4 月 6 日，美国公共利益研究集团就发表了一份研究报告称：过去 10 年地球变暖导致的严重生态灾害比 20 世纪 50 年代多 4 倍，造成的实际经济损失也多 9 倍，造成经济损失达 6 252 亿美元，相当于此前 40 a 损失的总和。因此，沿海防护林的林木组成可有效吸储二氧化碳等温室气体，抑制温室效应。

同时，许多树种都具有很强的抗污染能力。据测定，柳杉（*Cryptomeria fortunei*）等树木每公顷每月可吸收二氧化硫 60 kg，大叶黄杨（*Buxus megistophylla*）、海桐（*Pittosporum tobira*）、女贞（*Ligustrum lucidum*）等许多树种还可吸收氢化物、氯化物等有害物质，有杀菌、消尘等功效。通过对海岸防护林带附近空气中主要盐离子飘尘（即海煞）的观测，可以得出无林带地区平均沉降量为 4.3 μg/（m³·100m），通过林带时为 18.4 μg/（m³·100m），可见林带对大气盐尘的吸附和截留作用很大（王述礼等，1995）。日本、英国和意大利等国对森林的防雾、防潮、防止飞沙的作用，防止盐风害也早有报道。可见，海岸森林植被对该区域污染物的直接治理具重要作用。

1.1.3　沿海防护林学

沿海防护林作为沿海地区水土保持及生态环境建设的主要依托，其相关理论技术的研究与发展任重而道远。我国应以建立由海岸消浪林带、海岸基干林带和纵深防护林组成的多层次、多林种、多树种的综合防护林系统为目标。建设内容包含了沿海消浪林、基干林带、农田林网、城乡绿化、荒山绿化和其他片林等方面。可见，沿海防护林学势必与森林培育学、水土保持学、生态学、地理环境学、土壤学、农田防护林学、植物学、水力学、水文学、气象学和地质地貌学等学科密切相关，应涵盖海岸带地理环境变化原理、水土流失与防治理论依据、沿海防护林体系建设及科学造林理论体系、低效沿海防护林改造原理、沿海主要造林树种生物学特性等学科的基本理论体系，体现出多学科之间的相互补充，以及交叉渗透与融合，它的发展必然与沿海地区人民生产、生活紧密相关。

我国沿海地区纵跨温带、亚热带和热带，沿海自然地理和生态环境差异很大。国家林业和草原局将我国沿海防护林工程区的海岸带划分为沙质、泥质和岩质等 3 个类型区和 12 个自然区。因此，沿海地带造林工程区的地貌特征、土壤类型和气候条件不同，适宜造林树种也不同，所采用防护林体系的规划设计及实施方案技术也不尽相同。主要涉及了沿海造林环境分析、泥质海岸防护林结构优化与经营、沙质海岸防护林体系构建、岩质海岸防护林体系构建、盐碱地绿化、沿海红树林保护与恢复重建、纵深防御型沿海防护林体系构建，以及沿海防护林生态效能评价等技术，这就要求相应理论水平及实际运用技术体系的支撑，最终从根本上提升沿海防护林的降灾和防灾等生态功能。

沿海地区的立地条件十分特殊，不比内陆。每年沿海地区的自然灾害都会造成损失，不仅水土流失严重，人民生命财产遭受破坏严重。沿海防护林学是一门利用天然林或人工林来维护海岸生态环境，保护人民生命财产的科学。然而，在沿海地区进行造林，如何保证造林成活、成林，实现高产、高效林分，是极为复杂与困难的。成功营造沿海防护林，可产生巨大的效益，造福百姓。因此，沿海防护林学（science of coastal protective forest）可称之为：根据沿海地区特殊的立地条件及气候特征进行营造防护林体系的科学。

总体上，"沿海防护林学"的主要内容是按沿海造林环境特点、沿海防护林建设规划、沿海消浪林带的营造、沿海基干林带的营造、沿海纵深防护林的营造、沿海防护林抚育管理与更新改造，沿海防护林综合效益评价与提升，以及沿海防护林法制保障及生态管护等章节组成。通过本书的学习，培养广大读者，特别是农林院校学生及林业科技工作者能够因地制宜地规划并营造沿海防护林体系，以大大减轻沿海地区常见自然灾害带来的危害，为沿海人民的生产、生活提供一定的保障。该书内容涉及了森林培育学、水土保持学和生态学等多个学科内容，涵盖了自然科学和管理科学等领域，具有交叉学科多、实践性强等特点。

1.2　沿海防护林学与其他学科的关系

1.2.1　森林培育学

森林培育学是在生命科学、环境科学及其交叉形成生态科学的基础上发展起来的，在本质上是一门栽培学科，与作物栽培学、果树栽培学、花卉栽培学等处于同等地位。森林培育学的特点明显，即所涉及的种类多、体量大、面积广、培育时间长、培育目标多样、内部结构复杂、与自然环境的依存大等。因此，森林培育措施更多地依据自然规律、依靠自然力，要更多地考虑目标定向及体系框架，在集约度上存在很大的分异，从很粗放到很集约，只要符合培育目标，都是适用的(翟明普等，2016)。

森林培育的对象既可以是天然林，又可以是人工林，还可以是天然、人工起源结合形成的森林，实际工作中还包括不呈森林状态存在的带状林木及散生树木。由于森林培育的过程时间很长，从数年到百余年，而且所培育的世代之间又有很强的相互影响。因此，对森林培育必须要有一个完整的技术体系的概念。森林培育过程大致可以分为前期规划阶段、更新营造阶段、抚育管理阶段和收获利用阶段。各阶段所采用的培育措施不同，但必须前后连贯，形成体系，指向既定的培育目标(翟明普等，2016)。

纵观森林培育的全过程，各项培育技术措施无非是通过对林木的遗传调控(林木个体遗传素质的调控及林木群体遗传结构的调控)，林分的结构调控(组成结构、水平结构、垂直结构及年龄结构)，林地的环境调控(理化环境、生物环境)这三方面，在森林生长的各个阶段培育健壮优良的林木个体、结构优化的林分群体以及适生优越的林地环境，达到预期定向的培育目标。根据定向培育目标，各项培育措施必须配套协调，形成体系，有时把它称之为森林培育制度(silviculture regime)(翟明普等，2016)。因此，沿海防护林学的理论与实践根本就是森林培育学，即在沿海地区特殊的困难立地及气候条件下，如何选择合适造林树种、构建科学合理的沿海防护林体系。

根据森林主导功能的不同，森林培育学将森林划分为用材林、经济林、防护林、薪炭林和特殊用途林。根据当前沿海防护林体系建设的长期规划，我们在保证其防护功能及生态效益连续性的基础上，也可以通过采取合理抚育管理和采伐方式等经营措施对该森林资源进行合理利用，特别在沿海纵深防护林的规划当中，可通过合理发展片林而获得较高的经济及社会效益。可见，森林培育学的理论体系贯穿于沿海防护林建设的整个过程，是沿海防护林学的立足根本。

1.2.2 水土保持学

水土资源是人类赖以生存的物质基础，是生态环境与农业生产的基本要素。防治水土资源的损失与破坏，保护、改良和合理利用水土资源是我们的立国之本，也是人类生存和发展的必然选择。因此，维护和提高土地生产力，对发展水土流失地区的生产、改善生态环境、整治国土、治理江河等方面均具有重要意义。我国劳动人民在长期防治水土流失，发展农业生产的实践中发生和发展起来的一门科学，即水土保持学，它是用于研究地表水土流失的形式、发生和发展规律以及水土流失的预防监督、控制和治理规划与效益等方面内容的科学理论基础，以达到合理利用水土资源，为发展农林生产、治理江河与风沙和保护生态环境等领域服务的实践指导体系(张金池，2011)。

沿海地区常常遭受海洋性灾害，立地环境恶劣，植被稀少，水土流失现象严重，这就要求我们必须围绕水土保持学的核心理论体系，在沙质海岸、岩质海岸、泥质海岸和生物海岸等不同海岸地段进行沿海防护林体系的造林规划及实践中，应充分考虑水土保持学的基本理论及先进经验，以达到防风固沙、保持水土、改善生态环境的造林目的。

1.2.3 生态学

随着世界人口的增长和对资源需求的与日俱增，环境、资源、人口等重大社会问题日益突出，在研究解决这些危及人类及各种生物生存和可持续发展的过程中，生态学得到了普遍的重视和很大的发展，成为生物学科中众所瞩目的前沿学科之一。在许多国家和地区，生态学知识得到广泛普及，"生态观点""生态危机""生态工程"等名词已成为社会日常生活用语，生态学基本原理在各个领域得到认同和应用。生态学理论的发展与完善，生态教育的普及与深入，生态环境的保护与建设，对提高维护地球生命支撑体系的指导能力具有十分重要的意义(林育真等，2013)。

21世纪是生态的世纪，是人类努力试图与自然和谐共生的时代。沿海防护林体系作为沿海地区陆地生态系统的主体，已成为该区域国民经济和社会可持续发展的基础和保证。在沿海防护林体系的构建及规划设计过程中，我们就是以系统生态学为理论和实践基础，分别从选择野生生物类群和自然生态系统、人工生态系统和半自然生态系统、自然—经济—社会复合生态系统等多角色、多层次、多维度出发，判断各个林种、各树种与整个防护林体系之间的局部与整体的关联性，建立长期稳定的沿海森林生态系统，以获取最高的生态防护效益。

1.2.4 地质与地貌学

原始地球形成之后，经过40多亿年的发展，形成了现在的状态。地球距离太阳的位置远近适中，使地球表面的水能够以液态、气态和固态等3种不同的状态同时存在，存在于地球表面的液态水形成了广阔的海洋。地球上海陆分布的大势是海洋包围着陆地，两者面积比约为7∶3。海洋不仅在面积上超过陆地，而且深度远远超过陆地的平均高度(张祖陆，2016)。经过长期的实践，地球被逐步认识，并形成了地质学和地貌学。地质学(geology）是研究地球及其演变的一门自然科学，主要研究岩石圈的物质组成、构造、形成及其变化和发展历史以及古生物变化历史。地貌学（geomorphology）则是研究地球表面的形态特征、结构及其发生、发展和分布规律，并利用这些规律来认识、利用和改造自然的科学。两者因地质作用而相互连接。

由于全球气候变暖、海平面上升与日益强烈的人类活动的综合作用，导致全球海岸带区域的生态系统、立地环境、地貌景观格局等发生剧烈变化，这些变化反过来又直接或间接影响着人类社会的生产与生活质量。其中，海岸线的位置、走向、形态、利用方式等时空演变不仅是海岸带地貌景观变化的直观表现，也是区域生态环境保护、经济发展与政策导向等因素相互博弈的外在体现。因此，在沿海防护体系工程建设过程中，我们必须掌握自然侵蚀、堆积和人为因素而引起的海岸线地质、地貌演变规律，从而对沿海造林树种选择、造林地改良、促淤造陆、护堤护岸护坝等方面的规划与实施进行科学指导，旨在为沿海国民经济生产及沿海带环境安全管理提供有力保障。

综上，沿海防护林学与森林培育学、水土保持学、生态学、地质地貌学的关系甚密，除此之外，还与水力学、水文学、气象学和海洋学等有密切相关。

复习思考题

1. 试述沿海防护林的概念与范畴。
2. 简述沿海防护林体系的定义及作用。
3. 试论沿海防护林学主要涉及的学科及其内在关系。

第2章
沿海防护林研究进展

【本章提要】

　　本章在总结归纳英国、美国、澳大利亚等国家在沿海防护林建设方面相关先进经验的基础上，深入分析我国当前沿海防护林的发展状况、面临问题及其对策，结合国内外专家学者有关沿海防护林的研究进展，以及政府对此作出的各种响应，提出今后沿海防护林的发展趋势，旨在为行之有效地保护我国沿海生态环境及人民生命财产提供科学理论参考。

　　据统计，世界海岸线总长约 $44×10^4$ km，生活在海岸线地区和小岛屿上的人口已超过全球总量的 1/3，其中超过 10% 的人生活在海平面 10 m 范围内。近年来，全球酷暑、干旱、洪涝等极端气候事件频发，造成处在低洼沿海地区的人们越来越容易受到洪水、海岸侵蚀和海水倒灌等灾害的影响。特别是从 20 世纪初开始，工业快速发展和人口的剧增，使得世界上很多国家沿海地区的植被遭到破坏，土壤退化并向盐渍化、沙漠化方向发展，频繁的灾害性天气给农、林、牧、渔业带来严重的经济损失。所幸之事，自 20 世纪 30 年代起，沿海防护林陆续引起了许多国家的重视，纷纷开展沿海地区防风减灾研究，普遍认为建立沿海防护林体系是最有效的防护措施。日本、印度、澳大利亚、罗马尼亚、英国、法国、意大利、美国、俄罗斯及地中海沿岸各国都有计划地开展了沿海防护林的营造工作，一定程度上有效地减缓了常见灾害天气的危害程度。沿海防护林体系是沿海地区陆地生态系统的主体，是沿海地区功能最完美最强大的资源库、基因库、蓄水库和能源库，是实现环境与发展相统一的关键和纽带，对改善生态环境、维护生态平衡、保护沿海人民生存和发展等方面起着决定性作用。因此，本章对沿海防护林相关方面的研究进行综合论述，旨在为今后的发展提供理论借鉴与依据。

2.1　国外沿海防护林研究概况

　　沿海防护林建设是世界林业生态工程的起源，先后经历了从群众自发到政府组织，从单一造林到多层次、多功能系统建设的发展历程。早在 18 世纪，英国人率先在苏格兰滨海地带和英格兰东部沿岸营造防护林，并取得显著效果。发展至 19 世纪，丹麦把防护林建设工作纳入国家战略计划。尔后，美国、苏联、加拿大、日本、德国、瑞士、意大利、英国以及北非等国家和地区先后启动，营造沿海防护林举措在全世界内广泛开展起来，且日益受到各国政府和人民的普遍重视。

最初营造防护林主要目的是把已开垦、自然条件不良，或产量不稳的土地改造成经济上有利的良田。因此，当时的沿海防护林是为了适应农业发展和集约经营的需要，实质上具有农田防护林的性质。随着世界经济的发展和生态环境意识的提高，建立良好的生态环境，维持生态平衡已经成为国家社会和各国政府关注的问题。由于沿海防护林既能大面积地改造自然景观，又能抵御或减轻源自海洋的自然灾害，并具有一定经济效益，因此，许多国家根据本国自然条件，逐步开展森林公园、自然保护区、复合农林等方面的探索和实践，由最初单纯营建堤岸防护林、农田防护林到建设沙地防护林、水土保持林、果园防护林、水源涵养林等各种形式的沿海防护林，呈现出多树种搭配、多林种配置、统一规划、合理布局的沿海防护林体系建设趋势。

总之，国外对沿海防护林的营造和研究起步较早，已形成较完整的综合性科学体系。但不同国家的沿海防护林体系的发展之路各有所长，本节内容主要通过对英国、美国、澳大利亚、俄罗斯和日本等国家在沿海防护林建设方面的经验及教训进行总结，以供借鉴。

2.1.1　英　国

英国属于欧洲，是大西洋上的一个岛国，由大不列颠岛、北爱尔兰岛及周围诸多小岛组成，被英吉利海峡、北海、凯尔特海、爱尔兰海和大西洋所包围。国土面积 24.41×10^4 km^2，海岸线长约 1.1×10^4 km，专属经济区面积为 52×10^4 km^2，人口总数超过了 6 500 万。得天独厚的地理环境，造就了英国丰富的海洋资源，英国人口约 30% 居住在距离海岸 10 km 的沿海地带。英国自建国以来就十分重视海洋的作用及其战略意义。

英国从流动沙丘到长期积水的沼泽地，对整个海岸带的立地环境进行了详细调查，着重根据土壤盐化程度的不同划分为若干个类型。在此基础上对海岸带的碱化沙地开始了多树种的推广造林试验，采用乔木、灌木、草、沙障综合治理法及大面积的乔木引种试验，分别有阔叶纯林、针叶纯林及混交林，对海岸线进行了长期治理。对沿海岸沙地采取集沙成丘的办法，然后再用植物去固定。主要做法是在沙地上筑起与主风害垂直的防风堤，防风障由原来的矮林沙障及板条沙障发展到塑料网法，其特点是寿命长、效果好，以沙障高 0.88 m、沙障间距 3.0 m 为宜。在沙堤上用芦苇(*Phragmites australis*)固定，而后栽植抗盐性强的树种，分别采用各种整地方式、工程造林，形成了数千公顷的防护林。他们认为：造林后间种 $1 \sim 3$ a 农作物不但不会降低人工林生产量，反而能保护土壤不受风蚀而流失。

2.1.2　美　国

美国是美洲第二大国家，地处北美洲中南部，东临大西洋，西滨太平洋，南接墨西哥湾，北部与加拿大接壤。美国全国 50 个州中的 30 个州和 5 个联邦领地(波多黎各、关岛和美属萨摩亚群岛等)为沿海州，划分为东南地区、东北地区、墨西哥湾地区、太平洋地区和五大湖 5 个地区，其中包括远离美国本土、位于北美洲西北部的阿拉斯加州和太平洋中部的夏威夷。美国拥有岛屿 26 000 余个，海岸线长达约 $2.3×10^4$ km，200 海里专属经济区面积 1 135×10^4 km²，是名副其实的海洋大国。

美国从 1935 年就开始对太平洋沿岸开展了沙丘固定工作，全部工作分四个阶段完成：①海岸线相隔 30 m 筑一条沙堤。②用草本植物初步固定沙丘。③用豆、草混种加覆盖的方法进一步固定沙丘。④用抗风性强的灌、乔木作为最后固定。在沿海地区主要防护林工程建设中，充分利用现有天然森林植被，建立滨海森林公园、旅游度假区，并加强基础设施配套建设，在缺少植被覆盖的海岸前沿沙地上采用机械沿海边堆积建造防浪海堤，堤内侧植树种草以保堤固沙。在海岸前沿沙地和滩涂营造防浪林和基干林带，在果园和牧场建立防风林带和人工片林，保护果树和牧草。不同类型的防护林从沿海平原到山地，构成了纵深配置、完整和稳定的森林群落，形成具有地带连续性和景观类型多样性的防护林体系。沿海防护林管理中强调多目标经营，确保森林的可持续利用，维持良好的海岸森林景观和生物多样性，对成熟、过熟防护林实行择伐或小面积皆伐，进行天然下种更新或人工造林改造。

2.1.3 澳大利亚

澳大利亚位于南半球的大洋洲，在太平洋南部和印度洋之间，由大陆部分和塔斯马尼亚岛组成。澳大利亚四面环海，其东临太平洋的珊瑚海和塔斯曼海，西、北、南三面濒临印度洋及其边缘海。海岸线长约 $2.5×10^4$ km，200 海里专属经济区面积达 700×10^4 km²，大陆架面积为 200×10^4 km²。澳大利亚海洋资源丰富，大堡礁不仅是典型的海洋生态系统，而且是举世闻名的旅游胜地。澳大利亚在西部海岸也开展了大规模的营造防护林试验。他们对沿岸沙丘进行了不同覆盖物下的造林试验和不同树种的造林试验，结果表明，覆盖物显著提高造林成活率，保护了苗木免受不良气候的危害。他们认为，以松枝作为覆盖物最好，以木麻黄、刺槐(*Robinia pseudoacacia*)作为营造树种较适宜。

2.1.4 俄罗斯

俄罗斯联邦，简称俄罗斯或俄联邦，地域跨越欧亚两个大洲，与欧亚多个国家接壤，包括东南面的中国、蒙古和朝鲜等。俄罗斯陆地面积达 1 710×10^4 km²，大陆海岸线长达约 $3.8×10^4$ km，既是世界上陆地国土面积最大的国家，也是大陆岸线最长的国家。俄罗斯与 14 个海相邻：北临北冰洋的挪威海、巴伦支海、白海、喀拉海、拉普捷夫海、东西伯利亚海和楚科奇海，东濒太平洋的白令海、鄂霍茨克海和日本海，与日本和美国隔海相望，西连大西洋的波罗的海，南接黑海、里海和亚速海。在苏联时代的 20 世纪中期，其远洋渔业、远洋运输、海洋科学考察和船舶制造工业等海洋产业发展迅速，逐渐发展成为一个世界海洋强国。虽然 1991 年苏联解体后，俄罗斯未能继续拥有苏联超级大国的地位，但仍被国际承认是极具影响力的世界性大国。

苏联未解体前就着力营造防护林。1843 年，道库恰耶夫等学者就在俄国营造了草原农田防护试验林，目的是在保护受不良气候影响的农田；苏联于 1931 年成立了专门的研究机构，从而提出广泛发展农林改良土壤的科学研究。在里海沿岸北部半荒漠地区营造稳定的防护林及人工林生物地理群落的过程中，科学家发现小叶榆(*Ulmus parvifolia*)可以在盐碱化严重的沿海地区良好生长，于是，开展了有关小叶榆分别在不同林分和不同土壤结构条件下生长情况的研究。结果表明，在海岸带气候、地形和植物区系特征不同所造成土壤结构的不同并不会对小叶榆的生长造成影响，即使在最黏重的土壤条件下，只要林分结构合理(单行栽植，带间距40~50 m)，小叶榆就能良好生长。这一发现使得该国的沿海防护林营造研究也有了很大的进步。

2.1.5　日　本

日本也是开展沿海防护林研究工作最早的国家之一。其属一个群岛国家，位于亚洲大陆的东部边缘，在日本海、东海和西太平洋之间，其领土由北海道、本州、四国、九州等4个大岛和附近的琉球群岛、先岛群岛、硫黄列岛等3 000多个小岛组成，岛陆国土总面积为37.7×10⁴ km²，海岸线总长约3.5×10⁴ km，其中沙质和泥质岸线长1.3×10⁴ km，基岩岸线长1×10⁴ km，人造海滨岸线长1.2×10⁴ km。沿海有5.1×10⁴ km² 的沙滩和沼泽、约20×10⁴ km² 的海藻养殖场、约8.7×10⁴ km² 的珊瑚礁地带。由于海洋资源丰富、陆地资源匮乏，日本的经济和社会生活高度依赖海洋。日本一直把海洋开发利用放在极为重要的战略位置上，历届政府的国策和经济发展目标都与海洋息息相关。

20世纪初，随着日本人口的迅速增长，人们对土地的需求量也越来越多，因此对沿海地区进行了大规模的开发。然而，海啸、地震和风暴潮频发，对于日本经济的发展及人民生命财产造成了巨大的损失，土壤生产力也不断下降，农业生产环境趋于恶化。基于此，日本在20世纪初期便着力发展和研究沿海防护林。他们根据当地海岸极易崩塌造成植被大面积破坏，以及海岸斜坡崩塌频繁、土壤盐碱度高、植被受到严重破坏的特点，以保土性强、耐风害、耐盐碱的树种为发展方向，从治山治水的角度着重于造林树种的筛选和植被搭配研究；他们在将荒地绿化形成耕地、使沿海地区适宜居住的同时，还将重点放在了沿海防护林的治沙技术和防风机能的研究，并都取得了一定的成果。例如，在风沙危害较严重的流沙海岸，修筑混凝土防浪堤或防浪墙，利用竹、灌木枝条编栅建立防风障和防沙工程，再种植野麦草(*Secale sylvestre*)等，内侧营造黑松林或黑松与灌木混交密植，利用乔木、灌木和草结合固定沙丘。在防风林带保护下的沿海岸农田，再营造农田林网。他们针对灾害的特点，认为：第一，海浪防护林应像一座屏障一样减缓风暴潮对海岸的破坏，以保护沿海岸居民不受潮水的威胁。第二，营造海岸林，阻止海岸沙漠的流动，以保护农田不降低生产力。他们还强调指出，政府应全面考虑整个社会因素和自然因素，从根本上治理沿岸，而不是在灾害发生后采取补救措施。近几年来，日本开展了沿海防护林与农、牧、渔业的产值研究，制定了一系列方针政策，发展沿海农、牧、渔业。

2.2　国内沿海防护林发展现状及前景

我国海岸线北起辽宁鸭绿江口，南至广西北仑河口，大陆海岸线全长1.8×10⁴ km，沿海地区是我国经济最发达、人口最稠密的地区，由于特殊的地理位置以及气候条件影响，台风、风暴潮、灾害性海浪、海啸、赤潮等自然灾害发生频率最高，造成的损失巨大，严重影响着我国社会经济的发展。据统计，2009—2013 年我国沿海地区共发生台风风暴潮 56 次，平均每年 11 次，且发生频率呈上升趋势；与 2009 年的台风风暴潮相比，2013 年的台风风暴潮对我国造成的直接经济损失（高达 152.45 亿元）升幅达到 79.46%，5 年间因台风造成的水产养殖受灾面积超过 $77×10^4$ hm^2，农业受灾面积 $4.53×10^4$ hm^2，海岸工程损毁 $1.1×10^4$ km（侯晓梅等，2015）。

我国沿海防护林工程建设于 1988 年经国家计划委员会批复（计经〔1988〕174 号）后正式启动，即为沿海防护林体系建设一期工程，工程建设期限为 1988—2000 年。2001 年，在总结一期工程建设经验基础上，国家林业局组织编制了二期工程规划，建设期限为 2001—2010 年。2004 年，印度洋海啸发生后，根据党中央、国务院的指示，国家林业局及时组织对二期工程规划进行了修编，确定工程建设期为 2006—2015 年，其中 2006—2010 年为规划前期，工程建设范围扩大到 16 个省（自治区、直辖市）344 个县。经过 30 多年来的建设，沿海防护林体系工程建设范围不断扩大，工程区森林资源逐年增长，生态环境逐步改善，工程建设取得了较大成效，现已初步建成由海岸基干林带、消浪林带和纵深防护林组成的综合防护林体系。据统计，至 2010 年，沿海防护林工程区森林覆盖率已达到 36.87%；活立木总蓄积量约 $6.0×10^4$ m^3。已建基干林带 $1.7×10^4$ km，达规定宽度基干林带 $1.3×10^4$ km，基干林带达标率为 76.17%（罗细芳等，2013）。

自 1988 年我国启动沿海防护林体系建设工程以来，工程区森林覆盖率由 24.9% 提高到 38.8%，森林蓄积量增加了近 $4×10^8$ m^3，水土流失面积减少了 $120×10^4$ hm^2，防灾减灾能力不断提升，人居环境有了较大改善，综合效益日益显现，有效推动了沿海区域经济可持续发展。但与此同时，我们还要清醒地看到我国沿海防护林体系建设仍然存在着不少问题，还不能完全满足沿海地区防灾减灾的需求。

2.2.1 发展历程

沿海地区是我国经济最发达、城市化进程最快、人口最稠密的地区，也是带动我国经济社会发展的"火车头"，在国民经济和社会发展全局中具有举足轻重的地位和作用。长期以来受地理位置和自然条件等因素影响，台风、风暴潮、暴雨、洪涝、干旱、风沙等自然灾害频发，严重威胁着沿海地区经济发展和人民群众生命财产安全。纵观我国沿海防护林体系建设工程的形成与发展过程，大体经历了初始、雏形、发育、调整、快速发展和稳步发展等六个阶段（张纪林等，1998）（表 2-1）。

（1）初始阶段（1949 年前）

我国在中华人民共和国成立之前几乎无沿海防护林，且沿海森林资源破坏严重，只有零星种植桑（*Morus alba*）、柳（*Salix* spp.）、榆、槐（*Sophora japonica*）、楝（*Melia azedarach*）等一些乡土树种，但其应对恶劣环境的能力弱，生长极差，根本无法承担来自海洋各种灾害的减灾防灾之能力。

（2）雏形阶段（1950—1960 年）

自 20 世纪 50 年代初期，党和政府重视防护林建设，开始营造各种类型防护林，但总的来看，树种单一，防护目标单一，缺乏全国规划，大都零星分布，范围小，难以形成整

表 2-1　沿海防护林体系发展阶段的划分、特点及评价

阶段	特点	评价
初始阶段 （1949 年前）	①零星植树； ②营造桑、柳、榆、槐、楝等乡土树种	①开创了沿海林业的先河； ②海堤、水系工程标准低，土壤含盐量大； 残存树为数甚少，生长极差
雏形阶段 （1950—1960 年）	①由海岸防风林、农田防风林、宅旁防风林等组成； ②创建防风林苗圃； ③以乡土树种为主，开始引进木麻黄等树种	①加固了堤防，改善了农业生产环境； ②与修筑海堤、兴修水利、改良土壤相结合，造林成活率较高、生长较好； ③照搬苏联模式（屋脊形、紧密型宽林带），防护效果差，投资大，管理难
发育阶段 （1961—1977 年）	①海堤林、农田防护林、片林、"四旁"植树； ②创建一批国有林场； ③引造刺槐、水杉、柳杉、杜仲（Eucommia ulmoides）、竹类等树种	①改善了农业生产和人民生活的环境条件，提供一定的林副产品； ②与水利建设有机结合，造林易成活，成林成材快； ③林带胁地、病虫害等问题影响建设规模和质量
调整阶段 （1978—1987 年）	①前缘挡浪促淤林、海堤基干林、农田林网、"四旁"植树、丰产林、经济林等组成； ②造林规模扩至整个区域，造林质量提高； ③引进欧美杨（Populus × canadensis）、银杏（Ginkgo biloba）、无花果（Ficus carica）、大米草等	①改善了生态环境，促进了区域经济发展； ②得益于改革开放政策、科技发展和农民自愿投入； ③生态环境仍较脆弱，经济政策、法律和科学营林体制有待建立和完善
快速发展阶段 （1988—2015 年）	①海岸基干林带基本合拢； ②宜林荒山荒地基本绿化； ③农田防护林建设进程加快	①海岸带森林生态系统主体框架基本形成； ②防护林生态功能进一步增强； ③经济效益显著提高
稳步发展阶段 （2016 年至今）	①海岸基干林带宽度持续增加； ②沿海造林工程区增加 5 个单列市； ③沿海造林向盐渍化低湿地等恶劣地区有序推进	①沿海地区森林覆盖率稳步增加； ②沿海防护林分质量明显提升； ③生态、社会和经济效益显著提高

　注：引自张纪林等，1998。

体效果。沿海地区着手治理风沙、水土流失和旱涝危害，辽宁、河北、江苏、广东等省开始在沿海地区营造海岸防护林。从抗灾保产出发，沿海地带造林首先在沙质海岸地段试点，并在泥岸平原或沙岸台地上重点规划。相继在广东、福建沿海沙地成功引种木麻黄，在江苏等省的泥质海岸营造了以刺槐为主的护堤林带，并将海岸防护林带、海岛绿化和丘陵山地绿化一起抓。随后，华南沿海大规模地营造以木麻黄为主要树种的海岸防护林，山东、辽宁和江苏等省开展了盐碱地造林和滨海沙地治理工作，从而积累了丰富的海岸防护林营造经验。

（3）发育阶段（1961—1977 年）

20 世纪 60 年代后防护林建设步入发展阶段，但"文化大革命"期间建设速度放慢，有些已营建的防护林工程遭到破坏，致使一些地方已经固定的沙丘重新移动，已经治理的盐碱地重新盐碱化。70 年代开始，沿海地区一方面向内陆发展农田林网，另一方面绿化海岛，各沿海县在营造防护林的同时，也营造了大面积的用材林、经济林、特用林，开展了封山育林。沿海防护林逐步向带、网、片林结合和林农复合体系发展，建立了农田防护林、水土保持林、经济林和薪炭林结合配套的防护林体系。

（4）调整阶段（1978—1987 年）

1978 年堪称是 20 世纪中国第三次历史剧变发生的一年。在党的十一届三中全会上，国家领导人及时进行了拨乱反正，从而开始了改革开放，并开启了社会主义现代化建设的新时期。因此，1978 年以后，防护林的营造出现了新的形势，开始步入"体系建设"新的发展阶段，从形式设计向"因地制宜、因害设防"的科学设计发展，从营造单一树种与林种向多树种、乔灌草、多林种防护林工程的方向发展，我国先后开展了滨海盐碱地造林，沙地木麻黄防护林和窿缘桉、湿地松、相思树造林，以及海岸带防风固沙林、农田防护林和护堤林的营造等，取得了良好的成效。同一时期，还开展了珠江三角洲农田林网建设，在各海岸段分别引种优良树种，并进行混交林营造试验。

（5）快速发展阶段（1988—2015 年）

1988 年 7 月国家计划委员会批准建设沿海防护林体系一期工程后，防护林建设从粗放经营向分类经营和集约经营方向发展，从一般化的指导向任期目标管理发展，从重视数量建设向重视整体质量建设发展，一个生态服务功能显著的人工森林群体已在建设区域初步形成。该阶段我国沿海各省完成了海岸带林业调查工作，特别是 1988 年启动了沿海防护林体系工程后，防护林定位在建设完备生态体系这样一个较高层次上，在沿海木麻黄等树种速生抗病无性系筛选和小枝水培繁殖，以及防护林树种良种选育和无性系造林等方面取得了较大的进展。20 世纪 90 年代后，福建、广东滨海沙地开展了多树种的造林试验，江苏省进行了沿海防护林体系功能及效益的观测，山东、辽宁等省进行了林业改良利用盐碱地的实践，总结提出窄幅条田排碱、生物改碱、筛选耐盐碱树种、掌握适当季节与方法造林等一整套营林技术。"九五"期间，分别于沙质、泥质和基岩质海岸开展了防护林综合配套技术研究，研制出红树林造林经营技术，木麻黄、黑松防护林更新改造和农林复合生态系统经营技术，引进筛选出适合沿海地区生长的先锋树种，如木麻黄、刺槐、黑松、厚荚相思（*Acacia crassicarpa*）、湿地松和落羽杉（*Taxodium distichum*）等，选育出一大批速生、抗性强的优良无性系。

通过实施沿海防护林体系建设工程，沿海地区从浅海水域向内陆延伸逐步形成了三个层次的建设结构：第一层是位于海岸线以下的浅海水域、潮间带、近海滩涂，由红树林、柽柳（*Tamarix chinesnsis*）、芦苇等灌草植被和湿地构成消浪林带；第二层是位于最高潮位以上的宜林近海岸陆地，主要由乔木树种组成具有一定宽度的海岸基干林带；第三层是位于海岸基干林带向内陆延伸的广大区域，由农田防护林、护路林、村镇绿化等构成纵深防护林。沿海防护林体系的主体框架已基本形成，总体布局是合理的，为沿海防护林体系生态功能的持续发挥奠定了基础。

至 2000 年年底，我国沿海 11 个省（自治区、直辖市）有林地面积 838.3×10⁴ hm²，其中防护林 279.6×10⁴ hm²、用材林 253.6×10⁴ hm²、经济林 223.7×10⁴ hm²、薪炭林 33.2×10⁴ hm²、特种用途林 23.4×10⁴ hm²。特别是为吸取 2004 年暴发的印度洋海啸教训，加快我国沿海地区防灾减灾体系建设，温家宝、回良玉对沿海防护林体系和红树林建设作出了重要批示。2005 年 4 月 30 日，时任国务院副总理回良玉在周生贤同志关于"近期沿海防护林体系建设工作"汇报上批示："此事抓得很好！沿海防护林是我国生态建设的重要内容，是海啸和风暴潮等自然灾害防御体系的重要组成部分。望进一步明确任务，突出重点，采取有力的措施，切实把沿海的绿色屏障建设好。"2005 年 5 月 28 日，时任国务院总理温家宝在周生贤同志"关于加强我国沿海防护林体系建设有关情况的报告"上批示："沿海防护林建设是我国生态建设的重要内容，是沿海地区防灾减灾体系建设的重要组成部分，应列入'十一五'规划。《全国沿海防护林体系二期规划》的修订工作和《全国红树林保护和发展规划》的编制及相关立法工作要抓紧进行。"

（6）稳步发展阶段（2016 年至今）

2016 年 5 月，国家林业局、国家发展和改革委员会联合编制印发《全国沿海防护林体系建设工程规划（2016—2025 年）》。工程区包括辽宁、河北、天津、山东、江苏、上海、浙江、福建、广东、广西、海南 11 个沿海省（自治区、直辖市）和大连、青岛、宁波、厦门、深圳 5 个计划单列市的 344 个县（市、区）。同年 7 月 14 日，全国沿海防护林体系建设工程启动实施现场会在广西北海召开。据悉，到 2025 年，我国沿海防护林总基干林带宽度将从原来的 200~300 m 规划拓展到 1 000 m，工程区森林覆盖率将达到 40.8%。通过构筑万里海疆生态屏障，使沿海地区生态承载能力和抵御台风、海啸、风暴潮等自然灾害的能力明显增强，为沿海经济社会发展和 21 世纪海上丝绸之路建设提供良好的生态条件。

沿海防护林体系建设是一项规模宏大、影响深远的生态工程，它的实施能够为当地带来巨大的生态、经济和社会效益，对促进沿海地区生态与社会经济协调发展，具有重大的战略意义和现实作用。目前，我国沿海防护林建设迈入稳步发展的轨道。据国家林业部门的工作计划，防护林工程正逐步向盐渍化湿地、流动沙地、断带基干林带、沙荒风口、水湿地自然条件更为恶劣的地区推进，急需解决的问题涵盖了种植材料选择、防护林规划布局、结构配置调控、困难立地造林和林带经营管理技术等领域。

2.2.2　现存问题

目前，我国沿海防护林建设主要集中在海岸固沙造林方法、高抗优质树种选择、困难立地改土造林、合理配置与混交、提高林带抵御海风及降低气流中盐分的功能、林带合理规划设计等方面，对海岸滩涂红树林营造和保护海岸、水产养护的作用调查等开展了大量工作，目前虽然取得了许多具有实效的成果，但仍存有诸多问题与困难亟待解决。总的来说，目前我国沿海防护林建设还主要存在以下六个方面的问题：

（1）沿海防护林的总量不足，生态承载能力有待提高

从森林资源情况看，沿海防护林工程范围内 221 个县的森林覆盖率大约为 38%，虽然高出全国平均水平 15% 左右，但与沿海地区发展林业的优越条件不相匹配。特别是部分省（自治区、直辖市）的沿海地区森林覆盖率低于本省平均水平，发展空间还很大。从海岸基干林带建设看，还未实现完全合拢，尤其是海岸基干林带普遍宽度不够，大多数不到 100 m；还有相当数量的农田林网断带严重，且数量不够，难以达到有效防御台风、海啸和风暴潮等自然灾害的目的。经过多年建设，各地按照先易后难的原则，自然条件好的荒山、荒坡、滩涂，基本得到了治理，剩下的多是自然条件恶劣的干旱、盐碱地区，其建设成本高、难度大，而且反复治理，效果不佳。甚至在一些泥质海岸的盐碱涝洼地和沙质海岸的风沙频发地，基干林带还是空白。据统计，目前全国约有 3 800 km 的海岸线需要营造基干林带。

（2）沿海防护林的质量不高，难以完全担当生态安全屏障

一方面，我国沿海防护林普遍存在着树种单一、结构简单的问题，很多海岸基干林带、农田防护林网，都是单一树种的纯林，尚未形成多树种、多林种的林分结构，生态系统稳定性差，致使防护功能先天不足；另一方面，我国沿海防护林大多营造时间较早，很多都已经退化、老化，病虫害危害严重，加之经过多年的风暴潮等自然灾害的袭击，林木受损严重，林分稀疏，疏林残林较多，很多林区不同程度地出现了缺口断带，致使防护功能后天受损，亟待更新改造。据报道，目前我国还有5 000 km 的基干林带需要更新改造。

（3）沿海防护林构建体系的层次结构简单，未能达到现代林业发展新形势的要求

沿海防护林工程启动之初，由于受到当时认识水平的限制，把目标主要定位在绿化海疆、防风固沙之上。在编制工程规划时，主要突出了海岸基干林带、农田林网建设和荒山绿化，而忽视了滨海湿地的保护管理、红树林的保护发展和城乡绿化一体化等方面的内容。在工程规划执行中，一些地方更是把沿海防护林简化为基干林带的建设，没有真正形成从滩涂红树林、滨海湿地到海岸基干林带、城乡防护林网、荒山绿化这样一个多个层次、相互衔接的复合型防护体系，在一定程度上制约了沿海防护林抵御海啸和风暴潮等自然灾害的作用，不能适应新形势发展的需要。

（4）沿海防护林的人为破坏较严重，法律及自愿参与意识仍较为薄弱

沿海防护林处在经济活动频繁的海岸地带，极容易遭到人类活动的影响和破坏。一些地方不惜以牺牲环境为代价谋求短暂的经济收益，不断破坏红树林和沿海基干林带、围湖造田、挖池养殖、乱建开发区，造成了湿地、林地的大量流失，边治理边破坏的现象依然严重。近年来，中央加强了基本农田的保护，但是目前沿海地区城市化进程、经济建设的驱动力并没有降低，以至于有些地方转向林地、湿地，大兴建设开发区，扩大城市范围，更加剧了沿海防护林体系建设与开发建设的矛盾。据统计，我国原有红树林约6×10^4 hm^2，经过20 世纪 60 年代的围海造田、80 年代的围海养殖、90 年代的开发建设，目前仅剩下约2×10^4 hm^2，这对沿海防护林的保护和发展带来了严峻挑战。另外，人们保护沿海湿地、林分等森林资源的保护意识还比较薄弱，社会公益宣扬的力度还有待加强。

（5）沿海防护林建设的投入严重不够

投资渠道不稳定、投资标准低，影响了沿海防护林体系建设的健康发展。沿海防护林基本上是生态公益林，沿海防护林体系建设属公益事业，各级政府是建设和投入的主体，但实际投入严重不够。财政部、国家林业和草原局已明确要求，将红树林和沿海基干林带作为国家生态公益林，但目前尚未完全纳入正在实施的国家生态公益林补偿方案中，在一定程度上影响了沿海防护林体系建设正常开展。从目前情况来看，经过多年，沿海防护林建设剩下的都是立地条件差、造林难度大的地方，特别是盐碱地区、风口地区、石质山区和红树林分布区，需要的投入更高。其次，沿海防护林的管理和保护资金也没有得到有效落实，且投资结构不合理。工程建设投资构成往往只有营造林的直接费用，而作业设计、工程招标、工程监理、检查验收、森林管护等方面的费用未纳入投资预算，根本无法满足工程建设的实际需要。近几年国家虽然加大了投资力度，但还未建立起稳定的投资渠道，造成重造轻管现象十分突出，影响了工程建设进度和沿海防护林建设成果的巩固。

（6）沿海防护林的法律保障和科技支撑滞后

一方面，沿海防护林建设缺乏可操作性的专项法律法规。原林业部颁布的《沿海国家

特殊保护林带管理规定》,对保护和建设基干林带发挥了重要作用,但是涉及的内容较窄,权威性不够。在新的形势下,如何解决沿海防护林建设用地、规范滩涂种植养殖、制止毁林采沙挖矿、遏制无序开发等,都缺乏法律支持,影响了沿海防护林的快速健康发展。另一方面,沿海防护林体系建设科技支撑体系建设滞后,如抗逆性乡土树种选择、滩涂地造林技术、低效防护林改造、红树林引种驯化、困难立地造林技术、耐盐碱耐涝树种选育、高效防护林体系配置、滨海湿地恢复技术等(廖晓丽等,2012),这在很大程度上影响了沿海防护林体系建设的质量,制约了防护林功能的提高和效益的发挥。

2.2.3　发展对策与前景

目前,国家林业和草原局确定新时期沿海防护林体系建设的指导思想是:以增强沿海防护林体系维护国土生态安全、抵御海啸和风暴潮等自然灾害的能力为核心,以保护现有森林和湿地资源为基础,以海岸基干林带建设、红树林保护与发展、纵深防护林建设、湿地保护与恢复作为重点,以体制创新、机制创新和科技创新为动力,调整工程布局、巩固现有成果、扩大覆盖范围、充实建设内容、提高工程质量,确保防护效益,促进自然生态恢复,全面推进沿海防护林体系快速、健康发展,努力构筑我国海疆多元、多层次的,结构稳定、功能完善的防灾、减灾防护林立体配置网络系统,为沿海经济社会的发展创造良好的生态环境,为人民安居乐业构筑稳固的绿色屏障。针对当前我国沿海防护林建设的现存问题,提出以下六点的发展对策:

(1)科学布局,突出重点,着力提高防灾减灾功能

按照沿海地区地形地貌、海岸类型、自然灾害特点,沿海防护林体系建设采取分层次建设的结构布局,从浅海水域向内陆延伸,进一步明确划分出三个建设层次:

第一层次为以红树林、柽柳为主的消浪林带。位于海岸线以下的浅海水域、潮间带,由沿海滩涂的红树林、柽柳、芦苇等植被和湿地构成,是破坏性海浪的"缓冲器"。对这一区域的滨海湿地加强保护和恢复,对适宜红树林等植被栽植的滩涂,加快人工造林、封滩育林,不断提高消浪带的减灾功能。

第二层次为海岸基干林带。位于最高潮位以上、在自然立地条件下适宜植树的近海岸陆地,由乔木树种组成的与海岸线平行、具有一定宽度的防护林带。这一区域海岸基干防护林带建设,包括对已有基干林带加宽,断带处填空补缺,低效林带和过密林带进行改造,以提高基干林带的建设标准,充分发挥其绿色屏障功能和作用。

第三层次为沿海纵深防护林。从海岸基干林带后侧延伸到工程规划范围内的广大区域,按照"以面为主、点线结合、因害设防"的原则布局。乡(镇)、村屯作为"点"进行绿化美化;道路作为"线"建设护路林;在平原农区建设高标准农田防护林网;广大工程区域作为"面",对宜林地进行造林绿化,营造水土保持林、水源涵养林和防风固沙林;对自然保护区强化保护基础设施建设,对其他自然湿地进行保护和恢复。

第一层次的消浪林带与第二层次海岸基干林带均是沿海防护林体系建设工程的重点,是国家重点公益林,也是国务院明确批复的国家特殊保护林带,今后将采取更加有力措施,大力保护。对台风频繁登陆点或台风主要路径等重点受灾区和工农业发达、人口密集地区、城市群进行重点保护和集中治理,将把海南岛和北部湾地区、珠江三角洲地区、海

峡西岸地区、长江三角洲(杭州湾)地区、环渤海地区作为重点建设区域,加以重点推进。

(2)扩大范围,增加内容,提高建设标准

将原二期规划范围涉及 11 个省份 221 个县(市、区),总土地面积 25.98×10⁴ km² 扩大到 11 个省份 259 个县(市、区),土地总面积 44.7×10⁴ km²。在建设内容上增加了红树林和湿地保护及自然保护区建设、村镇绿化、农田防护林、绿色通道建设、科技支撑与示范区建设等内容。提高了建设标准,根据我国海岸线以沙质海岸、泥质海岸和岩质海岸三种类型为主的特点,考虑到新形势下沿海地区防灾减灾的需要,确定海岸基干林带宽度标准为:岩质海岸地段自第一层山脊开始的临海坡面宜造林地全部营造基干林带;沙质海岸从适宜植树地点开始,向内陆延伸的林带宽度从不少于 300 m 调整为 500 m;泥质海岸在自然立地条件下,从适宜植树地点向内陆延伸的海岸基干林带宽度从 100 m 调整为不少于 200 m,如一条林带达不到宽度要求可营造 2~3 条林带。同时,着重考虑沿海森林从单一生态型防护林建设向多功能型综合防护林体系的发展目标,紧密结合当地经济发展及群众脱贫致富要求,增强对沿海防护林体系所能产生社会、经济效益的重视程度。通过扩大范围,增加内容,提高标准,不断增强沿海防护林的防灾减灾能力。

(3)加强立法,严格执法,巩固建设成果

沿海防护林体系工程建设是一项长期的事业,需要有一个持续的法律和政策环境的支持。沿海地区生态保护和开发建设的矛盾十分尖锐,加快立法迫在眉睫。为此,原国家林业局成立了《沿海防护林条例》草案起草小组,开展了资料收集、专题调研、召开研讨会等立法工作,形成了《条例》草案文本(讨论稿),对沿海防护林体系建设的组织领导、资金筹措、林地征占用、红树林和基干林带及森林资源保护等重大问题,作出了法律规定。又如,1995 年 9 月 29 日福建省第八届人民代表大会常务委员会第十九次会议通过,并公布施行《福建省沿海防护林条例》。今后,各地也将根据当地实际,积极争取本级政府和人大的支持,抓紧制定地方性法规,为沿海防护林体系建设提供健全的法律法规体系;其次,要积极探索土地置换、租赁、赎买、沿海基干林带的保护管理等新政策,确保沿海防护林体系工程建设持续健康发展。同时,针对目前林业执法分散,缺乏统一性、权威性的情况,稳步推进林业综合行政执法,努力实现林业执法由多头分散向综合集中拓展,加强防火、防病虫害、防人为破坏等管护工作(洪元程等,2010;黄金水等,2012),依法严厉打击乱砍滥伐林木、乱征滥占林地和湿地等违法行为。

(4)规范技术标准,强化科技支撑,提高建设水平

为了提高工程建设质量和效益,原国家林业局开展了沿海防护林体系建设工程有关标准的编制工作。重点编制并颁布实施了《沿海防护林体系建设技术规程》和《红树林建设技术规程》;并在今后的工作中进一步组织有关部门筛选和组装现有的科研成果和先进管理模式,尽快在实际工作中推广应用。真正转化为现实生产力,提高科技对沿海防护林体系的贡献率;加强科研攻关,将抗逆性林木良种选育、红树林的恢复与经营、湿地保护与恢复、沙荒风口和盐碱等难以利用地造林技术、病虫害的可持续治理、老林带更新改造技术,以及运用地理信息系统(geographic information systems, GIS)、遥感(remote sensing, RS)和全球定位系统(globe position system, GPS)等"3S"技术研究、监测和管理沿海防护林等方面列为优先领域,要抓好不同类型示范区建设,不断总结适宜的新模式,探索沿海防

护林实现可持续发展的途径和措施，为工程建设的持续发展提供理论依据和典型示范，力争尽快实现突破。

（5）完善机制，增加投入，增强体系建设发展的原动力

沿海防护林体系尤其是基干林带，其公益性极强，各级政府应将其纳入公共财政预算，建立起稳定投资渠道和长效的投资保障机制，尽快将沿海基干林带全部纳入国家森林生态效益补偿范围，不断提高补偿标准，加强沿海基干林带管护；制定和完善各项优惠政策，充分调动各方面的积极性，广泛吸纳社会资金，积极扩大对外交流与合作，争取国际组织、外国政府的援款和优惠贷款，探索研究新的建设机制，让多种所有制成分共同参与到沿海防护林体系建设中。今后，我们还将大力宣传沿海防护林体系建设的重要功能和多重效益，加强舆论宣传，营造体系建设的良好氛围。通过广播、电视、报纸、网络等媒体宣传，不断提高全民生态保护及其相关法律法规意识，增强参与的自觉性，逐步形成并维护生态、崇尚自然的良好社会氛围。

（6）改进营林技术，全面预防病虫害，加强防护林监控管理

为了提高林分的抗病虫能力，必须改进营林技术措施。首先要选择抗性强树种混交，改变林分结构，加强抚育管理，增施有机肥料，增强土壤的蓄水性能，提高树势。同时要及时进行卫生伐，清除带病枝叶和枯立木，保证林内卫生，避免弱寄生性病害流行和次期性害虫的发生。对病虫害防治要突出重点，全面预防，以生物防治、人工防治、仿生制剂防治为主，化学防治为辅。还有，应该加强监测工作及监测队伍的建设，实时掌握有害生物的动态，在危害即将发生之前及时布置，防患于未然。

总之，沿海防护林体系的建设总体发展趋向是朝着生态经济型多层次、多功能方面发展，从而实现沿海防护林的可持续经营。未来沿海防护林体系建设不单纯是一般的防护作用，更重要的是抵御重大自然灾害，发挥多种效益，在经营管理上要改变过去传统"防护林体系"经营为"生态系统"经营。

复习思考题

1. 简述国外林业发达国家有关沿海防护林建设的科学经验。
2. 试述当代国内外沿海防护林的主要研究方向。
3. 简述我国沿海防护林发展现状、主要问题及其对策。

第3章
沿海造林环境特点

【本章提要】

本章在厘清海岸线、潮间带海岸带等主要沿海地理概念的基础上，分析台风、风暴潮、海啸等沿海主要自然灾害发生的特点、危害及预警机制，着重介绍了我国沿海地区气候、主要灾害天气、土壤类型及植被类型等造林环境特点，为沿海防护林的建设与可持续发展提供实践基础。

据统计，地球上的陆地和海洋总面积约 $5.1×10^8$ km²，其中海洋面积约 $3.6×10^8$ km²，占地球表面积的71%。海岸地形不同，其海岸线或曲折破碎，或平直漫长。沿海地区在世界范围内的各个纬度上皆有分布，同时其地面状况亦千差万别。由于自然和人为因素的作用，海岸线地貌特点又是多变的。例如，上海金山区漕泾镇东北约 1.5 km 处沙积村尚存沙墩，经 ^{14}C 测定距今已有 6 000～7 000 年，是上海西部仅存的古海岸线遗迹。可见，海岸线的时空变迁，一方面直接促成了岸线位置的变迁和海岸类型的转变；另一方面，海岸线变迁也将引起海岸带沉积物输入及输出情况的变化，促进滩涂面积及其立地环境因子的改变，从而决定着造林树种的选择、促淤造陆、堤坝建设与维护等方面。因此，本章旨在系统深入地分析沿海造林环境特点，为科学合理营造沿海防护林提供理论与实践依据。

3.1　沿海相关地理概念

地球表面除去海洋的部分就是陆地，而陆地中面积较大的就称之为大陆，与岛屿、半岛和地峡等未被海洋淹没的部分组成了所谓的陆地。据统计，陆地总面积约 $1.5×10^8$ km²，约占地球表面积的29%。全球有欧亚大陆、非洲大陆、北美洲大陆、南美洲大陆、大洋洲大陆和南极洲大陆共六块大陆。其表面起伏不平，分布有山脉、高原、平原、盆地等地表形态(武庆新，2014)。然而，陆地的地表形态是在不断发生变化的。在地壳运动、岩浆活动、变质作用和地震等地质内力，以及风化、侵蚀、搬运、堆积和固结成岩等地质外力的联合作用下，构筑了陆地表面各种各样的地貌特点。其中，来自海洋浪潮、风力和盐蚀等作用，以及江河携带泥沙在入海口的沉积，甚至人为围海造田的活动，均会造成沿海陆地面积及地貌的变化，通常"沧海桑田"其实描述的就是这一变化过程。本节就沿海相关的海岸线、潮间带和海岸带等地理概念及其范畴进行论述，旨在为沿海造林环境的解析提供理论基础。

3.1.1　海岸线

3.1.1.1　定义与范畴

如图 3-1 所示，海岸线（coastline，shoreline）作为陆地与海洋的分界线，一般是指海水在高潮水位时向陆所到达的痕迹线。由于受到潮汐作用以及风暴潮等影响，海水有涨有落，海面时高时低，这条海洋与陆地的分界线时刻处于变化之中，通常可根据当地的海蚀阶地、海滩堆积物或海滨植物对海岸线的位置进行判定。

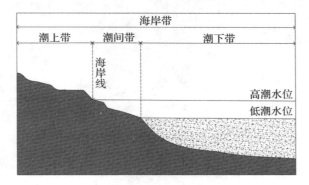

图 3-1　海岸地理概念相关性示意图（卢佳奥　绘）

3.1.1.2　海岸线变迁的影响因素

海岸变化是由气候、地貌过程和人类活动之间的复杂相互作用所驱动的。长期以来受地壳运动、海面变化、河流输沙与沿岸动力等诸多因素的综合影响，海岸线一直处于动态变化的过程中。近年来，国内外学者在海岸线变迁及其影响因素方面做了大量的研究工作。根据作用力的差异，海岸线变迁的影响因素可以分为自然因素和人为因素。

（1）自然因素

影响大陆岸线演变的自然因素包括了河流来沙、沿岸输沙及潮汐作用等。Badru 等（2018）利用遥感技术研究发现，1986—2016 年期间，尼日利亚海岸沙坝潟湖及泥质段海岸线的短期和长期变化的动力主要归因于该地区风暴潮频率的增加，在此期间发生了 13起以上的事件。该岸线具有较强的动力性，平均侵蚀率估计为 28.08 m/a，平均侵蚀率估计为 20.56 m/a。还有，澳大利亚昆士兰东南部（Southeast Queensland，Mcsweeney 等，2018）、印度东南海岸低洼沿海地区（Nagapattinam District，Jayanthi 等，2018）等海岸线变迁动力及影响情况也均有报道。图 3-2 中，Melis 等（2018）采用生物地层学和孢粉学方法研究阐明了近 8 000 年来意大利撒丁岛（Sardinia，地中海第二大岛屿）主要的古生态变化、海岸线迁移阶段和相对海平面变化，其动力主要是入海口的高含沙量的沉积作用，特别在

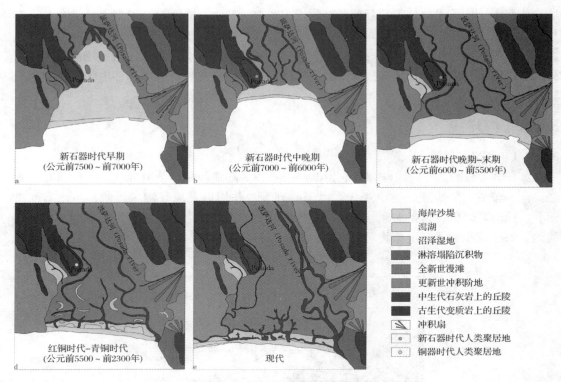

海岸沙堤
潟湖
沼泽湿地
淋溶塌陷沉积物
全新世冲滩
更新世冲积阶地
中生代石灰岩上的丘陵
古生代变质岩上的丘陵
冲积扇
新石器时代人类聚居地
铜器时代人类聚居地

图 3-2　近 8 000 年来意大利撒丁岛海岸线的迁移变化

新石器时代（公元前 6 000~前 4 000 年），这个作用特别明显。可见，从史前至今的漫长历史发展时期内，人类对沿海平原的利用，最有可能受到这种沿海景观快速和持续演变的制约。

（2）人为因素

随着社会经济的发展以及工业化、城市化和全球化的推进，人类对土地资源的需求越来越迫切，限于陆地土地资源的不足，人类开始逐渐向海洋迈进，越发依赖海洋资源。在过去的数十年的时间尺度下，导致中国大陆海岸线时空变迁的人为因素主要有围海造陆、港口建设和水产养殖等，一系列的人类活动形成了人工化的大陆海岸。沿海社会经济的发展和对土地的需求，使得滩涂围垦成为耕地总量平衡的主要调节手段。而滩涂围垦又强烈地改变着近海的水沙动力条件，并进一步引起岸线的变迁。港口建设对于大陆海岸线的影响主要是强烈地改变了岸线的曲折度，增加岸线长度，进而影响到整个岸线的分形维数。水产养殖可分为 2 种情况：一种是在围垦的土地中开辟水产养殖区域；另一种是发展近海养殖，利用港湾地形和网箱进行水产养殖（杨磊等，2014）。

根据自然岸线的划分，从海岸线所处的地质地貌情况看，一般分为 4 类：岩质海岸、泥质海岸、沙质海岸和生物海岸。而从其稳定性角度来说，分为侵蚀型、堆积型及稳定型。在短期内发生了明显变化的岸段属于侵蚀型或者堆积型的泥质海岸，例如，长江口—杭州湾南岸、珠江三角洲地区均属泥质海岸，这些地区是岸线发生变化最显著的岸段。如图 3-3 所示，毋亭等（2017）研究发现 20 世纪 40 年代以来我国大陆海岸线总体以扩张趋势为主，其中大规模扩张趋势主要发生于泥质海岸；后退趋势主要表现为沙质海岸的侵蚀后退；而岩质海岸线的状态较为稳定，不易扩张或侵蚀。全国范围内，沿海各省（自治区、直辖市）岸线变化趋势的表现为：泥质海岸的扩张趋势空间分布较为集中和连续，其中河北至浙江一带岸线扩张的平均速率较快，江苏省内岸线扩张的平均速率在大陆沿海 10 个省（自治区、直辖市）中居首位，高达 47.46 m/a，其次为天津与上海。相反，沙质海岸的侵蚀后退趋势则表现为较为分散。

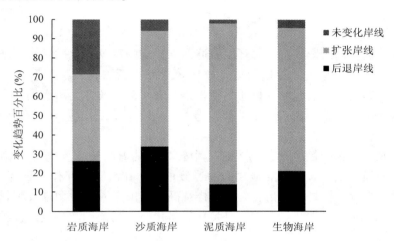

图 3-3 20 世纪 40 年代以来我国大陆各海岸类型岸线变迁的趋势（引自毋亭等，2017）

3.1.2 潮间带

3.1.2.1 定义与范畴

如图 3-1 所示，潮间带（intertidal zone）是指正常气候条件下，高潮水位和低潮水位间的海陆交替过渡地带。潮间带表现为周期性地受海水的淹没和出露，侵蚀、淤积变化复杂，滩面上有水流冲刷成的潮沟和浪蚀的坑洼，导致该区域物质和能量的转换远比其他地域迅速，其生境类型多种多样，在生态系统中发挥着不可替代的作用，也是发展海水养殖业的重要场所。潮间带这种特殊环境决定了能适应其生长的植物种类不多，我国的大部分潮间带都缺少植被覆盖，因此极易受到外来因素的干扰。

与潮间带相对应的是潮上带和潮下带。①潮上带是指特大潮汛或风暴潮作用上界至正常高潮水位之间的地带。该区域常出露水面，蒸发作用强，地表呈龟裂现象，有暴风浪和流水痕迹，生长着稀疏的耐盐植物，常被围垦用于农林生产经营。②潮下带是指正常低潮水位以下可能出露的沙泥滩及其向海的延伸部分，该区域水动力作用较强，沉积物粗。

3.1.2.2 现存问题

潮间带是滨海湿地的主要类型之一，具有较高的生产力，是各种具有重要经济和渔业价值的近海和海洋生物的索饵场，能够有效地过滤陆缘污染物的向海扩散，并具有抵御风暴潮等自然灾害的功能等。随着人类社会和经济的迅速发展，潮间带日益受到污染、围垦、养殖、港口建设和盲目开发等经济活动的严重影响，世界范围内大面积的潮间带生境已经出现了明显的退化。目前主要存在以下几个方面的问题：

（1）重金属污染严重

作为海陆交替的过渡地带，潮间带是记录人类对环境影响的敏感地区。特别是各种污染物质通过生物、化学及物理作用富集在沉积物中，这些污染物质会对潮滩生物产生直接的毒害作用，并通过食物链富集和传递，最终影响人类健康。众多污染物中，重金属因其毒性和持久性对潮间带沉积物的影响最为严重。经测定，福建九龙江下游潮间带表层沉积物中铅含量范围为 38.50 ~ 128.50 mg/kg，已造成轻度至中等污染，具有轻度的潜在生态危害。

（2）水体富营养化

受高强度人类活动的影响，近海环境普遍面临严重的富营养化问题，污染的海域面积已超过 $10 \times 10^4 \ km^2$。这是由于过量的氮排放导致近海富营养化，甚至形成赤潮等生态灾害。另外，网围养殖活动引起的有机质不断积累、降解，以及各类污水的排入，使输入潮间带的氮、磷含量升高，加剧了水体富营养化。

（3）物种资源明显下降

潮间带是底栖生物的栖息地、鸟类迁徙中转站及陆海物质交换与能量循环的重要场所。这是由于潮间带属于海洋与陆地之间的过渡地带，在海陆交互作用下环境复杂多变，适宜潮间带动物觅食、栖息与繁衍，生物多样性高。但由于人为活动越发频繁，以及互花米草（*Spartina alterniflora*）等生物入侵、环境污染等影响，目前潮间带生物种类及数量均呈逐渐下降的趋势。

3.1.3 海岸带

3.1.3.1 定义与范畴

海岸带（coastal zone）也称为海岸（sea coast），是指海岸线向陆、海两侧扩展至一定宽度的带状区域，由彼此相互强烈作用的滨海陆地和近岸海域组成。对于其明确范围，至今尚无统一的界定。2001 年联合国在"千年生态系统评估"（The Millennium Ecosystem Assessment）项目中指出，海岸带是海洋与陆地的界面，向海洋延伸至大陆架的中间，在大陆方向包括所有受海洋因素影响的区域；具体边界为位于平均海深 50 m 与潮流线以上 50 m 之间的区域，或者自海岸向大陆延伸 100 km 范围内的低地，包括珊瑚礁、高潮线与低潮线之间的区域、河口、滨海水产作业区，以及水草群落。根据海岸线的形成机制，可分为自然海岸和人工海岸两大类。

3.1.3.2 特 点

海岸带是海洋与陆地相互作用最为频繁、活跃的地带，深刻地反映着海陆之间相互作用关系，它的改变能揭示自然地理环境的变迁；同时，海岸带也是资源与环境条件最为优越的区域，是海岸动力与沿岸陆地相互作用、具有海陆过渡特点的独立环境体系，与人类生存与发展的关系最为密切。然而，随着海洋经济的快速发展和全球气候的变化，海岸带生态环境出现诸多问题：近岸海域污染加剧的问题未得到根本解决、典型生态系统遭到破坏、海洋生物多样性呈现明显下降趋势、滨海湿地迅速缩减、部分海岸遭受严重侵蚀、海平面上升速度加快、海水入侵现象明显增加。因此，海岸带极其脆弱，与高原、山地、平原和沼泽等其他类型的地理区域相比，海岸带具有以下明显的特点：

（1）海岸带的生态服务功能高，但生境脆弱

海岸带的红树林、珊瑚礁、潟湖和潮间带湿地等生态系统具有很高的生态服务功能，对于当地生物多样性保护、生态安全维持和资源可持续利用起着重要作用，是海岸带生态关键区。然而，随着自然和人类活动的共同影响，海岸带生态区域出现了诸多生态系统退化问题，例如，水土流失、植被破坏、环境污染、地下水位大幅度下降、海平面上升和生物多样性减少等，其生态系统表现出明显的脆弱性。沿海生态系统是指海岸带这个特定区域环境内所有生物和环境因子的统称，包括了自然系统、社会系统以及自然—社会耦合生态系统三个方面，是一个复杂的开放系统。

生态脆弱性（ecological vulnerability）的提出可追溯至 1905 年美国生态学家 Clements 所提出生态过渡带（e-cotone）这一概念的内涵。而有关"脆弱带"的概念则是在 1989 年召开的第七届国际科学联合会环境问题科学委员会（Scientific Committee on Problems of the Environment，SCOPE）大会上首次予以确认。随后，SCOPE 又多次召开专题讨论会来探讨全球变化对脆弱带的影响、脆弱带对生物多样性的影响以及生态系统管理问题等。自此，有关生态脆弱带的研究一直是生态学家的研究热点和重点。沿海生态脆弱性（ecological vulnerability of coastal area）是指海岸带生态系统在特定时空尺度下，在遭受外界自然和人为活动等因素干扰后朝逆向演替发展的自然属性，可用来表征该区域自然生态系统和环境受到危害的风险、趋势和程度，包括物理和生物学进程、能量流通、生物多样性、基因、生态恢复力和生态冗余等，是自然环境与人类生产活动以及当地历史发展过程相互作用的结果（李连伟等，2018）。田超（2018）基于"生态敏感性—生态恢复力—生态压力度"模型，采用空间主成分分析法对福建沿海地区 2000—2014 年生态环境脆弱性进行分析研究发现，坡向、海拔、景观破碎度、年平均降水量是福建沿海地区生态敏感性的主要驱动因子。毛晓曦等（2016）运用 ENVI 遥感技术解译出河北黄骅市 1990 年、2000 年、2014 年三期影像，采用生态系统服务价值评估方法对该地区生态系统服务价值进行测算，研究认为黄骅市土地生态类型变化对生态系统产生负面影响，生态环境质量降低。

海岸带生态环境同其他生态脆弱环境相比，具有明显的共同特点，如生态环境稳定性差、生态敏感性强、自身恢复能力慢、抗干扰能力差等，均需要借助外部因素和人为干预对生态脆弱区域进行恢复建设。其生态环境脆弱性分布具有很强的空间异质性。例如，江苏沿海地区是自然保护区、滩涂湿地、珍稀与经济鱼类 3 场（产卵场、索饵场、越冬场）等的密集分布区；辽河三角洲生态脆弱区是我国面积最大的芦苇滨海湿地，也是世界第二大芦苇产地，是丹顶鹤、黑嘴鸥等珍稀水禽繁殖区域；福建沿海地区是大暴雨出现几率较高地区，南安凤巢、同安罗田、莆田坑尾、福清高山、漳浦梁山、云霄岳坑、霞浦杨家溪、平潭韩厝等地出现过一昼夜 400~600 mm 的降水量。又如，黄河三角洲海岸带位于黄河三角洲高效生态经济区和山东半岛蓝色经济区，受自然和人类活动的共同影响，其生态环境十分脆弱。李连伟等（2018）从自然因素和人类活动出发，构建了该沿海区域环境脆弱性评价指标体系，建立了包含国家标准、专家评定、观测计算数据评定的脆弱性评价指标量化方法，采用层次分析法确定评价指标权重，以海岸带脆弱性指数法作为评价模型（图 3-4），认为该海岸带环境脆弱性等级达重度脆弱和极度脆弱的区域面积高达 41.2%，其中自然固有因素是脆弱性形成的内因，而人类特殊因素是其外因；建议在充分保护已有自然固有因

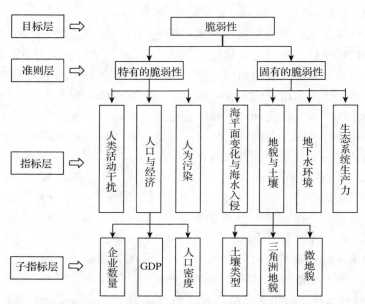

图 3-4　黄河三角洲海岸带环境脆弱性评价指标体系层次分析模型（李连伟等，2018）

素的基础上，提高植被覆盖度，控制人类活动对环境的破坏，以维持该海岸带环境的可持续发展。

（2）海岸带具有便利的海运交通和丰富的海洋资源的区位优势

地球表面面积的 71% 为自然连为一体的海洋，作为陆地的各大洲都经海洋连通。进入工业社会后，随着远洋船舶设计制造技术的进步，海运的低成本和适于大宗、大件货物运输的优势越来越明显。海运已经成为全球最主要的货运方式。同时，海洋还是远未充分开发的资源宝库，海洋中蕴藏着丰富的生物、矿物资源和能源，许多开发利用海洋的技术日臻成熟。海岸带可以利用便利的海运交通，开发丰富的海洋资源，随着技术的进步，这种区位优势将得到越来越显著的发挥。全世界 60% 以上的人口生活在沿海 60 km 范围内，全球经济财富大部分产生于海岸区域（李连伟等，2018）。我国海岸带地区集中了约 70% 以上的大城市、50% 的人口和 60% 的国内生产总值，海岸带地区在我国社会经济发展中具有重要战略地位，也是海洋资源开发强度最大、开发类型最复杂的地带。例如，如何协调海岸带区域综合承载力与经济社会可持续发展的关系，加强和实施海岸带综合管理和可持续发展战略是当今政府与社会各界关注的热点。

1992 年，联合国环境与发展会议批准的《21 世纪议程》提出：沿海国家承诺对其国家管辖的沿海和海洋环境进行综合管理和可持续发展。实施海岸带综合管理（integrated coastal zone management，ICZM）已成为沿海地区可持续发展的一个重大的科学问题。目前迫切需要制定和实施海岸带主体功能区划，从宏观层面调控海岸带区域海洋资源的开发秩序，从顶层设计层面规范和部署海岸带区域海洋开发活动类型、开发方式和开发强度，协调海岸带地区人口、资源、环境和经济发展的关系，促进海岸带地区可持续发展。我国于 2006 年开始全面启动主体功能区划工作，江苏、辽宁、广东等陆续对主体功能区划进行了实践和探索，基本形成了一套完整的陆域主体功能区划分的理论方法体系。

有研究表明，主体功能区是根据不同区域的资源环境承载能力、现有开发密度和未来发展潜力，遵循协调发展和区域分工原则，将区域确定为特定主体功能定位类型的一种规划区域与空间单元，主体功能区的类型包括优化开发区、重点开发区、限制开发区和禁止开发区。海岸带主体功能区的划分不是陆域和海域主体功能区划分的简单加和，而是针对具有海陆两种特征的海岸带区域发展格局进行系统、科学的划分。颜利等（2015）从省级层面针对海岸带主体功能区划边界范围的确定、基本单元的划分、评价指标体系的构建与评价等关键问题进行了研究，并应用于福建省海岸带地区，以期为其他海岸带地区主体功能区划提供参考。

（3）与其他内陆区域相比，海岸带的地形地貌变化速度快、变化周期短

海洋、陆地、大气在海岸带的交互作用复杂剧烈。在海面、海底和海岸带这三个海洋的边界中，海面是海洋接受太阳辐射的主要窗口。海洋上方的大气把海洋提供的热能转化为动能并再还给海洋，形成海流和海浪。这种能量转化和传递过程规模巨大，一个中等强度的台风（飓风）从海洋吸收的能量就相当于 $10×10^8$ t TNT 当量。开阔洋面上的狂风巨浪移动时能量消耗很少，台风（飓风）在海上运动时能量不断得到加强。波浪到达海岸带后出现浅水效应，在波长变短的同时波高会显著增大。风浪作用本身及其引发的洪水、滑坡、泥石流等，往往在首当其冲的海岸带，造成居民生命财产的巨大损失，同时也可以致使海岸带地貌发生显著改变。

另外，各种河口三角洲类型的海岸带中，河海交汇处拦门沙形式的水下地形随着洪水、枯水季节变化，容易发生洪淤枯冲或枯淤洪冲的周期性变化。即使变化相对较慢的海岸带陆域部分，由于受到持续的海蚀或海积作用，其变化速度也远远快于一般内陆区域。山脉隆起、山地风蚀夷平、冲积平原形成等内陆地形地貌的变化历程长达数百万年至数千万年。而海岸带的大规模地貌变化，往往在人的个体生命周期内就能被感知。

除此之外，在漫长的地球历史过程中，海岸带的发展变化还受到人类活动的直接影响。特别是进入工业革命以后，人类对海岸带的干预在强度、广度和速度上也已接近或超过了自然变化，人类活动已经成为地表系统仅次于太阳能、地球系统内部能量的"第三驱动力"。人类在对海洋及海岸带进行资源开发和索取的同时，不断地破坏着海岸带的生态环境。人类对于海岸带资源环境的破坏，不仅仅是由于海水污染而导致海洋生态环境的破坏，更有诸如大江（河）干流水利工程建设、港湾开发、围填海工程、海岸区采矿、海岸工程、海水养殖等众多人类活动都给海岸带的资源环境带来了不同程度的负面影响（徐谅慧等，2014）。

（4）海浪、潮汐和海流是海岸带区别于其他内陆区域特有的水文因素

第一，内陆水域的波浪较小，一般无须考虑或仅作为次要环境动力作用因素考虑。然而"海上无风三尺浪"，海岸带的海浪不仅较大，而且是全年存在并随季节有很大变化。海浪是海岸带演化的主要动力作用因素之一，也是各类近岸工程结构的主要载荷。大多数海岸带的水上生产活动和军事行动都会受到海浪条件的制约。

第二，月球引潮力以及太阳引潮力对海洋的作用造成了全球规模的海水潮汐运动。大洋中的潮差大约只有 0.5 m，但是强潮海岸带的大潮潮差可以达到 15 m 以上。在平原海岸带，往往低潮时呈现一马平川，涨潮后很快就变成一片汪洋。在岩质海岸带涨潮时隐于较

深水下的礁石，退潮后往往成为船只搁浅的直接原因。潮位与潮流随时间变化的规律直接影响着航行的安全。

第三，潮汐作用还对海岸带河川的流速、流向和流量有重大影响。河水倒流在内陆不可思议，在海岸带却司空见惯。平原淤泥质海岸带遍布着大小潮水沟，其涨潮流量小、落潮流量大、沟底承载力极低和位置易变化等特点与内陆河流也毫无共同之处。

(5)海岸带是地球活动和全球气候变化的敏感窗口

110年前，德国科学家魏格纳(Alfred Lothar Wegener)正是在反复研究全球海岸线巨形态的基础上，根据大西洋两岸海岸线轮廓的可贴合特点，提出了大陆漂移学说。此后经历了半个多世纪争论和研究，先后被一系列古生物学、古地磁学考察成果和大洋中脊探查、精密大地测量结果所证实和支持，大陆漂移学说终于得到了科学界的公认。在地球漫长的演化历史中，全球性冰盖的冰雪地球状态和全球无冰盖的高温地球状态已经反复多次。距今1亿年前后的白垩纪中期，地球的平均气温比现今高8~10 ℃，海平面比现在高100~200 m。近5 000万年来全球逐渐变冷，暖室期转入冰室期。200多万年前开始南北两极都有冰盖，同时在冰室期的大趋势之中伴随着冰期间冰期以数万年为周期的频繁更迭。1.8万年前地球处于最近一次冰期的极盛期，海平面比现在低逾100 m，亚洲人可以经陆路走到澳大利亚和北美洲。此后气候转暖、海平面回升。

现今正处在间冰期中。距今5 000多年以来海平面基本稳定在现代海平面的高度，从而决定了现代海岸带发育变化的基本位置。地球演化历史中不同时期的气候决定了海平面位置，进而决定了海岸带的基本位置，而古海岸带和现代海岸带可以说是全球各个时期气候变化敏感窗口。

与以往不同的是，进入工业社会后，人类的活动已经开始影响到地球气候的变化。随着人类继续大量排放二氧化碳，地球将进一步变暖，致使海平面上升。预计到公元2100年海平面将比现在上升50~60 cm，加上许多沿海平原和三角洲地区都有持续地面沉降的趋势，这些地方的相对海平面变化将更大。上升的海平面吞噬人类生存的陆地，导致农田盐碱化，加剧风暴潮和洪涝灾害，造成城市排水系统失效。这些现实的或将来的威胁，是全球大部分海岸带所共同面对的。

(6)海岸带不仅关系着陆地主权，还关系着海洋权益

海岸带不仅关系着陆地主权，还关系着依据海岸线位置和走向划分的海洋权益。我国大陆有 $1.8×10^4$ km 的海洋边境线；有辽宁、河北、山东、江苏、浙江、广东、福建、海南和上海、天津以及广西等多个海洋边境地区的省级行政区划单位。例如，广东省、江苏省、山东省、浙江省和上海市，是我国经济最发达地区；河北省和天津市，背后就是祖国的首都北京。例如，海南省，据陆制海是前沿，据海制海和据空制海，既是前沿、也是纵深，战略地位非常重要。因此，海岸陆域区内警察的国防功能，由于区位的特殊性，应等同或大于其他的陆域地区。

除了从海上发动的侵略之外，来自海上的恐怖主义、海盗走私、非法移民等非法活动的威胁也变得越来越严峻。对于濒海国家来说，完善的海岸监视和防御系统正变得日益重要，成为海岸线上不可缺少的"眼睛"和"耳朵"。高科技的发展，使得现代海岸监视手段已不再是传统的观测塔，而是向着高技术多平台多手段和多层次的方向发展。

目前，世界各国对海洋主权的争夺愈演愈烈，《中国海洋基本法》呼之欲出，这提醒我们每个人都要树立海权意识，争取自己国家的合法权益。同时，我们也需要加强对海岸带的保护与开发，因为海岸带是海洋的最前沿阵地，建设好海岸带对于更好地推进海洋开发具有重要意义，而对于海岸带的建设必须坚持走科技创新及可持续发展道路，鉴于沿海复杂的自然环境，营造沿海防护林便是海岸带国防建设的重要一环！

3.1.3.3　地貌形态和分类

海岸带的地貌在多种动力因素的作用下不断变化，形态复杂多样。其动力因素主要包括了地球构造运动、海水运动(如波浪、潮汐、潮流等)、生物作用、气候因子(如温度、降水、风速等)，以及人类活动等。其中，波浪作用是塑造海岸地貌最活跃的动力因素，在波浪侵蚀过程和堆积过程中，逐渐形成了海岸侵蚀地貌和海岸堆积地貌。

(1)海岸侵蚀地貌形态

在受到侵蚀的基岩海岸，岩石在波浪的冲蚀、腐蚀和溶蚀作用下，主要转化为破碎的岩屑并被水流带走，形成了海蚀洞、海蚀崖和海蚀阶地等海岸侵蚀(coastal erosion)地貌形态。①冲蚀作用是指波浪水流对海岸的撞击和冲刷。冲蚀作用在岩质海岸最明显。岩质海岸的水深，海岸斜坡陡，外来的波浪能直接到达岸边，将大部分能量消耗在对崖壁的冲击上。波浪撞击基岩时水体的巨大压力以及基岩裂隙中的空气突然被压缩，然后海浪后退时又突然发生膨胀，对岩石具有极大的破坏性。这样连续的压缩和膨胀，使岩石发生崩解。此外，波浪撞击陡峭的崖壁后回落的水体对下面的基岩也产生巨大的打击力。最后，崩解的岩石碎块被波浪带走，海岸逐渐后退。②磨蚀作用是指波浪挟带的砂砾、岩屑等对岩质海岸的撞击、凿蚀和研磨等过程，从而也加快了对岩质海岸的侵蚀速度。③溶蚀作用是由于海水对岩石的溶蚀能力比淡水强，不仅碳酸盐岩能溶于海水，海水对正长岩、角闪岩、黑曜岩和玄武岩等都有很强的溶蚀效果，其溶蚀速率比淡水大 3~14 倍(王数等，2013)。

如图 3-5 所示，面向开敞海域的岩石山地或台地，在与海平面交汇的部位，受波浪侵蚀，沿着岩石节理、断层等地质薄弱面，开始时形成较小的内凹壁龛内携带砂砾冲刷，使内凹加深加高，扩大成为海蚀穴(sea cave)。海蚀穴洞顶一般为波浪作用的上界，其底部略低于海面。两端贯通了的海蚀穴成为海蚀拱桥(sea arch bridge)。海蚀拱桥塌落后剩下的海中残留岩体成为海蚀柱(sea stack)，随后形成海蚀蘑菇石、海蚀礁石等地貌形态。

海蚀穴不断扩大，重力作用使上部岩体塌落下来形成海蚀崖(sea cliff)。坠落的岩屑，一部分被水流搬运离去，一部分由波浪卷带进一步磨蚀岩壁。海蚀崖上没有植物生长，坡度一般很陡。高盐高湿的海风往往在海蚀崖上又造出许多孔穴，形成次一级地貌。

在海蚀崖发育和后退的过程中，崖前岸坡逐渐被塑造成向海缓慢倾斜的海蚀平台(sea platform)。其宽度与岩石性质有关。随着海蚀平台的拓宽，波浪能量消耗于平台面上的摩擦和碎屑搬运的部分增加，减弱了波浪对海岸的侵蚀，海岸的形态和位置趋于稳定。是否伴生有海蚀平台，是判断海岸带悬崖是否属于海蚀崖的重要因素。没有海蚀平台的海岸带悬崖，大多是由于陆上风化、剥蚀等作用造成，因海侵而濒临海边，此为假海蚀崖。

另外，在受到侵蚀的泥沙海岸，平均海平面以上的海蚀形态不断长时间保持，但是海岸线可以发生持续的蚀退。例如，我国黄河由江苏北部入黄海长达 700 余年(1128—1855

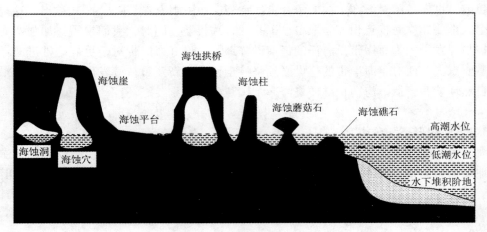

图 3-5　基岩海岸的侵蚀地貌(卢佳奥　绘)

年),形成了"废黄河三角洲";但自 1855 年黄河北归入渤海以来,原来在苏北入海泥沙供给显著减少,造成海岸沉积动力条件发生剧烈转换,"废黄河三角洲"海岸由快速淤积前进逆转为强烈侵蚀后退。据推测,废黄河口岸段 120 年内后退达 17 km,在较大风浪和强潮作用下有些海岸一天崩塌达 20~30 m(彭修强等,2014)。

(2)海岸堆积地貌形态

海岸带的泥沙在波浪水流的作用下,发生横向移动和纵向移动。当泥沙的运动受阻,会产生堆积,形成海岸堆积地貌(王数等,2013)。据科考,6 000 多年前上海大部分地区还处于海平面以下,只有西南部的金山区漕泾镇才是陆地;后经长江南沙嘴逐渐向东南伸展,形成上海最早的海岸线,被称为"冈身",由沙冈、紫冈和竹冈 3 条岸线组成;直至600 年前西沙沙带海岸的形成,浦东才变成陆地。

受到堆积的海岸因海岸动力因素、海岸地质和海岸地形等方面的差别,由不同粒度和粒级的泥沙组成了海滩、沙坝、沙嘴、潟湖、连岛坝、湾坝、海岸沙丘等海岸堆积(coastal deposition)地貌形态,如图 3-6 所示。

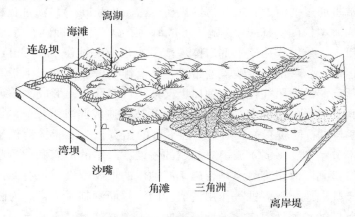

图 3-6　沙质海岸堆积地貌形态(引自王数等,2013)

海滩(beach)的形成和演变与沿岸波浪特征、泥沙供给和岸坡渗透性质等因素相关。激浪流较强、岸坡渗透性好的条件下，向岸流速大于离岸流速，海滩沉积物的供给量多于流失量，海滩发育。海滩上部沉积物一般较粗、坡度也较大，下部沉积物较细、坡度也较小。由于激浪流的反复作用，海滩沙往往成为分选后最多的沉积物。

在风力作用下，沙质海滩上可以形成波状起伏的沙丘，称为海岸沙丘(coastal dune)。海岸沙丘排列方向常与风向垂直，迎风面比较平缓坚实，背风坡比较陡峭而松散。

滩脊(beach ridge)，又称为沿岸堤，是海滩上一些与岸线平行的自然垅岗，是高潮位时较强激浪流造成的堆积体。开敞宽阔的岸段有利于滩脊的形成。形成较久的沿岸堤经雨水冲蚀，其高度逐渐降低，受潮水冲刷会被分割成若干段。

波浪向岸行进至破碎后，水质点运动速度突然减少，导致挟沙能力也突然降低，于是较多数量的泥沙沉积下来形成水下沙坝(submarine barrier)。在波浪发生多次破碎的海岸带，还可以沉积出多条水下沙坝。如果沙源丰富、波浪作用持续稳定，泥沙不断沉积可以使沙坝露出水面成为离岸或与海岸陆域连接的海岸沙坝(coastal barrier)。

波浪进入海湾或海峡后，发生折射使能量降低，致使泥沙沉积形成湾坝(bay bar)。开始时仅仅堆积为不大的角滩，继而逐渐发育为沙嘴、沙坝。如有两侧的湾坝相向发育连接，则内侧被封闭的海湾成为潟湖。海湾的口门是潮流的通道，潮流速度在湾口处加大。因此，湾坝不能将湾口完全堵死，通常保留有潮流通道。

海岸沙坝后侧与大海隔离的海水水域称为潟湖(lagoon)，有些潟湖与大海仍有狭窄的水道相通。位于湿润气候区的潟湖，注入的淡水将盐分带出，逐渐使之演化为淡水湖。位于干燥气候区的潟湖，蒸发使潟湖咸化并趋于干涸。潟湖总的趋势是趋于消亡。

沙嘴(sand spit)是海岸泥沙流在陆地突出部位形成的堆积体。泥沙供给断绝时，沙嘴会被冲蚀而消失。

连岛坝(tombolo)是指连接陆地与岛屿的沙坝。外海波浪向岸传播遇到岛屿时，因发生折射，在岛屿后会有波影区。波影区内波浪能量降低，发生泥沙堆积，开始时形成毗连陆地的三角形沙嘴，泥沙流较强时逐渐发展成为连岛坝。

3.1.3.4　海岸带主要类型

各种海岸侵蚀地貌形态和海岸堆积地貌形态，在许多总体形态特征上差别很大的自然海岸，都有局部而具体的分布。根据物质组成等特征，自然海岸可进一步分为岩质海岸、沙质海岸、泥质海岸和生物海岸。

(1)*岩质海岸*

岩质海岸(rocky coastal area)又称基岩海岸，由比较坚硬的基岩构成，并同陆地上的山脉、丘陵毗连。由于岩性和海岸潮浪动力条件的不同，有侵蚀性基岩海岸和堆积性砂砾质海岸两种类型。其主要特点是岸线曲折，岛屿众多，水深湾大，岬湾相间。基岩海岸的丘陵台地低，山体直逼海边，形成基岩岬角和港湾相间的地形。有的河流入海形成河口港湾；有的形成溺谷湾。港湾内常有淤泥滩涂。

岩质海岸是我国重要的海岸类型，以海岛和低山丘陵为主，长约7 000 km，占整个大陆海岸线总长的38%。岩质海岸为人们提供的是海蚀地貌美景。"乱石穿空，惊涛拍岸，卷起千堆雪"——宋代词人苏轼的《念奴娇·赤壁怀古》中的这一名句，如果用来描写岩质海岸似乎更为恰当。你站在海边悬崖之巅，眺望远处的海浪汹涌而来；脚下，海水撞击到岩石，激起白色浪花，不禁令人感慨万千。因此，岩质海岸常被开发成旅游胜地或港口。

岩质海岸在我国的漫长海岸带上分布广泛。在杭州湾以南的华东、华南沿海都能见到它们；而在杭州湾以北，主要集中在山东半岛和辽东半岛沿岸。此外，在台湾岛和海南岛，岩质海岸更为多见。岩质海岸的海岸线曲折且曲率大；岬角与海湾相间分布，岬角向海突出，海湾深入陆地。海湾奇形怪状，数量多，但通常狭小。由于波浪和海流的作用，岬角处侵蚀下来的物质和海底坡上的物质被带到海湾内堆积起来。从垂向上看岩质海岸，由于陆地的山地丘陵被海侵入，使岸边的山峦起伏、奇峰林立、怪石峥嵘，海水直逼崖壁。

然而，由于受台风、干旱和海盐胁迫等生态因子的长期影响，岩质海岸的立地较为贫瘠，土壤冲刷严重，地表植被遭受破坏，基岩大面积裸露或砾石堆积，荒山面积较大，开展沿海防护林体系建设的难度高，从而大大影响了沿海各业的生产和发展。

（2）沙质海岸

沙质海岸（sandy coastal area）又称砂砾质海岸，由砂砾物质构成的海滩和流动沙地。沙质海岸地势低平，主要地貌为台地、沙质平原和三角洲平原。近数十年来，沙质海岸变化很大，既有侵蚀，也有堆积，长度约占我国大陆海岸线的40%。其中，流动沙地形成的岸线比较平直开阔，宽度可达0.5~5 km，属于堆积型海岸的一种，有时在风力的作用下可发育为流动沙丘。

沙质海岸则为人们提供了金色的海滩，让人们在海边休闲娱乐，常被利用建设成为海滨浴场，如台湾西侧海岸。但是，沙质海岸土壤沙粒大，非毛管孔隙大，保水保肥能力极差，干旱贫瘠一直是制约沙质海岸造林的主要因素。因此，对沿海造林树种耐旱特性进行研究十分必要。目前沿海防护林树种单调，耐旱植物资源的收集和评价工作成为当务之急。

恢复与建立植被生态系统是沙化地区中防治风沙侵蚀有效而持久的措施之一。在风沙运动过程中，沙粒粒级组成的变化是表现得最为普遍与敏感的现象。海岸带作为陆地和海洋的过渡地带，是陆、海、气3种介质相互交换、相互作用的地带，其生态环境较易受到外界的干扰影响而发生较大的变化，它与内陆沙漠沙丘不同，其分布不局限于干旱、半干旱地区，不具有明显的地带性，所以海岸前沿风沙危害不仅具有常规风沙危害的通性，还因其独特的环境特征，受潮汐作用、风浪涌浪冲刷、台风灾害、海水对风障沙障的浸蚀等影响，使防治实践更为复杂和困难。陈德志等（2015）通过对福建惠安沙岸前沿3个不同下垫面类型（林地、草地和裸地）沙粒全面系统的采集，分析了不同粒度参数，探讨了海岸前沿表层与下层沉积物空间分布特征和粒度组成，揭示出中国东南海岸前沿沙粒运移机制及其环境意义，为木麻黄防护林的防风固沙机理提供理论依据。

据资料显示，福建沙质海岸线长56 km，占省内岸线总长度的15%，横跨28个沿海县、市（区）。中华人民共和国成立后，已逐渐在沙质海岸线上营建起以木麻黄为主的防护林绿色生态屏障。然而，目前第一代木麻黄防护林大多已进入防护成熟末期，林木老化、枯死严重，防护功能衰退，而在风口地段由于受大风、流沙和严重干旱等恶劣生态条件的影响，导致基干林带前缺口、断带长期存在，飞沙不断侵蚀，沙化现象严重，降低了基干林带的防护功能。因此，在深入掌握沙质海岸成沙规律的基础上，进行风口地段防沙治沙的研究是目前沿海防护林体系建设的重点内容(朱炜，2015)。

（3）泥质海岸

泥质海岸(muddy coastal area)又称淤泥质海岸，由江河输送的粉沙和土粒淤积而成。泥质海岸属于堆积型海岸类型，按其形成过程、地形和组成物质等差异，又可分为河口三角洲海岸、平原淤泥质海岸、岩质海岸中的淤泥海岸等类型。

泥质海岸为海洋养殖提供了营养丰富的的地理环境。与岩质海岸和沙质海岸迥异，泥质海岸呈现的是另一番景象：沿岸通常看不到一座山，向陆一侧是辽阔的大平原。泥质海岸一般分布在大平原的外缘，海岸修直，岸滩平缓微斜，潮滩极为宽广，有的可达数十千米。海岸的组成物质较细，大多是粉沙和淤泥。沿岸有许多入海河流。在沿岸附近、河口区经常可见古河道、潟湖或湿地等泥质海岸所特有的地貌景观，如珠三角海岸。

泥质海岸是我国大陆海岸的重要组成部分，长约 4 000 km，约占我国大陆海岸的22%。泥质海岸地区土地肥沃，向来是我国粮食生产的重要基地，也是滩涂养殖的重要区域。从地质结构而言，泥质海岸是处于长期下沉的地区，因此有利于大量物质的堆积。由于沿岸有众多的入海河流，所以河流所携带的泥沙物质在河口及沿海堆积，同时使海岸不断向外推移。只有在极少数地段，泥质海岸中有贝壳碎屑和沙组成的贝壳堤。

泥质海岸的物质组成较细和结构较为松散，受到水动力作用后变化颇大，因此具有在短时期内海岸被冲刷侵蚀后退快速，或海岸淤涨向海扩大迅捷的特点。而此处所谓的水动力，主要指潮流和波浪，其中潮流的影响最为重要。同时，随着由陆向海滩面地势由高变低，潮流作用的性质也不一，致使潮滩滩面上的地貌形态、冲淤性质和生态环境特征等具有明显的分带性。

（4）生物海岸

生物海岸(biological coast)是一种由生物体构建的特殊海岸类型，包括珊瑚礁和牡蛎礁等动物残骸构成的海岸，以及红树林与湿地草丛等植物群落构成的海岸。例如，珊瑚礁海岸、红树林海岸、湿地沼泽海岸。在海岸带陆海相互作用研究计划(Land Ocean Interactions in the Coastal Zone，LOICZ，1995—2005 年)中，珊瑚礁和红树林生物地貌过程还被看成为海岸生态系统响应和反馈全球变化的三项机制之一，被列为全球变化核心项目的重点内容。生物海岸的重要性体现在其特殊的生物栖息环境，这种特殊环境往往成为对维持海岸带生物多样性和资源生产力有特别价值的地区，或称为海岸生态关键区。它对海岸生物多样性维持、水产和旅游资源可持续利用、海岸防浪促淤和稳定、海岸环境的净化和美化十分重要，又对自然环境变化和海岸带人类开发活动影响十分敏感和脆弱，在海岸带综合管理中通常受到特别的关注(张乔民，2001)。随着我国改革开放 40 年以来，海岸地区社会经济迅猛发展和人口、资源、环境压力的不断增大，位于河口海岸开发前沿地带的珊瑚礁和红树林受到日益严重的破坏，这对河口海岸资源可持续利用和环境健康带来了极大威胁。

①红树林海岸　红树林海岸(mangrove coast)以潮间带上半部生长良好的红树林植物所组成的高生产力生态系统为基本特征，主要分布于赤道、热带和亚热带的河口潮间带。红树林植物(mangrove vegetation)在全球共有 200 多种。例如，树皮含鞣质，质量好，可提取

栲胶的角果木(*Ceriops tagal*)；又如，果实成熟后木质化，果外皮具有充满空气的海绵组织，具板根的银叶树(*Heritiera littoralis*)。赤道热带海岸带的红树林植物种类较多，多为高大的乔木，亚热带的红树林植物多为灌木丛林，种类较少。中国的红树林植物主要分布于海南岛沿岸，种类达38种，树形高大，树高可达10~15 m；向北随着气温的降低，红树林植物种类减少，树形也变得低矮稀疏。福建北部海岸的红树林只是树高为1 m左右的灌木丛林。浙江海岸红树林植物只见人工引种的秋茄树。广义上，红树林(mangrove forest)是由泥滩淹浸环境中生长的耐盐性植物群落组成，其中有乔木，也有灌木。狭义上，红树林主要由树皮及木材呈红褐色的树种组成，如秋茄树、木海榄等。常绿、枝繁叶茂的红树林在海岸形成了一道奇特的绿色屏障。

红树林植物生长的环境通常被认为是营养有机物质的潜在有效来源。这些生态系统通常与河口环境有关，在沿海地区发挥着重要作用，因为它们向沿海水域输入了大量陆源沉积物、有机质和养分。红树林充当营养过滤器，改变生物生产力。在红树林—河口系统中，潮汐、水流和河流流量等水动力因子的特性对于潮间带和沿海地区之间的水、养分、沉积物和生物交换至关重要。例如，位于巴西亚马孙的生物海岸横跨赤道(5°N~4°S)，囊括了世界上最大的红树林连续分布区域；然而，来自亚马孙河本身分布的数十个河口以及其他23个河口所排放出大量的淡水中富养了悬浮颗粒和溶解的养分，正极大地影响着整个亚马孙沿海水域(Pereira等，2018)。

②珊瑚礁海岸　珊瑚礁海岸(coral reef coast)的生物多样性和初级生产力极高，是大约30%海洋鱼类的优良栖息场所。在珊瑚礁生态系统中，具有光合自养能力的虫黄藻与珊瑚虫共生是该系统的基本特征。据研究，珊瑚虫90%的日常营养需求均来自虫黄藻的供给。珊瑚虫种类繁多，其中，造礁石珊瑚只能生长在温暖清澈低营养盐和正常盐度的海水中(最适宜水温为25~30 ℃、最适宜盐度为3.4%~3.6%)，因此它们多依托岩石，生长于光线充足的热带浅海基岩海岸边缘。例如，大堡礁(Great Barrier Reef)，世界最大最长的珊瑚礁群，位于南半球，它纵贯于澳洲的东北沿海，北从托雷斯海峡，南到南回归线以南，绵延伸展共有2 011 km，最宽处161 km，拥有2 900个大小珊瑚礁岛，自然景观非常特殊，大保礁于1981年列入世界自然遗产名录。大堡礁的南端离海岸最远有241 km，北端最近处离海岸仅16 km。在落潮时，部分的珊瑚礁露出水面形成珊瑚岛。在礁群与海岸之间是一条极方便的交通海路。风平浪静时，游船在此间通过，船下连绵不断的多彩、多形的珊瑚景色，已成为吸引世界各地游客来猎奇观赏的最佳海底奇观之一。

又如，中国南海诸岛的珊瑚礁区，其中岛屿和沙洲，自古以来就是我国远海渔业活动和其他海事活动的重要基地，也是我国海洋国土十分重要的标志和依据。目前已记录南海周边地区和南海诸岛造礁石珊瑚50多属300多种，约占印度—太平洋区造礁石珊瑚总属数的2/3和总种数的1/3。我国珊瑚礁有岸礁与环礁两大类。岸礁主要分布于海南岛和台湾岛，形成典型的珊瑚礁海岸；环礁广泛分布于南海诸岛，形成数百座通常命名为岛、沙洲、(干出)礁、暗沙、(暗)滩的珊瑚礁岛礁滩地貌体(张乔民，2001)。

然而，随着近年来全球经济社会的快速发展和热带海岸地区人口、环境、生态压力加剧，以珊瑚礁和红树林为代表的生物海岸资源同样已经遭受人们的生态破坏性开发，严重影响到生物海岸地区的可持续发展。如何深入研究保护、合理开发生物海岸是今后很长一段时期内的工作重点。

3.1.4　海　岛

3.1.4.1　概念与特点

海岛(island)是指四面环绕海水并在高潮水位时高于水面的自然形成的陆地区域。一般由岛陆、岛滩和环岛近海构成。根据不同属性，海岛有多种分类方法。根据海岛成因，可分为大陆岛、海洋岛和冲积岛；根据形态可分为群岛、列岛和岛；根据物质组成可分为基岩岛、沙泥岛和珊瑚岛；根据离岸距离可分为陆连岛、沿岸岛、近岸岛和远岸岛；根据面积大小可分为特大岛、大岛、中岛和小岛；根据所处位置可分为河口岛、湾内岛、海内岛和海外岛；另外，还可以按有无居民或有无淡水进行分类。中国 500 m² 以上有海岛 6 500 多个，总面积约 6 600 km²，其中 455 个海岛人口 470 多万。其余约 94% 的海岛现无居民，它们大多面积狭小，地域结构简单，环境相对封闭，生态系统构成也较为单一，而且生物多样性指数小，稳定性差。

台湾岛为我国第一大岛，海南岛次之。另外，面积较大的海岛还有崇明岛、舟山岛、东海岛、平潭岛、长山岛、东山岛、玉环岛等。由于海岛有不同于陆地的地形地貌和气候条件，所以对海岛的绿化亦有其特殊要求。无人居住的海岛一般离陆地较远，交通不便，生态环境比较恶劣，尚不具备人们长期居住的条件。其绿化建设目标是改善岛上生态条件，应以规划营造水土保持林和水源涵养林等防护林为主，在立地条件较好的地方，适当规划营造防风林。随着岛上绿化程度的提高，水资源条件的不断改善，就可以进一步对海岛进行开发利用，如浙江玉环县大鹿山岛。

总的来说，海岛是一个特殊的地域单元，拥有其特有的发展模式和路径，其气候特点主要表现为：风大，夏季干旱季节比陆地提前，冬季干旱比较严重。但是每年的春夏之交有一个风力相对较小，湿度较大，雨水比较集中的时期。相对而言，在这一时期造林的成活率较高。每年 10 月至翌年 2 月，海岛的风速较大、降水量少、蒸发量高、气温较低，除了一些树种可进行播种造林外，大多数树种的植苗造林不适宜在这段时间进行。

3.1.4.2　重要性

(1)海岛是保护海洋环境、维护生态平衡的重要平台

由于海岛特殊的地理位置和有限的面积，其生态系统拥有明显的脆弱性特征。随着人类活动影响范围和干扰强度的不断加大，一些海岛的内部景观破碎化程度日益增大，给生物多样性的保护带来压力，极易造成栖息地物种结构改变、种群数量下降、灭绝速率加快等后果。对于海岛而言，其生物多样性在同等强度干扰下的受影响程度比大陆更大。生物多样性在维持和调控海岛生态系统生产力、物质循环和系统稳定性等方面发挥着非常重要的基础性作用，具有重要的保护意义。

目前普遍认为，构建合理的海岛景观生态网络，可通过物种在景观生态网络中的迁移，以增大物种的生存范围，从而有效减小景观破碎化对生物多样性的威胁，这对于维护海岛生物多样性、保护海岛生态系统具有重要的意义。池源等(2015a)基于 RS 和 GIS，运用最小阻力距离法和重力模型，由 17 个重要生态功能斑块和 25 条生态廊道构建了崇明岛景观生态网络，以保护该岛的生态环境。也有学者在城区尺度、市域尺度、省域尺度，以

及国家和洲际尺度进行了景观生态网络构建的具体实践，为指导地区生态规划、维护地区生物多样性提供了重要依据。

(2)海岛以其特有的区位、资源和环境优势，在国家经济建设中占据重要地位

海岛位于大陆向海洋过渡的结合地带，自然资源丰富，既是开发海洋的天然基地，也是国民经济走向海洋的据点和海外经济通向内陆的"岛桥"。在海洋权益引起广泛重视的今天，海岛不仅是中国陆域的生态屏障、维护国家海洋权益的战略要地，也是海陆统筹发展的重要基地、建立国际交往海洋大通道的前沿阵地，以及区域可持续发展的战略资源宝库。无论从推进中国海洋经济发展还是维护国家安全的角度出发，海岛对于中国都具有重大战略利益。我国自2002年提出了"实施海洋开发"战略，到后来的"发展海洋产业"战略、"建设海洋强国"战略决策，均体现出人们对提高海洋资源开发能力不断深化的步伐，因此海岛的经济地位越发重要。

同时，作为海洋生态系统的重要组成部分，海岛是维护海洋生态系统平衡的重中之重，也是开展海洋环境管理与维护的重要基础平台。然而，长期以来，由于基础设施落后、交通不便等原因，海岛社会经济发展相对滞后；在沿海发达地区较为优质社会环境的吸引下，海岛地区的资源逐渐向大陆集聚，导致海岛地区出现劳动力流失、经济发展衰退的现象。再者，由于缺乏海岛开发的成功经验，一度无序的开发活动也给海岛地区脆弱的生态环境带来了不可逆转的后果。目前有关海岛经济体的发展演化及其与资源环境各组成要素之间的内在互作机理、调控机制等方面还有待于进一步研究(秦伟山等，2013)。

3.1.4.3 现存问题

(1)造林环境恶劣，绿化难度增大

通常海岛上自然条件差，立地条件恶劣，降水少且不均匀，同时蒸发量大，季节性缺水明显。常年海风强度大，造成树木水分失衡，严重影响树木新梢生长，甚至出现植株枯梢枯枝现象。海岛困难山地土壤以粗骨土为主，盐基饱和度高，土壤瘠薄，有机质、养分含量普遍较低，土层浅薄、侵蚀严重、石砾含量高，保肥保水性能差，易受干旱危害。海岛地区海雾日多，盐雾胁迫明显，台风期间强风裹挟着海水经常直接泼溅临海一面坡，对土壤和树木生长影响显著。这些因素严重制约了海岛林业建设，通常情况下海岛地区造林成活率不足50%，而且林分难以郁闭、多为低效林、林相差、林下植被多样性极差等问题，严重影响海岛生态环境建设。例如，我国舟山群岛位于长江口东南部，杭州湾外缘的东海海域中，是我国第一大群岛，由1 300多个岛屿组成。为改善海岛生态环境，提高海岛造林成活率，袁信昌等(2015)选择普陀樟(*Cinnamomum japonicum* var. *chenii*)、木荷(*Schima superba*)和湿地松3个树种进行海岛造林试验，研究发现明造林树种选择是影响海岛造林成活率的重要原因，同时需要施加复合肥为基肥，并在种植穴壁四周添加保水剂才可增加其造林成活率。研究结果对探讨海岛造林困难立地造林提供了宝贵的实践经验。

(2)海岛数量急剧减小，面积大幅缩减

从20世纪90年代开始，中国海岛数量开始减少，速度令人震惊。资料证明，仅在20年间，浙江省的海岛便减少了200多个，广东省减少了300多个，辽宁省的海岛消失了48个，河北省海岛消失了60个，福建省海岛消失了83个。中国从清朝中后期就开始填海造地。到中华人民共和国成立初，人们围海晒盐，形成了沿海四大盐场。20世纪60年代，

则形成了大量的农业土地。据不完全统计，这三次大规模填海造地面积达 $1.2×10^4$ km^2。许多无人居住的岛屿因为填海、筑堤、架桥等工程变成了半岛或陆地。加之"向海要地"一直是沿海城市的发展思路，于是开山炸岛，加速了小岛的消失。联合国教科文组织"人与生物圈"中国委员会副秘书长蒋高明预言，如果作为屏障的小岛都消失了，沿海湿地更容易受到影响，导致生物多样性降低，影响重要鱼类的洄游，甚至引发赤潮、洪灾和海啸。岛屿消失还是涉及国家领土的重大战略问题。根据《联合国海洋公约》，即使是一个小小的岛礁，也可获得约 1500 km^2（相当于 3 个新加坡）面积的领海，以及 4600 km^2 的毗连区，甚至还可获得 $43×10^4$ km^2（相当于浙江省面积的 4 倍）的专属经济区。

（3）生态环境恶化，水土流失严重

海岛具有面积小、地貌类型和地域结构简单、生态系统的多样性指数小和稳定性不强等特点，加上海、陆、气的相互耦合作用，在全球变化及人类活动等干扰下，极易导致海岛生态环境脆弱，自然灾害频发。我国海岛开发方式粗放，由此造成了一系列生态环境问题，土壤侵蚀对人类生命财产的威胁不断加剧。有研究报道，福建湄洲岛在开发建设中水土流失面积达 6.08 km^2，占全岛面积的 38.7%，经多年治理虽全岛水土流失面积有所减少，但新的水土流失面积仍有上升，且侵蚀强度有加剧的趋势。冉启华等（2013）对浙江舟山市摘箬山岛模拟开发后发现，地面产流明显增大，在无水泥浇灌之处，地面冲刷加剧，侵蚀深度明显增加。位于福建的平潭岛为中国第五大岛，是大陆距台湾最近的县区。2010年，福建省平潭县被确立为"福建省平潭综合试验区"，平潭作为新兴海岛型城市建设步伐明显加快。温小乐等（2015）研究发现，在平潭岛进行开发建设的过程中，全岛生态状况2007—2013 年逐年发生严重退化，加之台风和风沙在我国沿海地区普遍发生，平潭岛生态环境日渐恶化。我国是土壤侵蚀最为严重的国家之一，其中水蚀和风蚀总侵蚀面积高达 $300×10^4$ km^2，约占全国陆地面积的 32%（赖华燕等，2017）。土壤侵蚀是由水力和风力作用引起的土壤颗粒的分离和搬运过程，可严重破坏土地资源，造成土地退化、干旱、洪涝等灾害，引起生态环境恶化，是限制社会经济可持续发展的重要原因之一，严重影响着人类生存与发展。

3.1.5　沿海地区

沿海地区（coastal area）是指大陆或岛屿有海岸线经过的地区，按行政区划分为沿海省、自治区、直辖市。沿海地区原为一个自然地理学概念，在经济全球化趋势的背景下，随着各国外向型经济的发展，沿海地区的内涵逐渐偏重于经济地理学上的含义。沿海地区是沿海国家社会经济发展的重要区域，也是人类活动最活跃、最频繁的地带。全球人口超过 500 万的城市有 65% 分布在海拔低于 10 m 的沿海低地。

我国拥有约 $1.8×10^4$ km 的大陆岸线，我国沿海区域人口密集，经济发达，占陆域国土面积13%的沿海经济带，承载着全国42%的人口，创造全国60%以上的国民生产总值，因此，沿海地区在我国社会经济发展中占有举足轻重的地位。目前，中国沿海地区一般指辽宁、天津、河北、山东、江苏、上海、浙江、福建、广东、广西、海南等沿海省（自治区、直辖市），内含 53 个沿海城市、242 个沿海区县；除此之外，香港、澳门、台湾也是我国的沿海地区。这些地区对外开放程度在全国最高，与世界经济融合程度也相对较高。

随着经济全球化步伐加快，沿海地区将更多地成为国际、国内经济联系的结合部，并将先向高技术化、信息化方向发展，成为带动我国经济结构转型和经济增长方式转变的地区。

沿海地区也是全球变化对人类的影响表现最为强烈的敏感地区之一。中国沿海区域南北纵跨暖温带、亚热带和热带，自然环境条件极其复杂，也极易受到台风、风暴潮、海浪等自然灾害的影响，也是中国常年受到海洋灾害影响的高风险区域。自 20 世纪 80 年代以来，中国近海海域及海岸带区域的海洋灾害损失年均增长近 30%，是各种自然灾害造成经济损失中增长最快的。由于全球气候变化，联合国政府间气候变化专门委员会(Intergovernmental Panel on Climate Change，IPCC)第五次评估报告指出，海水的热膨胀和冰川消融导致的海平面上升，海温升高导致热带气旋增多等，对沿海地区人类的生存和发展有极大的威胁。再者，随着近年来我国工业化和城镇化进程的逐年加快，城镇人口密度急剧增加，使得基础设施承载力超负荷，同时部分建筑物达不到设防标准，城市管理还比较薄弱，人为因素加重自然灾害风险的现象也时有发生，这些都可能导致沿海地区的脆弱性日趋增强。方佳毅等(2015)选取 31 个指标对我国沿海的 300 个研究单元进行社会脆弱性评价，指出最高的社会脆弱性集中在海南省及北部湾沿岸，江苏北岸和辽宁省北岸社会脆弱性也较高。

3.2　沿海主要自然灾害

沿海地区由于位于海陆交界处，具有海洋性与大陆性气候交替并"急剧过渡"的气候特点，受海陆临界下垫面热力与动力物理性"突变"的影响，致使台风、暴雨、风暴潮、冰雹等灾害性天气频繁出现，常造成人民生命财产的重大损失。

3.2.1　台　风

据统计，全球平均每年有 80~90 个热带气旋活动，分布在 7 大海域：西太平洋和南海、东北太平洋、大西洋及加勒比海、西南印度洋、西南太平洋、东南印度洋和北印度洋。其中，西北太平洋和南海海域是全球台风最为活跃的海域，约有 30%的热带气旋在这里生成。而我国位于西北太平洋和南海海域沿岸，每年有近 20 个台风影响我国海域，其中有 7~8 个台风登陆我国沿海地区，给人们生活及财产造成极大危害。

与往年的台风灾害相比，近几年登陆我国的台风生成集中、风力强、雨量大、影响范围广且位置偏北，造成紧急转移人口多、倒塌损坏房屋数量大、直接经济损失重。2017 年台风"帕卡"造成广东、广西、贵州 3 省(自治区)6 市(自治州)16 个县(市、区)7 万人受灾，1.4 万人紧急转移安置；100 余间房屋不同程度损坏；农作物受灾面积超过 3 000 hm^2，其中绝收逾 100 hm^2；直接经济损失 3.1 亿元。台风"天鸽"造成福建、广东、广西、贵州、云南等省(自治区)74.1 万人受灾，其中 11 人死亡，1 人失踪，直接经济损失 121.8 亿元。2018 年 7 月 11 日强台风"玛利亚"在福建登陆，造成浙江、福建、江西、湖南 4 省 18 市 101 个县(市、区)128.3 万人受灾，1 人死亡，51.8 万人紧急转移安置，800 余人需紧急生活救助；300 余间房屋倒塌，1.3 万间房屋不同程度损坏，农作物受灾面积将近 5×10^4 hm^2，直接经济损失 32.8 亿元。随着全球气候的异常变化，台风等自然灾害的发生频率越来越高，造成损失越来越大，防灾减灾的形势越来越严峻。

3.2.1.1　台风的分类和命名

发生在西太平洋和南海的热带气旋称为台风(typhoon)。中国气象局将热带气旋按中心附近地面最大风速划分为六个等级：近中心最大风力在 16 级或以上时称为超强台风，近中心最大风力在 14～15 级时称为强台风，近中心最大风力在 12～13 级时称为台风，近中心最大风力在 10～11 级时称为强热带风暴(severe tropical storm)，近中心最大风力在 8～9 级时称为热带风暴(tropical storm)，近中心最大风力在 7 级或以下时称为热带低压(tropical depression)。在东太平洋和大西洋，通常将热带气旋称为飓风(hurricane)。

热带气旋(tropic cyclone)是发生在热带海洋上的强烈暖心气旋性涡旋。由于地球上低纬度地区接受太阳辐射能多，低纬度大气比高纬度大气的气温高，并且还有明显的季节性变化。这种大范围内大气温度的差异和变化，是形成各种大型天气系统的原动力。天气系统是指按气压、气温、湿度等气象要素或风、云、降雨等天气现象而划分，具有典型特征的大气运动系统。大型天气系统的水平特征尺度达到数千甚至上万千米，使高低纬度之间和海陆之间的热量和水分得到交换，调整了全球的热量和水分的分布，也是各地天气和气候形成变化的基本因素。这些大型天气系统中，从热带海洋生成的热带气旋是对全球或大范围地区天气和气候影响最大的因子之一。

世界气象组织(World Meteorological Organization，WMO)台风委员会规定，西太平洋和南海的热带气旋采用具有亚洲风格的名字命名。命名表共有 140 个名字，分别由 WMO 所属的亚太地区的 14 个成员国和地区提供，名字按顺序循环使用；并对热带风暴级及以上级别的热带气旋进行编号。编号由四位数码组成，前两位表示年份，后两位是当年热带气旋的序号。例如，2018 年第 12 号台风"杜鹃"，其编号为 1812，表示是 2018 年发生的第 12 个热带气旋。

3.2.1.2　台风的结构和形成机理

台风由外围区、最大风速区和台风眼三部分组成。

(1)外围区的风速从外向内增加，有螺旋状云带和阵性降水。

(2)最强烈的降水产生在最大风速区，平均宽 8～19 km，它与台风眼之间有环形云墙。

(3)台风眼位于台风中心区，最常见的台风眼呈圆形或椭圆形状，直径 10～70 km 不等，平均约 45 km，台风眼的天气表现为无风、少云和干暖。超强台风的 12 级风圈半径可以达到近 1 000 km；17 级风圈半径可以达到近 500 km，一天内带来的降雨可以达到 200×10^8 t。

一个热带气旋从发生、发展到消亡，时间经历一般为数天，移动距离可以达到数千千米。热带气旋中心移动的速度不快，一般每小时只有十几千米。有时还在同一地区徘徊不前，造成特大暴雨。热带气旋发生在南北纬 5°～20°地区的水温高于 29～30 ℃的洋面上，全年皆可发生，但北半球的多发生在 7～10 月，尤以 8 月、9 月最为集中；南半球的多发生在 1～3 月。热带气旋发生后大致自东向西移动，北半球的热带气旋移动中向右偏移，南半球的则向左偏移。热带气旋登陆后，由于作为下垫面的陆地摩擦阻力较大，往往会较快削弱为热带低压而逐渐消亡。但是风力减弱后仍可能带来较长时间的暴雨。

3.2.1.3 台风对海岸带的影响

台风登陆或经过近岸海域，其有利影响是可以给陆地带来所需要的充沛的降雨，并使炎热的天气得到调节。与此同时，其灾害性影响也是很显著的。

第一个灾害性影响是带来的狂风巨浪往往可以达到毁灭性程度。2006年8号超强台风"桑美"在浙江苍南县登陆后，风力维持超强台风1 h、维持强台风2 h，致使3.85万间房屋倒塌。

第二个灾害性影响是风暴潮。台风中心的低气压会使海面被抬高数米之多，如与天文大潮重叠，可以造成冲毁海堤、淹没城乡的极其严重的损失。

第三个灾害性影响是雨区集中的特大暴雨，以及由此引发的山洪、泥石流和水库溃坝洪水。这种影响甚至可以达到离海岸数百千米的内地。1975年8月3号台风从福建登陆后一直深入，在河南驻马店地区长时间徘徊，24 h降水量达1 002 mm。引起几座大中型水库溃坝，造成毁灭性洪灾，死亡人数达26万，超过$70×10^4 \ hm^2$农田被毁。

3.2.2 风暴潮

3.2.2.1 风暴潮的形成与分类

风暴潮（storm surge）也称风暴增水，是指由于剧烈的大气扰动引起海面异常升高而产生的波浪。这种大气剧烈扰动主要是由海面气压骤变或强风所诱发的。根据诱发风暴潮的天气系统特征，通常将风暴潮分为台风风暴潮（typhoon storm surge）和温带风暴潮（extratropical storm surge）两大类。

（1）台风风暴潮

在台风引发的风暴潮过程中，海面水位的变化大体上分为三个阶段：

第一阶段，台风还远在外海，但水位已有缓慢上升。此阶段持续时间长达十余小时。

第二阶段，台风逼近或过境，海面水位急剧上升并在达到增水峰值后回落。此阶段可持续数小时，有的也可长达2~3 d，当台风尺度大、移动速度慢时，持续时间延长。

第三阶段，台风逐渐远去，海面仍有较大波浪。此阶段可持续十多小时，如恰遇天文大潮仍有可能使实际水位超过当地抗潮能力而造成灾害。近十年来我国因台风造成的损失高达900多亿元，其中农业损失占12.8%。据统计，仅2011—2015年期间因台风灾害死亡、失踪的人数达447人（康斌，2016）。

（2）温带风暴潮

温带风暴潮一般发生在南、北半球位于中、高纬度的国家；在西北太平洋沿岸国家中，我国是最易遭受温带风暴潮灾害的国家。历史上也多次记载了我国沿海遭受的温带风暴潮灾害。1895年4月28~29日发生在天津沿海的灾难性温带风暴潮就夺去了2 000余人的性命。在我国发生的温带风暴潮主要有3类（王喜年，2005）：

第一，冷锋配合低压类：这类风暴潮多发生于春秋季。渤海湾、莱州湾沿岸发生的风暴潮，大多属于这一类。其地面气压场的一般特点是，渤海中南部和黄海北部处于北方冷高压的南缘，南方低压或气旋的北缘。辽东湾到莱州湾吹刮一致的东北大风，黄海北部和渤海海峡为偏东大风所控制。在这样的风场作用下，大量海水涌向莱州湾和渤海湾，最容易导致强烈的风暴潮。莱州湾西岸位于小清河口的羊角沟站，1969年4月23日，曾记录到有验潮记录以来的最大温带风暴潮值(3.55 m)。

第二,冷锋类:当西伯利亚或蒙古等地的冷高压东移南下,而我国南方又无明显的低压活动与之配合时,地面图上只有一条横向冷锋掠过渤海,造成渤海偏东大风,致使渤海西岸(渤海湾沿岸)和西南岸(黄河三角洲)发生风暴潮。此类的风暴增水幅度一般在 1~2 m 之间,比前一类低,多发生于冬季、初春和深秋。

第三,强孤立温带气旋类:这是指无明显冷高压与之配合的、暖湿气流活跃的那种气旋。这类风暴潮往往在春、秋季和初夏期间发生。渤海有验潮记录以来的这类风暴潮的最大值是 2.19 m,是 1973 年 5 月 7 日莱州湾羊角沟站记录到的。渤海湾和海州湾的这类风暴潮也曾分别高达 1.61 m 和 1.12 m。

3.2.2.2　风暴潮的危害

当风暴潮叠加在正常潮位(astronomical tide)之上,风浪(wind wave)、涌浪(swell)又叠加在二者之上,在这三者共同作用下,便可引起沿岸涨水而冲毁海堤或海塘,吞噬码头、工厂、城镇和村庄,从而酿成巨大灾害,通常称之为风暴潮灾害或潮灾。据《中国海洋灾害公报》记录,1989—2014 年 25 年间造成损失的温带风暴潮发生 27 起,热带风暴潮148 起,造成的经济损失超过 3 000 亿元。频发的自然灾害,一直是沿海地区经济社会及人民生命财产安全的巨大威胁。

风暴潮的空间范围由几十千米到上千千米,时间历程或周期为 1 h 至几天。风暴潮本身引起的增水最大可达数米之高,在地势低平的沿海地区已经足以引起海水泛溢。如果风暴潮赶上与天文潮,尤其是与天文大潮同时发生,则可以引起严重的风暴潮灾害。1959 年9 月,日本伊势湾名古屋地区遭受严重风暴潮,风暴增水达 3.45 m,最高潮位达 5.81 m。防潮海堤短时间内即被冲毁,5 000 多人死亡。受灾人口达 150 万。1970 年 11 月,孟加拉湾发生的毁灭性风暴潮,夺去了恒河三角洲上 30 多万人的生命,使 100 万人无家可归。2005 年 8 月登陆美国墨西哥湾海岸带的卡特里娜飓风引发的风暴潮灾害,很快就使海堤口地势低洼的新奥尔良市 80% 的城区被淹没,部分地区水位高达 6 m 以上。死亡 1 000 多人,25 万人失去家园,直接经济损失超过 1 000 亿美元。

我国东临广阔的太平洋,台风影响季节长,台风登陆频度高、强度大、范围广,导致台风风暴潮频发;而在北方沿海易受冷高压引发的温带风暴潮袭击。这使得我国成为世界上两类风暴潮灾害都非常严重的少数国家之一,风暴潮灾害一年四季均可发生,从南到北所有沿岸均无幸免(于福江等,2015)。我国历史上最早的潮灾记录可追溯到公元前 48 年。在《中国历代灾害性海潮史料》一书中,统计了我国历史上从公元前 48 年到 1946 年这一漫长岁月中各朝代潮灾发生的次数。中华人民共和国成立前我国共发生 576 次潮灾。在这576 次潮灾中,随着年代的延伸,潮灾的记载日趋详细,一次潮灾的死亡人数由"风潮大作溺死人畜无算"到给出具体死亡人数。从这些详细的记载中,不难看出每次死于潮灾的,少则数百、数千人,多则万人乃至数万之巨。

总之,风暴潮灾害占全部海洋灾害的 90% 以上,被世界气象组织认为"风暴潮是来自海洋的杀手",是影响我国沿海地区的最主要的海洋灾害,已成为我国沿海地区经济发展的一个严重制约因素。随着生产的发展、基础设施的增多和人民生活水平的提高,承灾体越来越庞大,风暴潮造成的直接和间接损失逐年增大,对风暴潮灾害的防灾减灾工作提出了更高的要求。

3.2.2.3 风暴潮的预报

我国沿海从北至南均可遭受风暴潮影响，是全球少数几个既遭受台风风暴潮又遭受温带风暴潮灾害的国家。尤其是在全球变暖背景下，热带气旋、风暴潮的发生频率和强度将会增加，沿海地区的灾害风险会进一步加大。加之我国有近一半的人口和近60%的国民经济都集中在最易遭受海洋灾害袭击的沿海地区，人口的快速增长，经济与高新技术财富密集发展，气候变化及人类自身对自然环境的破坏等，使风暴潮灾害的成灾程度更趋严重。做好风暴潮的预报可有效地起到降灾防灾的作用。

我国国家海洋环境预报中心的台风风暴潮预报与研究始于1970年。这是由于6903号特大台风风暴潮灾害发生时，尚未开展风暴潮预报，防灾部门和当地领导不知如何正确应对这场突如其来的灾害，造成了当地人民和财产受灾相当严重。之后，国家海洋局决定开展风暴潮预报与研究，并逐步建立起国家、海区、省、市等各级预报机构。此外，温带风暴潮预报工作始于1972年。

近年来，风暴潮预报技术在国家科技支撑计划、国家海洋局重大专项、国家海洋局公益性行业科研专项等项目的支持下，取得了长足的进步，建立了一系列数值预报系统并投入业务化运行，推动了风暴潮预报的发展，为精细化风暴潮预报提供了重要的技术支持，更好地满足了当地防灾部门的需求。因此，风暴潮预警报的发布、沿海各地防潮能力的不断加强以及各级政府部门对灾害防御的重视，使因灾死亡人数大幅降低，但直接经济损失却呈明显上升趋势。如图3-7和图3-8所示，我国国家海洋环境预报中心已在大陆近海分别建立了台风风暴潮和41个温带风暴潮的监测点。其中，我国自主开发建立的温带风暴潮数值预报系统每天在8:00和16:00运行两次，可为国家相关部门提供72 h和48 h的重点站位的温带风暴潮、天文潮和总水位的逐时预报。

3.2.3 海 啸

3.2.3.1 海啸的成因

海啸(tsunami)是指因海底地震或海底火山爆发等造成海底激烈变动，进而引起海面突然大幅度起伏而导致的波动。海啸为重力波，比风浪的周期长很多。海啸通常是由震源深度小于30 km，震级为6~7级以上的海底地震，或者海底火山爆发、海底山体滑移，使海水上下运动并向外传播而形成的。海岛上体积巨大的岩石崩落到海中，或大洋中的水下核爆炸等原因而产生的长周期水波也是海啸。灾害性的大海啸主要是海底地震时产生地壳构造性断裂位移引起的。全球地震海啸发生区的分布基本上与地震带一致。

3.2.3.2 海啸的危害

海啸与通常海浪比较，二者所引起水体波动的形式不同。海浪通常只引起一定深度以上的水层波动，且这种波动的振幅随水深衰减很快。海啸引起的波动是从海面到海底整个水体的起伏，在大洋中海底震源附近水面最初的升高幅度只有1~2 m。海啸波在深水大洋传播时，波长可达几十米至几百千米不等，平均周期在5 min以上，有的长达1 h。海啸波传播速度可达每小时数百至上千千米，相当于大型喷气式客机的速度。海啸不会在深水大洋上造成灾害，甚至于航行的船只也难于察觉出这种波动。然而海啸波进入大陆架后，因

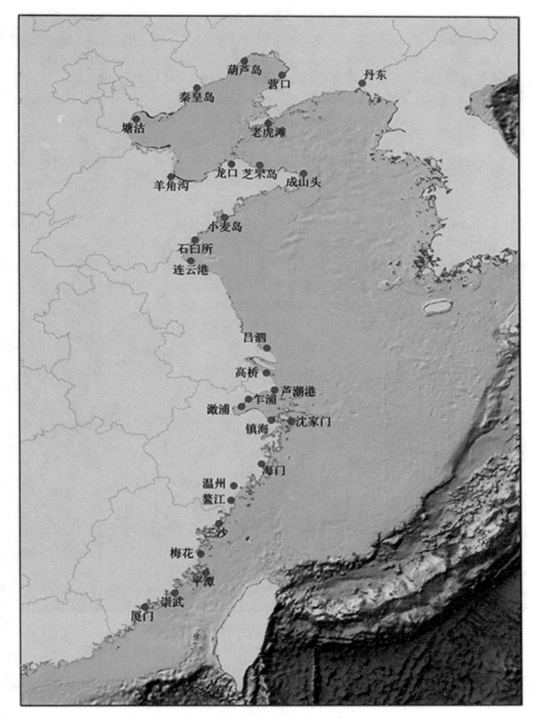

图 3-7　中国大陆近海部分台风风暴潮监测点分布情况

（资料来源：http://www.nmefc.cn/fengbaochao/jinhaifengbaochaoshuzhi1.aspx）

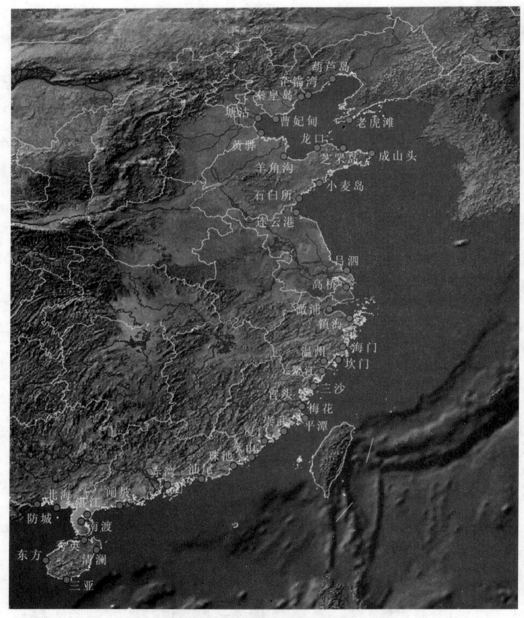

图 3-8　中国大陆近海温带风暴潮监测点分布情况

（资料来源：http：//www. nmefc. cn/fengbaochao/wendaifengbaochaoshuzhi. aspx）

深度急剧变浅，能量集中，波高骤然增大，当进入狭窄浅水海域，可以出现 10~20 m 以上的波高，海啸波携带巨大能量直冲海湾和海岸带，造成巨大灾难。

　　历史有记载的两次最大海啸是 1960 年 5 月 22 日发生的智利 9.5 级大地震和 2004 年 12 月 26 日印度洋 9.3 级强烈地震引发的海啸。智利大地震发生于太平洋东岸智利蒙特港附近海沟的海底。大震之后，海水忽然迅速退落，露出了从来没有见过天日的海底。一些有经验的人们知道大祸即将来临，纷纷逃向山顶，或登上搁浅着的大船，以躲避即将发生的劫难。大约过了 15 min 后，海水又骤然而涨，顿时波涛汹涌澎湃，滚滚而来，浪涛高达 8~9 m，最高达 25 m。呼啸着的巨浪越过海岸线，袭击太平洋东岸智利的城市和乡村。那些留在广场、港口、码头和海边的人们顿时被吞噬，海边的船只、港口和码头的建筑物均被击得粉碎。随即，巨浪又迅速退去。所过之处，凡是能够带动的东西，都被席卷而去。海水如此反复振荡，持续了将近几个小时。太平洋东岸的城市，刚被地震摧毁变成了废墟，此时又频遭海浪的冲刷。那些掩埋于碎石瓦砾之中还没有死亡的人们，却被汹涌而来的海水淹死。太平洋沿岸，以智利蒙特港为中心，南北 800 km 的沿岸地区几乎被洗劫一空。

地震发生后，海啸波又以每小时 700 km 的速度。仅仅 14 h，就到达了美国的夏威夷群岛。到达夏威夷群岛时，波高达 9~10 m，巨浪摧毁了夏威夷岛西岸的防波堤，冲倒了沿堤大量的树木、电线杆、房屋、建筑设施，淹没了大片土地。不到 24 h，海啸波走完了大约 1.7×10^4 km 的路程，到达了太平洋西岸的日本列岛。此时，海浪仍然十分汹涌，波高达 6~8 m，最大波高达 8.1 m。翻滚着的巨浪肆虐着日本诸岛的海滨城市。本州、北海道等地，停泊港湾的船只、沿岸的港湾和各种建筑设施，遭到了极大的破坏。临太平洋沿岸的城市、乡村和一些房屋以及一些还来不及逃离的人们，都被这突如其来的波涛卷入大海。这次由智利海啸波及的灾难，造成了日本数百人的死亡，冲毁房屋近 4 000 座，沉没船只逾百艘，沿岸码头、港口及其设施多数被破坏。智利大海啸还波及了太平洋沿岸的俄罗斯。在堪察加半岛和库页岛附近，海啸波涌起的巨浪亦达 6~7 m，致使沿岸的房屋、船只、码头、人员等遭到不同程度的破坏和损失。在菲律宾群岛附近，由智利海啸引发的巨浪也高达 7~8 m，沿岸城市和乡村居民遭到了同样的厄运。中国沿海由于受到外围岛屿的保护，受这次海啸的影响较小。但是，在东海和南海验潮站，都记录到了这次地震海啸引发的汹涌波涛。

2004 年 12 月 26 日，印度尼西亚苏门答腊岛西南岸发生大地震，澳大利亚板块沿印度洋东北缘长期挤压俯冲欧亚板块积累的能量突然释放，造成海底高达 1 500 m 的山脊出现长达数千米的山崩。海水因此上涌，引发了大海啸。随后海啸波迅速传向印度尼西亚、马来西亚、泰国、缅甸、孟加拉、印度、斯里兰卡和马尔代夫等许多国家的海岸带。海啸造成近 30 万人遇难，受灾最严重的印度尼西亚死亡人数超过 23 万。

3.2.3.3　海啸的预警

由于海啸有很大的破坏性，因而各沿海国家都很重视研究和建设海啸预警系统。目前在太平洋地区用于监测海啸的地震台站有 50 余个，分属 12 个国家和地区，这些监测站网采用比较精良的仪器设备，有的把地震仪安置在太平洋海底，以监测远距离的海底地震，并利用地震波沿地壳传播的速度远比地震海啸运行速度快的机制，使地震海啸提前作出预报成为可能。

例如，发生在智利的海啸，需要经过 13 h 才能传到夏威夷，约 20 h 后才到达日本沿岸。如果利用海啸监测网获取的地震波记录，在 1 h 内就能做出海啸警报，这对日本防灾体系来说，可以赢得多达 19 h 的防范时间。国际海啸预警系统是 1965 年开始启动的，由联合国教科文组织政府间海洋学委员会建立的太平洋海啸预警系统已有 26 个国家加入。2005 年 11 月联合国教科文组织通过一项行动计划，将现有的国际海啸预警系统从太平洋和印度洋一直延伸至大西洋，从而在 2007 年前完成全球性海啸早期预警系统的建设。

据历史记载，2 000 多年以来，中国共发生过 10 次地震海啸，平均 200 a 左右才出现一次，这表明发生地震海啸的可能性较小。这是因为中国海区处于宽广大陆架上，水深较浅，大都在 200 m 以内，不利于地震海啸的形成与传播。从地质构造上看，除了郯城庐江大断裂纵贯渤海外，沿海地区很少有大断裂层和断裂带，海区内也很少有岛弧和海沟。所以，即使海区附近发生较强的地震，一般也不会引起海底地壳大面积的垂直升降变化。从1969—1978 年在渤海、广东阳江、辽宁海城、河北唐山发生的 4 次大地震结果看，尽管地震震级均在 6 级以上，但均未引发地震海啸。

在中国辽阔的近海海域内，分布着大小数千个岛屿礁滩。从渤海的庙岛群岛，到黄海的勾南沙、东海的舟山群岛，台湾岛以及南海诸岛，这些众多岛屿构成了一个环绕大陆的弧形圈，形成一道海上屏障；在我国近海外侧又有日本九州、琉球群岛，以及菲律宾诸岛拱卫，又构成另一道天然的防波堤，抵御着外海海啸波的猛烈冲击。加之宽广大陆架浅海底摩擦阻力的作用，当海啸波从深海传播到中国海区时，其能量迅速衰减，已构不成威胁。智利大海啸发生时，海啸波传至上海时，在吴淞口验潮站只记录到 15~20 cm 的海啸波高，传至广州时，闸坡海洋站仅测出这次地震海啸波的微弱痕迹。由此可以说明，不仅大部分中国沿海地区发生地震海啸可能性较小，就是远海发生的地震海啸也难以构成重大威胁。

但是中国南海水深较大，海南岛东南沿海缺少浅海和岛链的护卫。南海海域、台湾和琉球群岛海域，都存在发生大型海啸地震的可能。一旦发生海啸，上述地区的海岸带将面临巨大威胁。因此，地震海啸仍是中国不容忽视的海洋灾害。

3.2.4 海水倒灌

海水倒灌(seawater intrusion)是指海水经地表或地下到达陆地的现象。这是我国沿海地区普遍存在且日趋严重的问题，其成因主要取决于地质结构、岩层密度和取水量。地下水的过分开采，也是引发海水倒灌的重要因素。目前，全国已形成漏斗区面积达 8.7×10^4 km^2，相当于 5 个北京市的面积。解决海水倒灌的措施：严控地下水开采量；强化节约用水管理，发展节水型工业、农业和服务业；支持截流、截潜和集雨工程，增加地表水蓄水量，增强地下水补给量，让淡水资源最大限度在内陆消化；在农林耕作区大力发展耐盐植物。

3.2.4.1 海水倒灌的成因

(1) 自然因素

海水倒灌作为一种海洋地质灾害，影响因素首先就是自然因素。因为，造成海水倒灌最直接原因就是海水水位高于内河水位，海潮高于地平面，从而导致海水经由地表造成对陆地资源和淡水资源的入侵。也正因如此，海水倒灌普遍存在于沿海低洼地区，因此其成因主要是与地层低陷和潮汐有关，台风季节或暴雨时也很容易引发海水倒灌。

潮汐是海水倒灌的重要原因，天文大潮属于正常的天文潮汐现象，一般在每月的农历初二、初三和十七、十八出现。2016 年，厦门受农历九月十五天文大潮和东北大风共同影响，海水倒灌使厦门内涝严重。2015 年 9 月 28~30 日，台风"杜鹃"和"超级月亮"正好碰上，二者共同推波助澜，厦门因此迎来中华人民共和国成立以来的第二高潮位(7.62 m)，该潮位突破了最高级别的红色警戒水位(7.60 m),造成了极大的财产损失。

(2)人为因素

除了自然因素外,人为因素也对海水倒灌影响巨大。如图 3-9 所示,当地下水过分开采抽取利用之后,中上游用水多导致下游水量减少,水位下降;过度采沙,河床下降等都极有可能导致海水倒灌。在许多城市和工矿区,地面来水不够用,就打井抽取地下水。随着人口的增长和生产的发展,采取地下水的量越来越大,而地下水的自然补充速度慢,无法及时恢复正常水位,如此反复,就将形成一个地下水面以城市和工矿区为中心,中间深,四周浅的大漏斗。更严重的是,超量开采地下水,还造成地面沉降、建筑物开裂、倾斜,影响安全。另外,大量的无序采沙,使海水与河水的潮流分界线不断上移,也是造成海水倒灌的一个重要原因。

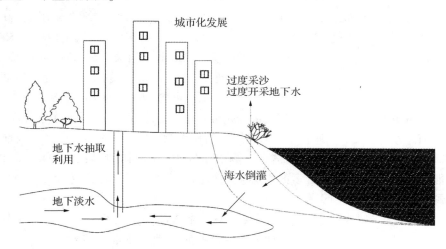

图 3-9 人为因素对海水倒灌的影响(卢佳奥 绘)

3.2.4.2 海水倒灌的危害

(1)海水倒灌严重污染和破坏陆地水资源

以海南省海口市为例,该省南渡江下游至出海口约 28 km,可以为海口市提供部分水源供给、满足部分农田及沿岸旅游景观的需水要求,但是由于近年来海水倒灌现象日益严重,迫使距出海口 8 km 处的攀丹水厂废弃、沿岸农田无法取水灌溉、部分农村发生饮水困难。2001 年 8 月,海南省南渡江无序采沙引发的海水倒灌,让原琼山市上万亩农田无法从南渡江正常取水浇灌;2005 年 2 月,海口市有将近 50%农作物受旱,64 条中小河流断流,南渡江和万泉河发生严重的海水倒灌现象,造成 208 个村庄 2.67 万人饮水发生困难,将近 2 000 hm² 水田因水源盐碱化无法灌溉。又如,山东省龙口市地处海滨平原,岸边为沙质海滩。在渤莱沿岸遭受海水倒灌的大环境中,该市所处的黄水河下游两岸也因海水倒灌,水资源环境不断恶化,大量机井渗入咸水,超过 40 hm² 土地因盐碱含量过高而濒临绝产,对当地人民的生活构成了极大的威胁。

(2)海水倒灌使陆地土壤资源恶化

2014 年 7 月 18 日,第 9 号台风"威马逊"超强台风于 15:30 前后在海南省文昌市翁田镇沿海登陆，中心附近风力高达17级，是海南近40 a来所未见到的，造成了东寨港的潮水瞬间漫过11.9 km长的防潮堤，海水倒灌十分严重，导致沿海乡镇土壤大面积盐渍化，近3 000 hm²耕地受灾，靠近海边的文昌市罗豆农场和铺前镇就有超过1 000 hm²良田变成盐渍土地，在今后几年甚至若干年内都无法种植常规农作物。张冬明等(2016)对这次超强台风过后的海口市三江农场的4个土层(0~5 cm、5~10 cm、10~20 cm和20~40 cm)，进行土壤全盐含量测定之后发现：受本次海水倒灌的农田表层土壤盐渍化较为严重，超过10 %的采样点土壤盐分超过了20 g/kg，但随土层深度的增加土壤盐分含量呈逐渐降低的趋势。

（3）海水倒灌威胁农林产品质量与产量

人们常说："一年倒灌，三年荒。"土壤盐分过高对作物的危害大致有3点：造成作物的生理干旱、盐分离子的毒害、破坏作物的正常代谢。水中氯化物含量超过600 mg/L、800 mg/L、1200 mg/L，蔬菜就要分别减产20%、40%、60%。其中，氯化物超过500 mg/L，西红柿(*Lycopersicon esculentum*)个头小、口感差、产量低，白菜(*Brassica pekinensis*)烂心；超过1 000 mg/L，黄瓜(*Cucumis sativus*)就要绝收。水稻(*Oryza sativa*)淹没24 h即导致分蘖枯萎，淹没48 h以上，主茎、分蘖均基本枯死；青菜(*Brassica chinensis*)、白菜等叶菜类及萝卜(*Raphanus sativus*)、胡萝卜(*Daucus carota*)、芜菁(*Brassica rapa*)等根菜类，不管叶龄大小，当海水淹没24 h即全部青枯腐烂；柑橘树(*Citrus reticulata*)凡海水漫顶24 h以上或树砧淹没60 h以上，树冠基本枯死，侧根出现腐变(沈荷芳等，2000)。如果倒灌后的海水不能及时排掉，将会有更多的农林植物根系腐烂变黑，导致农林产品减产或绝收，直接影响到当地农民的民生问题。

（4）海水倒灌严重威胁人类生命财产安全与城市基础设施

倒灌海水中的氯离子对混凝土和地下管网都有腐蚀性，海水入侵到城市，生产设备容易氧化，对工业生产造成威胁。第22号台风"山竹"于2018年9月16日17:00在江门台山海宴镇登陆，登陆时最大风力14级(45 m/s)，受台风影响，大鹏和盐田发生海水倒灌事件。大鹏新区葵涌下洞河等11个社区多处区域出现海水倒灌，紧急转移1 500多人。盐田区金色海岸码头等地出现海水倒灌，受影响区域人员及时安全转移。另外，全市多处供电线路中断，部分市政设施和车辆受损，树木倒伏近万株。同时，还引发了边坡、路面和在建工地围挡等工程设施垮塌的次生事故。

（5）形成咸潮

咸潮(又称咸潮上溯、盐水入侵)，当淡水河流量不足，令海水倒灌，咸淡水混合造成上游河道水体变咸(水中氯化物含量超过250 mg/L)，即形成咸潮。咸潮一般发生于冬季或干旱的季节，即每年10月至翌年3月之间出现在河海交汇处，例如，长江三角洲、珠江三角洲周边地区。影响咸潮的主要因素有天气变化及潮汐涨退。尤其在天文大潮时，咸潮的情况更为严重。另外，全球气候变化导致海平面上升过程，对咸潮的发生有一定的促进作用。

综上可见，海水倒灌对沿海地区人民正常生活及财产的危害日渐严重。为减解该困境，最关键的是要严控地下水开采量，制定禁止开采区和限制开采区的保护规划，以恢复地下水的良性循环。其次，要强化节约用水管理，发展节水型工业、农业和服务业。工业用水提倡循环利用，农业要加大节水型新技术灌溉设施建设。再者，要支持截流、截潜和集雨工程，增加地表水蓄水量，增强地下水补给量，使淡水资源最大程度在内陆消化。还有，通过选择木槿（*Hibiscus rosa-sinensis*）、柽柳等耐盐树种是治理海水倒灌农林用地的经济有效措施。

3.2.5　主要次生地质灾害

我国地处太平洋沿岸，受热带暖湿气流的影响，每年均会遭遇不同次数和强度的台风暴雨的影响，台风过程降水量在 200~350 mm。充沛而分布不均的降水量与短时间的台风暴雨的降水量，强烈地影响沿海地区地质灾害的发育。加之，温暖湿润的气候条件使海岸岩石的分化过程加快，给地质灾害的产生与发展提供了良好的自然环境孕灾条件。目前，我国沿海地区因短时暴雨多等特殊的气候条件，主要发生的次生地质灾害类型主要有崩塌、滑坡、泥石流、地面沉降等几种，具有点多、面广、规模小、频率高、危害较大、受人类活动影响大等普遍特征。

例如，2004 年登陆的强台风"云娜"（编号 0414）重创浙江时，造成乐清市发生重大泥石流地质灾害；2005 年的台风"龙王"（编号 0519）在台湾登陆，但随后越过海峡，携带的暴雨在福建山区引发了山洪灾害；台风"莫拉克"（编号 0908）影响台湾岛时造成的泥石流淹没了高雄县的一整个村子，罹难人数约 380 人。在一些大中城市，台风造成的暴雨和海水倒灌很可能引发城市内涝等次生灾害，使交通瘫痪、地铁停运等，影响城市正常运行，甚至造成人员伤亡。如何科学认识崩塌、滑坡和泥石流等常见地质灾害的风险分布时空变化及其驱动因素，对于制定防灾减灾政策具有重要意义。

3.2.5.1　崩　塌

降雨是崩塌产生与发展的成灾因素中最为敏感、最为积极的因素，几乎所有的崩塌均与降雨密切相关。以福建南部沿海地区为例，统计测区 95 处崩塌中，由降雨引起的就有82 处，占总数的 86.32%。通常是历时长时间的降雨后，又在短时间内受高强度大雨、暴雨，最易诱发崩塌。资料分析表明，当降水量达 50 mm 以上时就可能导致崩塌发生，当过程降水量大于 100 mm 时，崩塌明显增加，当过程降水量大于 200 mm 时，崩塌则普遍发生。

3.2.5.2　滑　坡

滑坡也为斜坡变形破坏的一种形式，是指斜坡上岩土体在河流冲刷、降雨等因素影响下，沿着一定的软弱结构面或带，整体或分散地、顺坡向下滑移的自然地质现象。滑坡经滑移处于相对稳定阶段后，在降雨等其他因素的作用下有可能再次激活而滑动。资料显示，过程降雨大于 100 mm 的地区可能诱发产生滑坡，但经过长历时阴雨，土体基本饱和后，又经过降水量大于 50 mm，也可能产生滑坡，当过程降水量超过 200 mm 时，则会普遍产生滑坡灾害现象。

3.2.5.3　泥石流

泥石流是在山区或者其他沟谷深壑，地形险峻的地区，因为暴雨、冰雪融化等水源激发的、含有大量泥沙以及石块的特殊洪流。它是主要 4 大地质灾害之一。泥石流的形成须同时具备陡峻的便于集水和集物的地形地貌、丰富的松散物质、短时间内有大量的水源三个条件。可见,地形地质条件是泥石流发生的基础,自然暴雨是引发的主因,在一定自然条件下较易再次发生泥石流灾害。浙江省发生的泥石流以突发暴雨型为主。例如,2004 年 8 月 12 日 22:00,受强台风"云娜"持续暴雨天气影响,浙江仙居地区发生的山区沟谷降雨型低浓度水石流造成了较为严重的水利农田损失。

3.3 我国沿海造林环境特点

我国地处欧亚大陆的东南部,是一个太平洋沿岸的国家,在大陆的东面和南面,从北至南有渤海、黄海、东海、南海四大领海。沿海有辽宁、河北、天津、山东、江苏、上海、浙江、福建、广东、广西、海南等 11 个省(自治区、直辖市)和港澳台地区。北起辽宁省的鸭绿江口,南至广西的北仑河口,大陆海岸线长达 1.8×10^4 km,形成一个向东南凸出的弧形(图 3-10)。其中,辽东、山东和雷州三个半岛伸出在圆弧之外。

我国海岸的类型多种多样,主要分为山地海岸和平原海岸两大类。山地海岸即为岩质海岸,山脉或丘陵直迫岸边,经过海浪长时期的强烈冲刷,崖壁陡立或崩落。平原海岸又可分为沙质海岸和泥质海岸。辽东半岛、山东半岛和杭州湾以南的大部分海岸为山地海岸

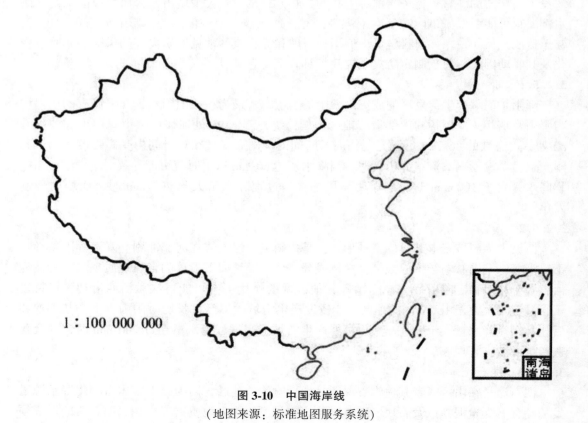

1 : 100 000 000

图 3-10 中国海岸线

(地图来源:标准地图服务系统)

或沙质海岸，岸线蜿蜒曲折，多港湾，除个别地段有中山地貌外，大部分为低山丘陵地貌，沿岸海域中岛屿错落，突出的有台湾岛和海南岛两个"大陆岛"。杭州湾以北，除辽东半岛和山东半岛外，绝大部分为平原泥质海岸，岸线平直，地形平坦。

我国沿海地区城市集中、交通方便、经济繁荣。有海南、深圳、珠海、汕头、厦门及上海浦东等经济特区，有 14 个沿海开放城市和广大的沿海开放地区，有大连、天津、连云港、上海、宁波、海门、温州、马尾、广州、湛江、海口等重要港口，成为对外开放，发展外向型经济和国际交往的重要窗口。沿海地区物产丰富，不但是重要的渔、盐业生产基地，而且是粮、棉、桑、麻、蔬菜的重要生产基地，也是苹果、梨、柑橘、柚子、枇杷、杨梅(*Myrica rubra*)、桃、龙眼(*Dimocarpus longan*)、荔枝(*Litchi chinensis*)、香蕉、椰树等水果的重要生产基地。还有，沿海地区风光秀丽，文化历史悠久，有秦皇岛、青岛、杭州、普陀山、厦门、广州、三亚等闻名于世的风景名胜区，有发展国际、国内旅游的优越条件。我国沿海地区也是伟大祖国的海防前沿，鸦片战争、甲午战争等重大历史事件，也首先是在沿海地区发生起来的，所以沿海地区也是我国的国防要地。可见，沿海地区经济社会的发展，在我国社会主义现代化建设中是举足轻重的。

但是，我国沿海地区农林业生态环境的良性结构系统尚未形成。台风、干旱、风沙等自然灾害比较频繁。据测算，我国沿海地区每年因自然灾害造成的直接经济损失，从几十亿元到 100 亿元以上。根据历年的统计，平均每年影响我国沿海地区的台风达 9.2 次，尤以海南、广东、福建、浙江等省为甚。例如，1986 年在广东省登陆的台风有 4 次，造成直接经济损失达 20 亿元。海南、福建两省每年受台风影响均达 3 次以上，损失也较惨重。1994 年第 17 号台风在浙南沿海登陆，近中心最大风力 50 m/s，造成直接经济损失达 100多亿元，死亡 1 200 余人，伤数千人。再者，风及风沙危害在我国沿海地区较为普遍。据统计，6~7 级以上的大风日数，辽宁为 114 d，浙江、福建沿海地区也在 100 d 以上，而位于浙江中部沿海的大陈岛，年平均风速为 8.1 m/s，年平均 8 级以上的大风日数达 188.6 d。观测表明，当地面风速超过 4~5 m/s，即可吹动沙尘，引起风沙危害。目前，我国沿海地区受风沙危害面积已超过 $270×10^4$ hm²，每年损失粮食超过 $100×10^4$ t。因此，通过了解并掌握我国沿海环境特点，对沿海防护林体系研究及营建工作，以维护生态环境及国土安全极具重要意义。

3.3.1 气候条件

我国沿海属海洋性季风气候区，光照充足，雨量充沛，但南北气候仍有很大差异。年平均降水量从渤海湾的 700 mm 至长江口以南地区递增至 1 000 mm 以上，有的地区甚至超过 2 000 mm。我国沿海各省(自治区、直辖市)日照时数的差异非常明显，北部沿海可以达到 2 800 h 左右，而南部为 2 000 h 左右；大于或等于 10 ℃ 的积温，从北部的 3 500 ℃ 往南逐渐递增至 9 000 ℃；无霜期从北至南，从 160 d 增加到 300 d，甚至达 350 d 以上。各地区的沿海、海岛同内陆的气候条件变化规律亦不一致。相对而言，陆地沿海与内陆地区差异较小，海岛与陆地的气候差异比较明显。

3.3.1.1 我国沿海主要气候类型区

总的来说，我国沿海地区均属海陆交替的季风气候区，其光照充裕，水热条件较好，对建设综合型高效益沿海防护林体系是较为有利的。但由于我国沿海地区幅员辽阔,地形地貌复杂,不但南、北地区气候条件差异大,而且在同一纬度,由于不同的地貌及其距离海岸的远近不相同,其气候条件亦有较大的差异。根据不同区域气候特点的不同,大致可以分为以下 3 个气候类型区(表 3-1)。

(1)暖温带季风气候区

暖温带季风气候区位于亚洲大陆与太平洋之间,海陆热力性质差异显著。夏季亚欧大陆低压连成一片,海洋上副热带高压西伸北进,从北太平洋副热带高压形成的东南季风可带来丰沛的降水,但受温带海洋气团或变性热带海洋气团影响;冬季强大的蒙古高压形成的西北季风影响本地。

(2)亚热带季风气候区

亚热带季风气候主要由海陆热力性质差异造成,又由于地处沿海一带,夏季受海陆气温差异影响,吹东南风,冬季受来自西伯利亚的寒风影响。这里冬季温暖,夏季炎热,气温的季节变化显著,四季分明。年降水量一般在 800~1 500 mm,夏季较多,但无明显干季。

(3)热带季风气候区

热带季风气候分布在 10°N 北回归线附近的亚洲东南部。热带季风显著,一年中风向的季节变化明显。年降水量一般在 1 500~2 000 mm,集中在 6~10 月。春秋极短。

表 3-1   我国沿海主要气候类型区

气候区	区域	气候特点
暖温带季风气候区	辽宁、河北、天津、山东及江苏北部等沿海地区	冬季温度较低,四季分明。春季干燥,多风少雨;夏季高温,多雨易涝;秋季冷暖交替,多晴少雨;冬季寒冷,少云多雾。主要灾害性天气有:旱、涝、风沙、干热风、冰雹、低温和海雾,有的年份也有台风袭击。本区年平均气温在 9~14 ℃之间,最冷月平均气温为-2~13 ℃,极端最低气温-30~-20 ℃,最热月平均气温为 24~28 ℃,无霜期 180~240 d,年积温为 3 200~4 500 ℃
亚热带季风气候区	江苏大部,上海、浙江、福建、广东大部(雷州半岛除外)和广西等沿海地区	温度适中,季风明显。主要灾害性天气是:台风、暴雨、风暴潮、洪涝、风沙、干旱,并受寒潮和低温阴雨的危害,也是我国台风登陆最多,大风日数最多的地区。本区年平均气温在 14~22 ℃,最冷月平均气温为 2.2~14 ℃,极端最低气温-19~11.8 ℃,最热月平均气温为 27~29 ℃,无霜期 240~360 d,年积温 8 000~9 000 ℃
热带季风气候区	海南和广东雷州半岛等沿海地区	温度较高,空气湿润,雨量充沛,很少出现霜冻。年平均气温为 22~26 ℃,最冷月平均气温为 14~21 ℃,极端最低气温不低于 0 ℃,最热月平均气温为 28~29 ℃,年积温为 8 000~9 000 ℃

3.3.1.2   海岛气候条件的特殊性

相比之下,与紧靠大陆一侧的沿海地区气候比较温暖湿润,而沿海岛屿的气候条件则具有明显的特殊性。尤其是远离陆地的小岛风大、干燥,植树造林极其困难。如果不能正确掌握海岛气候的变化规律,往往造林难以取得成功。正如一些地区在总结沿海地区植树造林的经验教训时所说的"造林难成活,成活不成林,成林不成材"。只有正确认识海岛的气候变化规律,选择适宜的树种,采取适用的技术措施,才可较好完成海岛的造林绿化事业。浙江大鹿山岛和大陈岛的成功绿化,就是很好的例子。

（1）海洋性气候

海岛深受海洋影响，海水对其气候起到调节作用。地处东亚季风区的海岛具有夏无酷暑、冬无严寒、四季明显的特点。比同纬度沿海大陆夏天气温低 2~3 ℃，冬天高 2~3 ℃。由于海洋对气候的调节作用，西沙及近岸陆地与全国地面同时期增暖的 1.3 ℃相比较偏小，增暖速率也低于全国水平（0.25 ℃/10 a）。涠洲岛年平均气温为 23.2 ℃，气温倾向率为 0.10 ℃/10 a，近 56 a 升高了仅 0.6 ℃（李嘉琪等，2018）。受迎风坡影响，台湾东部年降水 3 000~6 000 mm，而西部则约为 1 000 mm；海南岛东部降水 2 200~2 800 mm，而西部仅 900 mm 左右。其余岛屿平均年降水低于同纬度沿海大陆，且降水自西向东递减，风力自西向东递增。

（2）特殊的地理位置使得海岛生态系统具有海陆二相性特征

海岛生态系统实际上是海岸带生态系统的一种典型类型，位于海洋—陆地—大气—生物等圈层强烈交互作用的过渡带，边缘效应明显，环境变化梯度大，自组织能力和自我恢复能力较弱，具有长期性、时空分异性和人为可调控性等生态系统脆弱性特征（池源等，2015b）。

（3）大风和干旱是我国海岛普遍的自然扰动因子

由于我国的季风性气候、频繁的气旋天气系统、海陆热力性质差异和海上风力阻隔小等因素，海岛大风天气频繁。山东长岛地区年均大风日数为 59~110 d，江苏连云港前三岛岛群年均大风日数约 134 d，福建东山岛年均大风日数达 122 d。虽然我国海岛所在区域降水量并不小，但降水季节变化明显，且海岛汇水区域有限，蓄水能力较差，可利用的淡水资源较缺乏，干旱或季节性干旱成为我国海岛典型的自然特征。山东长岛 1953—1983 年间发生干旱灾害的年份占近 60%；广西廉州湾内的七星岛、渔江岛等冬旱发生频率达 100%，春旱的频率也达 66%。

大风和干旱不仅对海岛社会经济活动带来制约，也对海岛自然实体造成影响，主要表现为对岛陆地形地貌的塑造和对岛陆植物的胁迫（表 3-2）。岛陆特别是以基岩为物质构成的岛陆，在大风的作用下，往往形成以剥蚀丘陵为主的地貌类型，再加上长期缺水，海岛土层较薄，土壤贫瘠；岛陆原生植被也受到大风和干旱的影响而发育不良，植被的缺失又造成海岛防风和蓄水能力减弱，进而加剧了大风和干旱对海岛的影响。

表 3-2　海岛生态系统自然干扰的分类及其主要影响

自然扰动	具体内容	主要影响
气象灾害	大风、干旱、暴雨、寒潮等	改造地形地貌，侵蚀土壤，胁迫植物；破坏各类设施；制约海岛对外交通
海洋灾害	风暴潮、灾害性海浪、海啸、赤潮等	破坏农田、植被和各类设施；引发海岸侵蚀、海水入侵等其他自然灾害；危害社会经济；制约海岛对外交通；恶化海洋环境质量，破坏渔业资源（赤潮）
地质灾害	崩塌、滑坡、泥石流、地震等突发性灾害；海岸侵蚀、海水入侵、地面沉降等渐变性灾害	突发性：短期、剧烈的影响，破坏地形地貌、植被和各类设施　渐变性：长期、缓慢的影响，导致海岛岸线后退、淡水水质恶化、土壤盐渍化等
其他自然扰动	生物入侵（含病虫害）、林火等	威胁原生植物群落，破坏生物多样性；毁坏森林

注：引自池源等，2015b。

3.3.2 土壤类型

我国土壤类型众多，也是土壤分类发展最早的国家之一。在夏朝《禹贡》中，已详细记载了当时全国九州的土壤及其分布情况。土壤是在一定的成土条件下，经不断演变，其内部发生着物质的运动与转化，使土壤获得相对稳定的性状。这些性状可由土壤的外形（剖面性状）和内在特性（物理、化学、黏土矿物特征以及有机质性状等）来综合判别。因此，土壤类型应根据成土条件、形成过程和土壤基本属性三者的统一性进行划分（赵其国等，1991）。

我国地域辽阔，土壤类型复杂多变，从热带的砖红壤到寒温带的漂灰土，从森林土壤到草原土壤、荒漠土壤，从初育土到水稻土（人为水成土），除了热带黑土外，几乎涵盖了世界上各主要土壤类型。为了呈现我国沿海土壤广域分布的规律性，通常采用纬度地带性、经度地带性和垂直地带性来进行相对地划分。

①纬度地带性的分布规律由热量的差异所决定，土壤类型呈现出自赤道向两极逐渐变化的带状分布。因此，纬度地带性是经度地带性和垂直地带性的基础。

②经度地带性的变化主要与距离海洋的远近有关。距海洋越远，气候越干旱；距海洋越近，气候越湿润，导致生物的特点各异，从而极大影响了土壤的形成和分布。

③垂直地带性常用来表征山地土壤类型的变化规律。一般情况下，由山体基带土壤开始，随着海拔升高依次出现一系列与较高纬度带相对应的土壤类型。垂直地带性还决定了高原谷地的土壤分布。

从三者对土壤分布的制约关系来说，纬度地带性和经度地带性共同制约着土壤的水平分布；而在广大高山高原条件下，土壤分布实际上受纬度地带性、经度地带性和垂直地带性的共同控制。

3.3.2.1 沿海土壤类型的地带性分布规律

在我国沿海地区南北之间土壤差异很大，发育的土壤类型较为完整，自南向北依次为砖红壤、赤红壤、红壤与黄壤、棕壤等土壤类型，呈现出明显的纬度地带性分布规律（表3-3）。与我国西部的干旱类型土壤带相比，东部沿海属于湿润类型土壤带，不具备经度地带性的变化特点。

表 3-3　我国沿海土壤类型的特点及地带性分布情况

土壤类型	特点	典型区域
棕壤	具有明显的淋溶过程，碳酸盐及可溶盐易淋失，处于硅铝化阶段并具黏化特征	以辽东半岛、山东半岛为主，河北、天津也有分布
红壤与黄壤	①红壤有明显的富铝化作用，呈酸性，黏土矿物以高岭石为主。②黄壤受常年水分下渗的影响，黏粒、有机质下移明显，铁的黄化现象明显	杭州湾以南至福建闽江口
赤红壤	土壤富铁铝化作用强烈，原生矿物分解迅速，黏土矿物以高岭石为主	广东、广西西南、福建南部等地
砖红壤	生物积累与分解作用强烈。雨林内的土壤表层有机质含量高达8%~10%，但森林一旦破坏或开垦数年内，即可降至2%~3%，且有机质矿化作用强烈	台湾南部、海南、广东雷州半岛等地

3.3.2.2 沿海土壤类型的地域性分布特点

与湿润海洋性土壤地带谱相似，我国东部沿海由南向北分布着一系列海岛和冲积平原。在南海诸岛上分布着由珊瑚碎屑与鸟粪堆积而形成的磷质石灰石。而沿岸入海河流有鸭绿江、辽河、黄河、淮河、长江、钱塘江、椒江、闽江、珠江等河流约 5 000 多条。河流输送量的泥沙，形成了广大的冲积海积平原，如辽河三角洲平原、黄河三角洲平原、黄淮海平原、长江三角洲平原和珠江三角洲平原等。这就导致沿海部分岸段土壤的地域性特点非常明显。

例如，位于褐土带的华北平原，由山麓到滨海依次出现褐土、褐潮土、潮土、沼泽化潮土、滨海盐土等(图 3-11)。长江三角洲、钱塘江三角洲和珠江三角洲平原，由山麓到滨海也有相应的土壤分布规律，有所不同的是，水稻土面积增大、滨海盐土面积减小，在南亚热带则变成酸性硫酸盐盐土等。

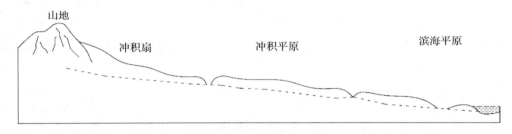

图 3-11 太行山至滨海平原土壤分布规律(引自赵其国等，1991)

3.3.2.3 沿海土壤类型的肥力状况与利用

我国濒临的海域总面积达 $4.73×10^8$ hm^2，海陆交接处有丰富的滩涂资源。根据辽宁、浙江和珠江口滩涂资源分析，平均腐殖质含量约 1%~2%，全磷和全氮约 0.1%，含量较为丰富。南海沿岸滩涂表层含盐量一般不超过 2%，渤海、黄海滩涂可达 2%~3%。南海沿岸红树林分布地区，滩涂一般呈微酸性或中性(赵其国等，1991)。由于沿海地区人们对土地的频繁利用，一定程度上也加速了土壤的发育及演变过程。

①辽东、山东半岛的平原港湾和闽江口以南大多为沙质海岸，滨海分布着大面积的沙地，据统计，全国沿海宜林沙地面积近 $10×10^4$ hm^2。这类土壤松散、干燥、有机质含量低、肥力差。沿海地区由于风力大，造成风沙危害严重。风沙内侵，淹埋良田，危及村舍。福建省平潭曾发生过一夜沙埋十八村的悲惨历史。通过沿海沙地绿化造林以改良土壤，这是沿海防护林体系建设的一项极为重要内容。

②辽河三角洲平原和黄淮海平原地区，由于水资源条件较差，沿海有大面积潮土带盐渍化荒滩尚待开发利用，地下水位较高，土壤有机质含量低，富钙质，呈微碱性，易发生次生盐渍化。这类土壤需要通过科学合理的综合措施进行改良，才能更好地为林业和农业所利用。

③浙江中南部沿海平原地区，在新围的海堤内侧，选用木麻黄等耐盐碱性强的树种营造海岸基干林带，建设起沿海绿色生态屏障，为改善沿海地区的生态环境及发展柑橘、文

旦(玉环柚)(*Citrus maxima*)等名特优果品创造了条件。

④潮间带的土壤即为重盐碱土，主要是选择红茄苳(*Rhizophora mucronata*)、柽柳、优良米草等耐盐碱性极强的植物，营造防浪护堤林。

3.3.3 植被类型

我国沿海地区由于人口稠密，人类活动频繁，原生森林植被已遭受严重破坏，森林植被资源贫乏进而造成生态环境日趋恶化。尤其是沿海小岛和近海岸地带，在中华人民共和国成立初期几乎没有像样的森林植被可言。建国以来，党和国家十分重视沿海绿化工作，使沿海地区的森林植被得到较好的恢复和发展。以浙江省东南部沿海的海岛县——玉环县为例。该县由 136 个海岛和一个半岛组成，陆域总面积为 $3.5×10^4$ hm²。据 1976 年调查，林业用地总面积约为 $1.18×10^4$ hm²，其中有林地 $1.06×10^4$ hm²，全部为中华人民共和国成立后人工营造的幼龄林，林分总蓄积量为 $1.09×10^4$ m³，单位蓄积量仅 1.03 m³/hm²。自 20 世纪 70 年代初期开始，该县大抓海岛绿化和沿海防护林体系建设，使全县的森林植被得到较快的恢复和发展。至 1985 年，全县有林地面积增加到 $1.15×10^4$ hm²，林分总蓄积量递增到 $14.3×10^4$ m³，由于森林植被的恢复，使全县的生态环境有了明显的改善。目前，经过多年的努力，我国沿海山地丘陵植被覆盖度有所增加，呈地带性分布，同内陆地带性森林植被基本一致。根据气候和森林植被的组成种类不同，大致可分为 7 种类型。

3.3.3.1 辽东半岛和山东半岛

当地原始植被已破坏，部分山丘有以栎类(*Quercus* spp.)为主的次生林，以及刺槐、赤松(*Pinus densiflora*)为主的人工林。一般海拔较高处有赤松分布，下木为绣线菊(*Spiraea salicifolia*)、照山白(*Rhododendron micranthum*)、胡枝子(*Lespedeza bicolor*)等；较低山丘为栎类、刺槐、核桃楸(*Juglans mandshurica*)、水曲柳(*Fraxinus mandschurica*)等阔叶林，下木为酸枣(*Ziziphus jujuba*)、荆条(*Vitex negundo*)等；低丘和山麓多种植蒙古栎(*Quercus mongolica*)，放养柞蚕，并已大面积的栽种苹果、梨等果树，建设果园；平原为杨树、柳树、刺槐、泡桐、紫穗槐及苹果、梨等果树。例如，辽宁省新金县位于辽东半岛南部，属沿海低山丘陵地带。境内多石质山，岩石裸露，不长树木。从 20 世纪 60 年代初开始研究石质山地造林技术，采用双田整地法与深坑大穴整地法相结合的措施，有效改善了林地缺水少土肥力低的现状，不但在石质山上营造了防护林和用材林，而且发展了果树，营造了风景林，生态环境不断改善。

3.3.3.2 华北平原

为暖温带落叶阔叶林，天然植被多不存在，局部地带残存零星天然次生林。多为人工栽培的毛白杨(*Populus tomentosa*)、加拿大杨(*Populus × canadensis*)、青杨(*Populus cathayana*)、沙兰杨(*Populus × canadensis* ssp. Sacrau 79)、旱柳(*Salix matsudana*)、白榆(*Ulmus pumila*)、刺槐、臭椿(*Ailanthus altissima*)、枫杨(*Pterocarya stenoptera*)、苦楝、泡桐、侧柏、杞柳(*Salix integra*)、紫穗槐及梨、苹果、桑树等，沙碱荒地上，有天然生长的荆条、柽柳等零星分布。例如，位于渤海之滨、莱州湾南岸的山东省寿光县北部沿海地区，常年多风，东北风夹着海潮侵袭，淹没大片土地；西南风干旱，蒸发强烈，地面严重返盐，原是一片白茫茫的光板地。土壤是典型的滨海盐碱土。除了极耐盐碱的草本植物和柽柳能勉强生存外，很难觅见木本植物。中华人民共和国成立以来，山东寿光县人民选择刺槐、白榆、柽柳、紫穗槐、杨树、绒毛白蜡(*Fraxinus velutina*)等耐盐碱树种，采用开沟排水、挖垄整地，选壮苗、大苗造林，营造乔灌混交林等技术措施，成功在滨海盐碱地上营造起规模宏大的沿海防护林。

3.3.3.3　鲁南及江苏、上海沿海地区

多为人工营造的农田防护林、护堤林、护岸林和四旁树木。主要树种有槐树(*Sophora japomca*)、刺槐、桑树、榆、柳、香椿(*Toona sinensis*)、泡桐、杨树、枫杨、苦楝、水杉、池杉(*Taxodium ascendens*)、乌桕(*Sapium sebiferum*)、桃、柑橘、板栗等。在江湖河的水陆交错带，分布有大量芦苇、水烛(*Typha angustifolia*)、菖蒲(*Acorus calamus*)、芦竹(*Arundo donax*)等耐湿和水生经济植物。例如，江苏省北部沿海地区，从 50 年代开始营造农田防护林，丰富了沿海地区的植被，改善了生态环境，为农业高产稳产创造了条件。

3.3.3.4　浙闽沿海中亚热带常绿阔叶林地带

本区乔木层主要树种是山毛榉科(Fagaceae)、山茶科(Theaceae)、樟科(Lauraceae)及金缕梅科(Hamamelidaceae)树种，如甜槠(*Castanopsis eyrei*)、木荷、华东润楠(*Machilus* spp.)、枫香(*Liquidambar formosana*)、南岭栲(*Castanopsis* spp.)、闽粤栲(*Castanopsis fordii*)、细柄阿丁枫(*Altingia gracilipes*)等。由于人为活动频繁，原生植被大多已被破坏，由马尾松、杉木、柏木(*Cupressus funebris*)、黑松等针叶林所替代，在宁波天童地区等处还可看到面积不大的原始阔叶林。本区人工栽培树种比较丰富，主要有枫杨、苦楝、喜树(*Camptotheca acuminata*)、水杉、池杉、麻楝(*Chukrasia tabularis*)、女贞、构树(*Broussonetia papyrifera*)、大叶榉(*Zelkova schneideriana*)、毛竹及柑橘、文旦、枇杷(*Eriobotrya japonica*)、杨梅、梨、桃、桑、茶、油桐(*Vernicia fordii*)、乌桕、油茶(*Camellia oleifera*)、龙眼、荔枝等经济林。木麻黄、桉树(*Eucalyptus* spp.)、黑荆树(*Acacia mearnsii*)、湿地松、火炬松(*Pinus taeda*)是本区引种成功并成为沿海防护林体系建设的重要树种。

3.3.3.5　闽粤亚热带季风常绿阔叶林地带

该地带原生森林植被主要由桃金娘科(Myrtaceae)、番荔枝科(Annonaceae)、樟科、大戟科(Euphorbiaceae)、无患子科(Sapindaceae)、桑科(Moraceae)、茜草科(Rublaceae)、山毛榉科、豆科(Leguminosae)等亚热带科属组成。林木种类多、林分结构复杂，各种乔灌木树种达 1 000 种以上，具有雨林特征。典型森林植被层次可达 3～7 层，林冠参差不齐，板根、茎花现象相当普遍。林分主要树种有红锥(*Castanopsis hystrix*)、厚壳桂(*Cryptocarya chinensis*)、木荷、阿丁枫(*Altingia chinensis*)、木姜子(*Litsea pungens*)、阴香(*Cinnamomum burmanni*)、蒲桃(*Syzygium jambos*)、山龙眼(*Helicia formosana*)、罗伞树(*Ardisia quinquegona*)、九节木(*Psychotria rubra*)等。原生植被大多已遭破坏，仅残存小面积的次生林。人工栽培树种有湿地松、火炬松、加勒比松(*Pinus caribaea*)、马尾松、杉木、相思树、木麻黄、桉树、竹类、木棉(*Bombax malabaricum*)、龙眼、荔枝、蒲葵(*Livistona chinensis*)、杧果(*Mangifera indica*)、橡胶树(*Hevea brasiliensis*)等。

3.3.3.6　粤桂沿海热带雨林地带

原生植被保存不多，多为次生林。山地丘陵为常绿阔叶林，树种较丰富，主要有番荔枝科、木槿属(*Hibiscus* spp.)、岗松(*Baeckea frutescens*)、桃金娘(*Rhodomyrtus tomentosa*)、

黄桐（*Endospermum chinense*）、榕属（*Ficus* spp.）、栲（*Castanopsis fargesii*）、红锥（*Castanopsis hystrix*）、米锥（*Castanopsis chinensis*）、青冈（*Cyclobalanopsis glauca*）、仪花（*Lysidice rhodostegia*）、硬叶樟（*Cinnamomum rigidissimum*）、南酸枣（*Choerospondias axillaris*）等。人工栽培树种主要有马尾松、湿地松、杉木、木麻黄、桉树、相思树、落羽杉、竹类、肉桂（*Cinnamomum cassia*）、八角（*Illicium verum*）、油桐、油茶、橡胶、荔枝、龙眼、菠萝蜜（*Artocarpus heterophyllus*）、木瓜（*Chaenomeles sinensis*）、杧果、番荔枝（*Annona squamosa*）、柑橘、越南藤黄（*Garcinia schefferi*）等。

3.3.3.7　海南岛和南海诸岛热带森林区

海南岛的植被类型繁多，从滨海到山地，依次分布着红树林、沙生草地或多刺灌丛、稀树灌木草地、热带季雨林、亚热带常绿阔叶林、高山矮林。岛上树种非常丰富，共有维管束树植物 3 500 多种，分属 259 科 1 347 个属，其中约有 83% 属于泛热带和亚热带科，是我国热带地区的生物基因库。南海诸岛植被种类较简单，以麻疯树（*Jatropha curcas*）组成的单优势林分占优势，滨海则以灌丛和沙生草本为主。本区的人工栽培树种以木麻黄、桉树、橡胶树为主。

复习思考题

1. 如何区分海岸线、沿海地区的定义。
2. 海岸带的特点是什么？其主要类型包括哪些？
3. 试述海岛绿化造林现存问题及对策。
4. 台风风暴潮对沿海环境有哪些影响？
5. 简述海啸的成因与危害。
6. 试述我国沿海土壤及植被类型的特点。

第4章
沿海防护林建设规划

【本章提要】

本章着重论述了沿海防护林建设相关的法律法规、国家政策性文件和行业规程等规划依据，阐明了沿海防护林体系建设规划时应该遵循的四个重要原则。基于泥质海岸、沙质海岸和岩质海岸造林环境及立地条件的差异性，详细分析了不同海岸类型的造林规划目标。简要介绍了我国沿海防护林体系工程建设区划划分的 3 个类型区和 12 个自然区的特点。

沿海防护林是我国重要的沿海绿色生态屏障，作为我国"两屏三带"战略和林业发展"十三五"规划的重要组成部分，也是正在建设的十大生态屏障和重大生态修复工程之一。加强沿海防护林体系工程建设，对于改善沿海地区生态状况、提升防灾减灾能力、保障人民群众生命财产安全和促进沿海地区经济社会可持续发展具有十分重要的意义。我国自 20 世纪 80 年代启动沿海防护林体系建设工程以来，先后出台了一系列重大决策部署。经过 30 多年的建设，沿海防护林体系工程建设范围不断扩大，建设内容不断丰富，工程区森林资源逐年增长，生态环境逐步改善，生态防护功能逐渐增强，工程建设取得了较大成效。但从总体上看，依然存在沿海防护林体系建设工程的定位不高、总量不足，以及基干林带宽度不够、结构不合理等亟待解决的问题，沿海防护林建设水平仍滞后于经济社会发展，沿海地区生态环境仍未得到根本改善。

2015 年底，国家林业局在经过充分调研的基础上，决定在《全国沿海防护林体系建设总体规划》（计经〔1988〕174 号）和《全国沿海防护林体系建设二期工程规划（2001—2010年）》（林计发〔2004〕171 号）建设取得成效及经验教训的基础上，针对工程建设过程中存在的主要问题及新趋势、新要求，组织编制完成了《全国沿海防护林体系建设工程规划（2016—2025 年）》，以贯彻落实国家关于"大力推进生态文明，建设美丽中国，实施重大生态修复工程"的区域发展总体战略，筑牢生态安全屏障，进一步加强全国沿海防护林体系工程建设。本章内容主要介绍了沿海防护林建设规划的依据、原则、目标和区域规划内容，为科学合理营造沿海防护林体系提供科学依据。

4.1　规则依据

沿海防护林体系建设目标，国家及各省（自治区、直辖市）林业主管部门均已有明确的要求。随着沿海防护林体系的建成，我国沿海地区的生态环境、自然景观和林业的经济效益，必将有一个大的提高。沿海防护林体系建设是以海岸为主线，县级行政区为基本单位，以增加森林植被为中心，建设一个多林种、多树种、多层次、多功能、高效益综合防护林体系的生态、经济、景观型的林业系统工程。国家林业和草原局在行业标准中指出，沿海防护林体系工程建设（construction project of coastal protective forest system）是指按工程建设的基本程序和管理要求组织开展包括规划设计、施工营建、配套基础设施、经营培育、维护管理等沿海防护林体系建设项目。

沿海防护林体系建设规划，一般以县级行政区域为基础，要以法律法规、国家规划和政策性文件，以及各级行业规程为依据。

4.1.1　法律法规

法律法规，指中华人民共和国现行有效的法律、行政法规、司法解释、地方法规、地方规章、部门规章及其他规范性文件，以及对于该等法律法规的不时修改和补充。其中，法律有广义、狭义两种理解。广义上讲，法律泛指一切规范性文件；狭义上讲，仅指全国人大及其常委会制定的规范性文件。在与法规等一起论述时，法律是指狭义上的法律。法规则主要指行政法规、地方性法规、民族自治法规及经济特区法规等。

法律法规具有明示、预防、校正以及扭转社会风气、净化人们的心灵、净化社会环境等社会性效力。目前，与沿海防护林建设与保护的法律法规主要有：《中华人民共和国森林法》（2019 年修订）、《中华人民共和国森林法实施条例》（2018 年修订）、《中华人民共和国海洋环境保护法》（2017 年修订）、《中华人民共和国水土保持法》（2010 年修订）和《中华人民共和国自然保护区条例》（2017 年修订）等。

例如，根据国家林业和草原局的要求，一般沿海平原县的森林覆盖率要求达到 10% 以上，而半平原县和山区县分别要求达到 20% 以上和达到 30% 以上。其中，长江以北的村庄绿化率要求达到 25% 以上，长江以南的村庄绿化率要求达到 20% 以上，或村庄内可以绿化的地方 95% 绿化。还有，荒山、荒滩、荒地造林面积占宜林"三荒"面积的 90% 以上；路、河、沟、渠、堤旁适宜造林地段全部造林绿化；农田林网控制率，长江以北达到 85% 以上，长江以南达到 70% 以上。所谓农田林网化率，是指受农田四周的林带保护面积与农田总面积之比；不单纯指林带本身的面积，而要包括受保护的农田面积。

4.1.2　国家规划及政策性文件

自 20 世纪 80 年代，邓小平、万里等中央领导同志先后就沿海防护林建设作出过重要指示；2004 年印度洋海啸发生后，时任国务院总理温家宝、副总理回良玉等党中央领导又对沿海防护林体系工程建设作出了明确指示。2014 年 2 月，习近平总书记在国家林业局

《关于第八次全国森林资源清查结果的报告》上批示要求，稳步扩大森林面积，提升森林质量，增强生态功能；2014 年 11 月，习近平总书记在福建省平潭综合实验区考察时又特别了解了沿海防护林建设的有关情况，并指出"防护林太重要，优良的生态环境是真宝贝"，体现了新一届中央领导对沿海防护林建设的高度重视。

1988 年，国家计划委员会批复了《全国沿海防护林体系建设总体规划》（计经〔1988〕174 号），1989 年，开始工程试点建设；1991—2000 年，原林业部把全国沿海防护林体系建设工程列入林业重点工程，在全国沿海 11 个省（自治区、直辖市）的 195 个县（市、区）全面实施了沿海防护林体系建设工程。2001 年，在全面总结上期工程建设经验基础上，国家林业局组织编制并实施了《全国沿海防护林体系建设二期工程规划（2001—2010 年）》（林计发〔2004〕171 号）。为吸取 2004 年年底"印度洋海啸"的教训，根据中央领导指示精神，2005—2006 年，国家林业局对二期工程规划进行了修编，将建设期限延长至 2015 年，进一步扩大了工程建设范围，丰富了工程建设内容。2007 年 12 月经国务院批复，2008 年 1 月，国家发展和改革委员会、国家林业局联合印发了《全国沿海防护林体系建设工程规划（2006—2015 年）》（发改农经〔2008〕29 号）。

2015 年底，国家林业局针对工程建设过程中存在的主要问题及新趋势、新要求，继续编制《全国沿海防护林体系建设工程规划（2016—2025 年）》，及时启动新一期全国沿海防护林体系建设工程，对促进沿海地区经济社会可持续发展，具有十分重要的意义。目前有关沿海防护林体系建设的国家规划及相关政策性文件主要有：①《推进生态文明建设规划纲要（2013—2020 年）》；②《全国造林绿化规划纲要（2011—2020 年）》；③《全国林地保护利用规划纲要（2011—2020 年）》；④《全国沿海防护林体系建设工程规划（2006—2015 年）》；⑤《全国沿海防护林体系二期工程建设规划（2001—2010 年）》；⑥《全国沿海防护林体系建设可行性研究》（1988 年）；⑦《国家林业局办公室关于开展〈全国沿海防护林体系建设工程规划（2016—2025 年）〉编制工作的通知》（办规字〔2014〕144 号）；⑧《全国沿海防护林体系工程建设成效评估报告》（2011 年）；⑨《全国林业生态建设与治理模式》（2002 年）；⑩工程区各省（自治区、直辖市）和计划单列市上报的沿海防护林工程建设规划思路。

4.1.3　行业规程

针对沿海防护林体系建设过程中各个环节的具体技术要求，可参照以下行业规程：《沿海防护林体系工程建设技术规程》（LY/T 1763—2008）、《红树林建设技术规程》（LY/T 1938—2011）、《生态公益林建设技术规程》（GB/T 18337.3—2001）、《造林技术规程》（GB/T 15776—2016）、《封山（沙）育林技术规程》（GB/T 15163—2004）、《森林抚育技术规程》（GB/T 15781—2009）、《造林作业设计规程》（LY/T 1607—2003）、《低效林改造技术规程》（LY/T 1690—2007）、《主要造林树种苗木质量分级》（GB 6000—1999）等。

行业规程也是行业标准的一种表现形式，主要是关于某种操作、工艺、管理等专用技术的要求。例如，《沿海防护林体系工程建设技术规程》规定了除港口、码头、新围海堤等建设工程之外，海岸前沿基干林带应合拢。所谓沿海基干林带（coastal backbone forest belt of protection）是指位于高潮水位以上，沿海岸线由人工栽植或天然形成的乔、灌木树种构成具有一定宽度的防护林带。沿海基干林带的走向应与海岸线一致。其宽度视地形地貌、土壤类型和潜在危害程度而定。在泥质岸段，从海岸能植树的地方起，沿海基干林带宽度不少于 200 m，如一条林带宽度达不到要求，可营造 2~3 条林带。在沙质岸段，沿海基干林带宽度不少于 300 m，具备条件地段可加宽到 500 m。在岩质岸段，自临海第一座山的山脊以下，向海坡面的宜林地段应全部植树造林。

4.2 规划原则

21 世纪是生态的世纪，是人与自然和谐共生的时代，人类社会与环境的可持续发展已成为当今世界共同关注的主题。沿海防护林是沿海地区陆地生态系统的主体，对改善生态环境和维护生态平衡起着决定性作用。可以说，沿海防护林是沿海地区国民经济和社会可持续发展的基础和保证。我们在进行沿海防护林体系建设规划时，必须遵循以下原则：

4.2.1 因地制宜，适地适树，因害设防

4.2.1.1 造林树种生物学特性

我国沿海地区由于土壤含盐碱量大、立地条件较差，非常容易发生干旱，经常受到风暴潮等自然灾害的袭击。因此，沿海防护林树种选择要从多方面考虑。比如，沿海盐碱地绿化应该选择抗风力强、耐盐碱的树种，大多数沿海盐碱地为尚未开发利用的土地，土壤通气透水性能和蓄水保墒差，且肥力低下，应优先选择耐干旱瘠薄的树种。

因此，适宜沿海防护林建设工程的树种选择应该具备以下特征：①常绿树种优先于落叶树种，因为沿海地区树木在落叶期遭遇干冷风，常绿树种由于有叶片可以保护嫩芽和幼叶，而落叶树种在冬季没有叶片的保护，非常容易受到干旱、大风、盐碱等的危害，会造成树木枯死；②叶色浓绿树种的光合能力较强，优先于叶色嫩绿的树种；③叶片狭小的树种优先于叶片阔大的树种，叶片狭小树种比较耐干旱、抗风力；④耐干旱贫瘠的树种优先于喜湿润肥沃的树种，沿海土壤条件相对比较差，不太利于喜湿润肥沃的树种生长；⑤根系发达的树种比较耐风力和土壤贫瘠，优先于根系不发达的树种；⑥生长迅速的树种优先于生长缓慢的树种；⑦枝叶繁茂的树种优先于枝叶稀疏的树种；⑧枝干粗壮的树种优先于枝干瘦弱的树种，枝干粗壮的树种更适宜盐碱地生长；⑨有根瘤菌以及菌根丰富的树种优先于没有或少菌根的树种，由于沿海地带大多土壤比较贫瘠；⑩由于沿海地区直接遭受季风、高温、干旱、台风、风暴潮等自然灾害，树种还必须能够承受环境逆压。

4.2.1.2 选择树种配置

在树种选择上，坚持适地适树，以乡土树种为主，适当选用外来优良树种；在混交类型设计上，以森林生态学理论为指导，仿照地带性自然顶极群落的组成与结构进行树种配置，以获得最大的稳定性和效益；在工程措施方面，坚持因地制宜，讲求实效。

适地适树，即根据造林目的和造林地的立地条件，选择最能适宜该造林地生长又能发挥最佳效益的树种来造林。不能简单理解为"将树种植在它最适宜生长的地方"。当然，大多数树种把它种植在好的立地条件下才能长得快、长得好，可以发挥其最佳的经济效益、

生态效益和社会效益。但是，立地条件比较好的造林地，往往适宜造林的树种是很丰富的，不存在树种选择的困难。而对于那些立地条件比较差的地方，原来没有树木生长的地方，或者原来是树种不适宜生长或生长较差，未能发挥其效益的地方，我们需要科学选择造林树种，使这些地方较好较快地绿化起来，并能达到预期的造林目的，发挥最佳的效益。

4.2.1.3　沿海潜在危害

建设沿海防护林的目的，主要是为了防治各种风害及其所带来的暴雨、干旱、土壤冲刷、风沙、霜冻的危害。但是，沿海地区从南到北，气候与土壤条件千差万别，主要自然灾害亦不相同。例如，海南、广东、广西、台湾及福建南部沿海，建设防护林的主要目的是为了防御台风；华东沿海除了防御台风以外，还要防御寒露风及霜冻；华北和东北沿海，则以防御寒潮带来的风害和冻害为主。

总之，在规划时海岸防护林带、农田防护林、防风固沙林、防浪林、水源涵养林及水土保持林，要因害设防；防护林、经济林、特用林、用材林、竹林及薪炭林，要因地制宜。根据丘陵山地、滩涂、海岛及沿海平原的具体条件，宜造林则规划造林，宜封山育林则可采取封山育林，适宜栽植果树和经济林的地方，则规划发展经济林，对于沿海前沿岛屿和一些重点风景名胜区，则应规划营造国防林和风景林。

4.2.2　全面规划，合理布局，先绿化后提高

根据国家林业和草原局和各省（自治区、直辖市）林业主管部门的部署，一般以县级行政区域为沿海防护林体系建设规划单位，在进行调查研究的基础上，遵循以"绿化为主，兼顾美化"的原则，做到丘陵山地、海岛、滩涂、平原、城镇、乡村统一布局，路、河、渠、沟、堤及荒山、荒地、荒岛、荒滩全面规划，防护林、特用林、经济林、用材林、薪炭林、竹林相结合，林种布局科学，树种配置合理。实现绿化与美化相结合，生态效益与经济效益、社会效益相统一。在沿海防护林体系工程建设过程中，还应先易后难、造改结合、先绿化后提高。

首先，要把宜林地的绿化做好。对于暂时难以造林绿化的荒岛、荒涂，要采取一切可行的措施，为改善其生态环境创造条件，达到适宜绿化造林时再规划造林；对立地条件比较差的荒岛、荒滩和盐碱地，可以先营造适应性比较强的先锋绿化树种。

其次，在立地环境有所改善的基础上，再继续引种一些生长比较快和经济、观赏价值比较高的树种。例如，浙江省玉环大鹿山岛和大陈岛的造林绿化过程。而针对现有基干林带部分断带、灾损、退化严重和林分质量不高等问题，应结合现有宜林地实际情况，采取造改结合，不断完善建设内容，提高质量，增强沿海防护林体系的生态、社会和经济功能。

4.2.3　生态利用，多效能，可持续经营

防护林生态利用（ecological utilization of protective forest），是指按照生态系统生长、发育的自然规律来经营和利用防护林所有资源，使其各类不同林分的功能得以充分发挥，以满足国民经济和社会发展对防护林的多种需要，维持林地及森林的可持续经营。为此，我

们应在沿海防护林建设过程中坚持遵循生态优先原则的基础上，兼顾社会及经济效益之原则，以实现其多种效能。

4.2.3.1　生态优先

这就要求我们必须围绕提高沿海防护林的防风固沙、保持水土和改善环境等生态功能，以获取最佳生态防护效益的目的。沿海防护林通过改善和降低林带防护范围内的风速、改变气流性质，同时间接影响其他气候因子、土壤因子，发挥其防风固沙等功能，可达到改善林带防护范围内的生物生长环境、调节林区小气候的作用。同时，沿海防护林也将大幅减少林区内水土流失面积，抑制风沙量，以发挥森林固土、保肥作用。还有，在涵养水源、调节水量、净化水质、固碳释氧、保护生物多样性等方面，沿海防护林也将发挥重要功能。

4.2.3.2　社会效益

沿海地区人口密集、社会基础条件较好，通过沿海防护林体系工程的建设，可增强沿海人们应对海洋性自然灾害的生态屏障，也可有效改善人居环境，提高社会的生态承载力。在沿海防护林体系工程建设期间以及后期的管理过程中，还可创造就业机会，吸纳农村剩余劳动力，创造社会就业价值。还有，沿海防护林体系工程建设过程中设立的各类示范区、保护区可作为高校、科研机构的教学科研基地，其文化、科研、科普宣传、国际合作等方面的社会效益十分显著。

4.2.3.3　经济效益

根据森林生长周期长和再生性等特点，在保证沿海防护林防护功能及生态效益连续性的基础上，可通过采取合理抚育管理和采伐方式等经营措施对该森林资源进行合理利用。也可增加我国森林资源的战略储备数量、提供丰富的非木质林产品，提升林业在农业领域的经济地位。还有，沿海防护林在改善沿海地区生态状况、美化生态环境的同时，能吸引大量游客，直接带动当地森林旅游产业，在森林游憩方面产生巨大的经济效益。

总之，我们必须通过现实和潜在森林生态系统的科学管理、合理经营，维持沿海防护林生态系统的健康和活力，维护生物多样性及其生态过程，以此来满足经济社会发展过程中，对森林产品及其环境服务功能的需求，保障和促进人口、资源、环境与社会经济的持续协调发展。

4.2.4　政府主导，科技示范，社会参与

由于建设资金投入不足等因素影响，我国沿海防护林体系总体质量还不高，一些地方的基干林带受损和老化严重，建设成果的巩固面临严峻挑战，防护功能急需提升，因此应充分发挥政府投资的引导作用，广泛吸引社会资金参与工程建设，建立多元化投入机制，多渠道、多层次、多方位筹集资金。充分运用先进科学技术，发挥科技支撑和示范带动作用，确保工程建设质量和成效。

4.2.4.1　加强领导，健全组织管理机构

做好沿海防护林体系建设工作的关键之一，就是需要各级领导要以高度的历史责任感，把沿海防护林体系建设工作纳入政府工作的议事日程，真正把沿海防护林体系建设放在与经济建设同等重要的位置上，作为国民经济和社会发展规划的核心内容之一，高度重

视，精心组织。

沿海防护林体系建设涉及多个行业、部门，因此，必须建立林业与国土、交通、发改委、开发区等部门相互通报和联系制度，对沿海防护林体系建设的各种资源进行有效整合，统筹规划，分工负责，通力协作，形成强大合力，完善组织运行机制，推动沿海防护林体系建设的快速、健康发展。

4.2.4.2　推进科教兴林，建设高质高效的沿海防护林

建立健全各级科技支撑体系，做好科技支撑指导及科技服务工作。在沿海防护林重点领域不断取得突破，尽快在实际工作中推广应用优秀科研成果、先进管理模式和先进适用技术，在依靠科技进步，增加科技含量的同时，建设高质高效的沿海防护林。

沿海防护林地处自然条件恶劣、气候变化频繁的地带，造林难度较大，必须依靠科技进步，增加科技含量，以机制创新为动力，以技术创新为途径，大力推进林业新科技革命，实现林业科技水平快速提升，为沿海防护林建设和产业发展提供强有力的科技支撑，建设高质高效的沿海防护林体系。

4.2.4.3　广泛宣传，提高思想认识

保护生态环境是我国的基本国策，森林是生态系统的重要组成部分，是建设现代文明城市不可缺少的基础。保护森林资源、改善生态环境是全社会的共同责任，必须动员各个方面的力量参与。提高全民的思想认识，尤其是要提高各级决策者的沿海防护林体系建设与保护意识，使绿色文明理念深入人心，要依法坚持和完善义务植树制度，积极引导全社会植树造林，营造全社会主动参与沿海防护林体系建设保护的良好氛围，从而全面加强沿海防护林建设保护的管理工作。

4.2.4.4　加大资金投入

政府部门必须进一步加大沿海防护林建设资金的预算，提高沿海防护林，特别是基干林带建设的补贴标准，为沿海防护林的健康发展奠定良好的基础。另外，在沿海防护林建设的过程中，通过不同的渠道筹措建设资金，鼓励社会各界参与到沿海防护林建设的过程中，促进全民生态保护意识的全面提升，才能从根本上促进沿海防护林的建设效率和质量的稳步提高。

总之，沿海防护林体系工程建设应在划分类型区的基础上，确定沿海防护林体系的结构与配置，突出各区域的主体功能，科学布局，合理调整林种结构和树种配置，优化空间布局，增强综合防护功能，最大限度提高沿海防护林抵御台风、风暴潮等自然灾害能力，实现高效高质的生态、经济和社会效益。

4.3　规划目标

根据经济社会发展的新形势和新要求，我国沿海防护林体系建设的总体目标是：在生态功能上，实现从一般性生态防护功能，向抵御台风、风暴潮和海啸等自然灾害为重点的综合防护功能的扩展，维护国土生态安全；在空间布局上，实现从结构相对单一的防护林体系，向"点、线、面""带、网、片"等有机配置的综合防护林体系的扩展；在结构组成

上，实现从单一防护林林种、树种的营造，向以基干林带为主，水土保持林、水源涵养林、防风固沙林、村镇绿化、农田防护林、竹林、果树等结合，乔灌草搭配方面的扩展，逐步建设成由基干林带向内陆延伸的多林种、多树种、多层次、多功能的复合型防护林体系。这一总体目标也为沿海防护林可持续经营及生态管护指明了方向。本节内容根据不同海岸造林环境特点的差异，分别对泥质、沙质和岩质海岸防护林建设的规划的目标进行阐述。

4.3.1　泥质海岸防护林体系的建设规划

泥质海岸积存了大量的淤泥，与沙质、岩质等海岸类型相比，该海岸土壤的盐碱化程度明显较高，而且土壤质地相当黏重。加上泥质海岸具雨水多、蒸发强等特点，一般情况下，我们可以选用杨树、刺槐、木麻黄、银合欢（*Leucaena leucocephala*）、窿缘桉、大叶相思（*Acacia auriculiformis*）和池杉等耐盐碱、耐水湿造林树种。

然而，泥质海岸约占我国大陆海岸的 22%。在其淡水资源条件较好的地区，人们通常进行人工围堤，在淋盐养淡之后即可垦殖利用，逐步成为农耕区。特别是，我国杭州湾以北分布的平原泥质海岸岸线很长，滩涂面积很广，是发展农林牧、水产养殖和盐业最有利的海岸类型，其资源丰富，生产潜力很大，多数岸段已围堤加以利用。因此，泥质海岩防护林体系的主要功能就是定位为治理改良盐碱地、预防干旱和洪涝，以及对农田和湿地的保护等方面。

堤（levee，dike）又称为堤防，是沿江河、渠、湖、海岸边或行洪区、分洪区、围垦区边缘修筑的挡水建筑物。筑堤可抵御洪水泛滥，挡潮防浪，保护堤内居民和工农业生产的安全，是世界上最早广为采用的防洪工程措施。按照堤的位置可分为河（江）堤、湖堤、海堤、渠堤和围堤。其中，海堤就是沿海岸修建的堤，又称为海塘或防潮、防浪堤，用于防御涨潮和风暴潮对沿海低洼地区的侵袭，也能增加陆地面积、防止附近土地盐碱化。

通常海堤可分为土海堤和护坡海堤两大类。如图 4-1 所示，一般情况下，筑堤的堤身多用土或土石材料修成，两边具有一定坡度，呈梯形断面。其各部位的组成主要有堤顶、堤坡、堤肩、堤脚、护堤地等。①堤顶：是指堤的顶部平面；②堤坡：临水侧堤坡为临水坡，背水侧堤坡为背水坡；③堤肩：是指堤顶与堤坡交界的地方，也分为临水堤肩与背水堤肩；④堤脚：也称堤根，是堤防与地面相交的地方；⑤护堤地：也称保护地，是为保护堤防完整与安全而在堤脚以外确定的一定管理范围，也分为临水护堤地与背水护堤地；临水护堤地内种植防浪林，背水护堤地内栽植防护林。

总之，泥质海岸的沿海防护林体系建设可以由消浪林带、海岸基干林带、农田林网和小片的商品林等结合起来规划建设。通常由海边向内陆扩散，根据地下水的水位情况以及土壤的盐分情况来进行布局的，在靠近海洋的一侧，采用耐盐碱的灌草等植物作为消浪林带，在向内扩散的区域采用基干林带，再向内农田林网，村镇绿化以及小片经济林等。

以平原泥质海岸防护林为例，对其体系建设规划的要求进行分析，其根本目的也就是由防护林带、林网和片林相配合，乔灌草相结合所形成的多林种、多树种、多层次的综合性森林植被防护系统（图 4-1）。

4.3.1.1　消浪林带的规划

由海堤前潮滩上的植被构成了沿海消浪林带，起消浪促淤的作用。沿海消浪林带是

图 4-1　泥质海岸防护林体系建设规划示意（卢佳奥　绘）

沿海防护林体系中的第一道防线，是破坏性海浪的"缓冲器"。位于海岸线最前面的消浪林，大多是建造于潮上带和潮间带，所用的植物大多都是能够抵抗海水盐分侵蚀、耐潮湿、耐瘠薄的先锋植物，这些植物往往可以起到消除海浪，促进淤泥沉积和保护堤岸的作用。

4.3.1.2　海岸基干林带的规划

为加固海堤而营造的海岸防护林带就是一条主要的基干林带。一般这部分由堤脚处的灌木带，以及堤身上的乔木带结合而成，以充分发挥抗御风浪潮水的功能。根据相关规定，泥质海岸的基干林带宽度应不少于 200 m，如一条林带宽度达不到要求，可营造 2~3 条林带。

由于堤内常常会进行农林业垦殖作业，有纵横交错的排水调水河道。平地开河，两岸堆土形成有几十米宽的河堤，在堤上栽植防风固堤林带，也是一种基干林带。还有，沿海干线公路（或铁路）栽植的护路林带也是一种基干林带。这些基干林带都处于防风固堤护路的第一线，相互衔接，就形成平原泥质海岸防护林体系的骨架部分。另外，在未围堤的泥质岸段，一般可沿高潮水位线规划营造防护林带，并选择极耐盐碱的树种。

4.3.1.3　农田林网的规划

当不同基干林带之间相距较远，其防护效应明显不足时，可在基干林带之间的广大农耕生产地面，通过营造农田林网来与基干林带相配合，以减缓该区域内栽培作物可能遭受的灾害，并处于较好的农田生态环境之中，得到稳产高产。因此，农田林网就成为防护林体系中面广、量大的重要组成部分。

还有，大面积的果园和经济林也需要林网的保护。在气候较干旱、灌溉条件较差的地方，如山东、河北沿海，也有用枣粮间作或柿粮间作的形式代替农田林网，使其间作栽培的作物免受台风等危害。因此，还需要由间隔距离较近的林网来保护。

农田林网主要是为了改善农田整体的生态环境，保障农作物的丰收。主要布局是利用农田内地沟、水渠、机耕路来建造林带，一般采用大苗小网的窄林带来布局。另外，围村树林指的是居民居住的房屋周围的树林，同样地，这类树林一般也是为了保护人们的财产安全，保障人们生活安定。

4.3.1.4　成片林及其他林带规划

平原泥质海岸农业区，有些地段不适宜发展农作物，而适宜培育林木。因此，在平原泥质海岸新淤成的大片滩涂中，可以在适宜的地段规划商品用材林基地、经济林基地、果园、桑园等，形成各种片林，在防风固沙、抵抗自然灾害的同时又可以带来较大经济效益。例如，在堤闸附近，有些堆土压废地段，需要栽植片林；居民区附近，为了防风结合绿化美化，也要栽植小片园林；新垦区，结合水利配套工程，有很多隙地废地都需要绿化固土护坡，可以栽植小片、小段的树木或竹园。垦区的树木、竹园、灌丛、草地覆盖的比例越高，就越有利于盐渍土的改良，有利于固岸护坡及土地资源的充分利用。虽然这些林分无法形成大面积集中连片的森林，多数情况下只是形成小片林或林带，但也大大丰富了综合性防护林体系的内容。森林覆被率提高了，森林的有益功能就增强了，沿海防护林体系的经济效益也得到提升。

4.3.2　沙质海岸防护林体系的建设规划

　　沙质海岸约占我国海岸线的40%，多由粗沙粒的风沙土组成，缺少毛细管等细小的颗粒，不能很好地保持土壤营养与水分，同时常见大风天气、光照强烈，以致土壤稀薄、干燥，植被稀少，很多树木都无法生存，所以能够种植的树木种类和数量十分有限。可见，沙质海岸沿海防护林体系建设的目的是为了防风固沙，防止海风长驱直入，当然也可以阻隔流沙移动。

　　通常情况下，近海岸处低山丘陵发育的河流，源短流急，河水夹带大量泥沙。泥沙入海后，经海流的搬运和分选，沉积到沿岸，再经波浪和风力作用推移到岸上，形成了沿海条带状的沙滩。窄的仅有数十米，一般有几百米，最宽的甚至超过10 km。海岸沙地按其分堆的地貌形态，可分为涨潮时淹没的前缘沙地、潮上带沙堤、堤后的平沙地或受向岸盛行风作用堆积成的海岸沙丘。海岸沙地和沙丘因植被的生长和覆被程度以及形成的年代不同，又可分为流动沙丘、半流动沙丘和固定沙丘3种。其中，流动沙丘向内陆移动，危害性很大。例如，粤东沿海的沙荒地，中华人民共和国成立前海滩缺树少草，在盛行的海风向岸吹动下形成沙丘，并逐渐向内陆侵入。大风时更是风沙滚滚，掩盖良田，甚至吞没村庄，埋没水井，对沿海人民生产和生活威胁很大，形成了"亩地收几斗，风沙逼人走"的局面，对沿海人民造成极大灾害。沿海人民从实践中得到了教训，取得了经验，一致认识到只有建立起防风固沙林，才能抗御风沙危害，创造良好的生态环境，为发展生产创造条件。以平原海岸沙地、丘陵台地海岸沙地为例，建设沙质海岸沿海防护林体系的规划，应包括前缘的基干林带和后面的林网(图4-2)。

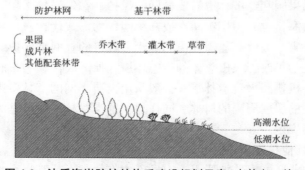

图4-2　沙质海岸防护林体系建设规划示意(卢佳奥　绘)

4.3.2.1　基干林带的规划

在沙质岸段，沿海基干林带宽度不少于 300 m，具备条件地段可加宽到 500 m。基干林带又包含草带、灌木带和乔木带。

（1）草带

在海滩沙堤之后为潮上带，除了特大潮汛外，不受潮水的浸渍，自然地生长起低矮的草本植物群落，由稀疏到稠密逐渐起着固沙的作用。在沙堤后到 100 m 左右的位置，海风较大，海水溅沫较多，是树木生长困难的地方，也是渔民在海滨捕鱼晒网活动频繁的地带。因此，只要长有铺满沙面的矮草，固定了流沙，就起到防护效果。

为保护海岸前沿沙带、防止易侵蚀的沙粒向陆地一侧移动，人工种草是重要途径。以山东烟台海岸前沿为例，参试 4 种草本植物筛草（*Carex kobomugi*）、砂引草（*Messerschmidia sibirica*）、肾叶打碗花（*Calystegia soldanella*）和狗牙根（*Cynodon dactylon*）的抗逆性依次降低，但扩张性则相反（刘艳莉等，2015）。这为遭受破坏的沙质海岸前沿生态系统的重建恢复提供实践依据。

（2）灌木带

在草带内侧几十米的距离，海风和浪花的威力已逐渐减弱，可以生长灌木或抗性强的乔木树种，灌木类有单叶蔓荆（*Vitex trifolia* var. *simplicifolia*）、紫穗槐、枸杞（*Lycium chinense*）和白刺（*Nitraria tangutorum*）等，其宽度一般 30～50 m。

（3）乔木带

在草带和灌木带之后，流沙已经固定，海风减弱，适宜栽植以乔木为主的林带。在南方先锋树种以木麻黄为主，北方平原沙岸以刺槐为主，丘陵地或砂砾台地以松树为主。

乔木带的宽度一般 100～200 m，外缘为先锋树种，中间可以混交部分其他树种。南方木麻黄中可混交大叶相思、窿缘桉、湿地松等；北方刺槐中可混交白榆等，黑松中可混交刺槐等。林下的灌木、活地被物和死地被物都应保留，以增强固沙能力。为了防御风沙的危害，沙质海岸基干林带可由 2 条以上防护林带组成，每条林带宽度一般要求在 50 m 以上，带间距离 100～150 m 较为适宜。

4.3.2.2　防护林网的规划

基干林带之后的沙地，在有灌溉水源的条件下，可发展果园、经济林或栽植瓜类、块根块茎类的蔬菜等农业作物；在灌溉水源缺乏的情况下可栽植牧草，发展畜牧业，也可发展用材林或薪炭林，并根据实际需要规划成规格要求有差别的防护林网。一般来说，沙质海岸的防护林网表现出"窄林带，小网格"的特点。其中，主林带可由 4～6 行乔木，边缘各加 1 行灌木组成。主带距为树高的 10～15 倍，副带距 100～300 m 不等。

4.3.3　岩质海岸防护林体系的建设规划

岩质海岸绝大部分坡度较陡，土壤冲刷严重，土层浅薄干燥，悬崖裸露，风力大，一般植被稀少，生态环境极其恶劣。为了有利于保持水土，在岩质岸段，要求自临海第一座山的山脊以下，向海坡面的宜林地段应全部植树造林。同时，在离海岸 30 m 左右至临海一面坡的山脊线的范围内，应规划营造水土保持林和水源涵养林，造林树种应选择比较耐干旱瘠薄又有较强抗风能力的乡土树种，如黑松、枫香、罗汉松（*Podocarpus macrophyllus*）、夹竹桃(*Nerium indicum*)、珊瑚树(*Viburnum odoratissinum*)、紫穗槐等。在浙江南部以南的沿海地区，可选用木麻黄、相思树等。凡是适宜采用撒播造林的树种，在植被比较稀少的地方应采用人工撒播造林为主，以避免人工植树造林而造成土壤冲刷流失。

陆上为低山丘陵的岩质港湾海岸，规划综合性防护林体系，应按照流域综合治理的原则，将水土保持放在首要位置。如图 4-3 所示，在坡度比较平缓，土层比较深厚的地方，可根据立地条件因地制宜地适当规划发展果树和特用林等沿海林分配套建设，并尽可能选择常绿树种。总体上，要求因地制宜，以植物措施和水利工程措施相结合，开展以林为主，多种经营，农林牧副业相结合，以达到流域治理和综合开发的目的。各林种应依据相应的造林环境条件进行科学规划。

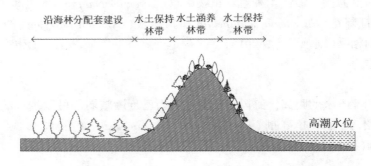

图 4-3　岩质海岸防护林体系建设规划示意(卢佳奥　绘)

4.4　海岸造林区域划分

林木的生长发育与其周遭环境因子密切相关，包括地形地貌、土壤、气候、生物等，这些因子统称为立地条件，是林木生长的载体。立地条件不同，导致林分生长潜力的差异，对应的营林技术措施也相差甚远。因此，开展立地条件的研究，以科学划分出不同立地等级，这对造林建设具有极为重要的意义(廖晓丽等，2012)。我国现行的森林立地分类系统单位共有 5 个：森林立地区域(forest site region)、森林立地带(forest sit zone)、森林立地区(forest site area)、森林立地类型区(forest site type district)和森林立地类型(forest site type)。我国沿海属于东部季风森林立地区域，这个区域的天然植被以森林为主，是我国发展林业的重要基地，即使是防护林体系的组成部分，也有条件提供可观的生物产量(张万儒等，1992)。

我国沿海自然地理和生态环境差异较大，纵跨了暖温带、北亚热带、中亚热带、南亚热带、北热带、南热带和赤道热带等 7 个森林立地带(张万儒等，1992)。森林立地带的划分是在参照地貌、植被、土壤以及其他自然因子的基础上，着重以气候特征为决定因子。相比较而言，森林立地区是根据大地貌构造(如岩性、平原或丘陵等大地形单元)、干湿状况(如湿润、半干旱等)、土壤类型、水文状况和地史(如岩石地层、地质年代等)来区别不同"大地区"之间的差异而进行划分。森林立地类型区划分的参考指标有中地貌、母质、气候、植被和地史。最后，立地类型是森林立地划分的基本分类单元，在同一个立地类型内，造林的可能性与危险性基本相同，并具有大致相同的生长潜力，有利于生产上的造林设计与经营管理。

我国对林地立地环境和适宜性的研究起步相对较晚，但近年来发展快速，特别是随着计算机技术的迅猛发展，人们利用地理信息系统、卫星遥感等技术进行立地适宜性的研究，很大程度上改进了传统上采用实地调查、人工分类等测定方法，为沿海防护林的科学规划及造林建设提供技术支撑和理论依据。

我国沿海防护林体系工程建设区域包括辽宁、天津、河北、山东、江苏、上海、浙江、福建、广东、广西、海南 11 个省（自治区、直辖市）、5 个计划单列市（深圳、青岛、厦门、宁波、大连）及港澳台地区。《沿海防护林体系工程建设技术规程》（LY/T 1763—2008）中有明确规定：根据我国沿海地带的地貌特征、土壤类型和气候条件，将我国沿海防护林体系建设区域划分为 3 个类型区（岩质海岸型防护林体系、沙质海岸型防护林体系和泥质海岸型防护林体系）12 个自然区。以下就不同自然区地理位置、造林环境特征、主要造林树种和防护林功能构建等方面进行简要梳理与介绍。

4.4.1 辽东半岛沙质、岩质海岸丘陵区

辽宁省海岸带位于我国海岸线的最北部，濒临浩瀚的黄海与半封闭的渤海，背靠幅员辽阔的东北大地，地理位置优越，资源条件丰富，经济基础雄厚，不仅是辽宁经济发达地区，也是内引外联、改革开放的前沿阵地，素有"黄金海岸"之称。其中，"辽东半岛沙质、岩质海岸丘陵区"岸线曲折，岬湾相连，海湾深入，有沙质海滩和岩滩等。沙质海岸为侵蚀和淤积而成的山前平原和潮滩，低缓平直。粉沙质壤土。丘陵阶地海岸，地势起伏多变，有小片冲积平原。暖温带湿润、亚湿润季风气候，年平均气温 9~10 ℃，年降水量 600~1 000 mm。要求建立以防风固沙、保持水土、涵养水源为主要功能的防护林体系。主要造林树种：杨树、刺槐、刚松（*Pinus rigida*）、栎类、白榆、黑松、绒毛白蜡、槐树（*Sophora japonica*）、油松（*Pinus tabuliformis*）、樟子松（*Pinus sylvestris* var. *mongolica*）、柳树、臭椿、侧柏、沙枣（*Elaeagnus angustifolia*）、紫穗槐、山核桃（*Carya cathayensis*）、黄栌（*Cotinus coggygria*）等。但目前基本上没有按照针阔搭配、乔灌结合的方式营造混交林和复层林，使得沿海防护林的防护和生态功能受到限制，还对沿海防护林自身的生存也产生了潜在威胁。因为纯林面积过大，对林分稳定性具有极大的潜在危机，病虫害一旦入侵就会导致成片林木受害，甚至毁灭。

辽东半岛沿海防护林大多数营造时间比较早，由于各地区规划不统一、经济基础不一致，加上造林后毁林现象严重，很多地方未达到防护林建设标准，普遍存在缺口断带现象，形成了虽有林带但防护作用不强的状况。另外，沿海防护林只局限于海岸基干林带，没有很好地与农田防护林、水土保持林、水源涵养林等其他林种紧密结合起来，未能形成一个完整的防护林体系，无法充分发挥沿海防护林的综合防护功能。

这就要求该区的近海应以海岸基干林带、防风固沙林建设为主；内陆平原区建设防风固沙林、农田林网；山丘区建设水土保持林、水源涵养林；同时，注重村镇绿化发展。在海岸基干林带建设时，主要的防护目的有防台风、防海潮、保护农田、防止水土流失等。

在海堤和潮上带之间营造消浪林，可栽植柽柳、碱蓬、盐角草（*Salicornia europaea*）用以消浪、促淤、护堤。陆内则应以护堤林、农田防护林为主来建设，并密切结合四旁绿化、经济林、水土保持林、水源涵养林、封山育林等统筹营建。在岩岸部分，以海防林、水土保持林为基础，并与封山育林、四旁绿化、经济林、水源涵养林统一来建设。沙岸部分，则应以防风固沙林、农田防护林为基础，结合四旁绿化、经济林统一来建设（赵伟，2006）。

4.4.2 辽中泥质海岸平原区

该沿海防护林体系建设自然区由辽河、大凌河等携泥沙入海淤积而成，由于地势低洼，重盐度潜水位高，泄流缓慢，海水易倒灌，土壤盐渍化程度高，土壤黏重，养分缺乏。沿岸陆地为低于 3 m 的河淤海退的海积平原，地势低缓平坦，沟汊纵横，低洼沼泽地广布。暖温带亚湿润季风气候，年平均气温 9 ℃，年降水量 600 mm，降水量少但蒸发量大，春旱时间长，是个脆弱的生态系统。建立以治理盐碱地、抗旱防涝、农田防护为主要功能的防护林体系。近海地带重点以基干林带建设为主，加强滨海湿地保护；内陆结合河堤、道路、渠道等干线绿化建设农田林网、村镇绿化等。

主要造林树种：杨树、柳树、沙枣、白榆、绒毛白蜡、刺槐、柽柳、枣（*Ziziphus jujuba*）、沙棘、臭椿、槐树、杜梨（*Pyrus betulifolia*）、枸杞、紫穗槐等。健壮大龄苗木是提高成活率的保证，研究表明：在辽宁东港市含盐量 0.2%~0.38% 的盐碱地造林，绒毛白蜡 2 年生苗木造林成活率达 95%，保存率 85% 以上，移栽 3 年和 5 年生苗也可达到造林验收标准（王春，2015）。因此，营建防护林带一定要用大苗，既能保证林带建立迅速，又能节省造林成本。

另一方面，我们还需要依据盐碱地治理取得的最新成果和技术加以利用，构建出较好的生态型经营技术体系。例如，集约经营型（在含盐量较低的地区营建丰产林、经济林片林等）、林农间作型（合理高效地利用空间，从时间序列上取得高生产力，如枣粮间作、椿粮间作等）、林草间作型［草用于畜牧、覆盖地面抑制返盐或用于压青改良土壤，如樱桃（*Cerasus pseudocerasus*）+苜蓿（*Medicago* spp. ）、大果沙棘（*Hippophae rhamnoides*）+苜蓿］（房用等，2004）。

4.4.3 辽西、冀东沙质海岸低山丘陵区

该区丘陵地形，沿岸多宽大而连续的砂砾质堤群。花岗岩剥蚀平原类型，沉积物深厚，兼有侵蚀和堆积的特点。常见有连绵沙丘地带分布。暖温带亚湿润季风气候，年平均气温 9~11 ℃，年降水量 600~700 mm。

辽西海岸是整个渤海沿岸原生态保持完好的沙质海岸，但海岸侵蚀给沿海地区经济建设带来了极大的危害，不但影响到人类的生存条件，还大大限制了沿海工农业、渔业、盐业和旅游业的发展。根据国家海洋局有关监测数据表明，绥中原有 82.5 km 的海岸线侵蚀长度已达 40.8 km，侵蚀岸线约占海岸线长度的 50%，每年侵蚀陆域面积约 1.0 km²，年侵蚀的最大宽度约 10 m。因此，该区域应该建立以涵养水源、保持水土、防风固沙为主要功能的防护林体系。近海以海岸基干林带建设为主；内陆低山丘陵区发展水源涵养林、水土保持林；平原区以防风固沙林、农田林网、村镇绿化建设为主。

　　主要造林树种：黑松、樟子松、油松、麻栎（*Quercus acutissima*）、刺槐、蒙古栎、杨树、白榆、柳树、侧柏、槐树、臭椿、紫穗槐等。其中，黑松生长快，抗海风，耐海雾，耐干旱瘠薄，对于恶劣气候抗性较强，具有防风固沙、保持水土的效能，是我国暖温带沙质海岸及滨海低山丘陵的主要造林树种。樟子松也可作为辽宁绥中沿海沙质海岸防护林的优良树种，滕洪举等（1994）总结出采用机械开小沟整地，选用 2 年生合格苗春季顶浆造林，适当密植，小坑靠壁栽植，打小管井灌水和造林后封滩育林等技术措施，造林平均成活率和保存率分别为 90.7% 和 87.5%，7~11 年生林分即可郁闭成林，发挥良好的防护效益。顾宇书等（2010）建议河北沙质海岸植被恢复以混交林为主，提出采用植树种草的生物学方法护岸。从沙质海岸不同植被类型水源涵养功能研究结果表明，不同植被类型改良土壤物理性质和涵养水源的能力有较大差异，混交林比纯林具有更好的改良土壤作用和涵养水源功能。黑松紫穗槐混交林、黑松刺槐混交林、黑松麻栎混交林、黑松纯林和对照林地总贮水量分别为 1 973.97 t/hm²、1 760.95 t/hm²、1 727.44 t/hm²、1 638.60 t/hm² 和 1 413.04 t/hm²，其中土壤层贮水量占总蓄水量的 97% 以上，而其枯落物的最大持水量为黑松麻栎混交林（43.42 t/hm²）。

4.4.4　渤海湾泥质海岸平原区

　　该自然区由黄河、海河三角洲平原和海积平原组成。地势平缓，海拔 10 m 以下，河滩高地、平地、洼地相间分布，潮间带广阔。浅层地下水矿化度高，土壤次生盐渍化严重。土壤类型有滨海盐土、盐化潮土等。暖温带亚湿润季风气候，年平均气温 11~12 ℃，年降水量 500~600 mm。

　　要求建立以治理盐碱、防御海水入侵、防护农田等为主要功能的防护林体系。较宽阔的潮间带应建设以柽柳林为主的消浪林带，加强滨海湿地保护；近海地带应结合防潮坝工程、农田水利工程及主要道路，建设多条海岸基干林带及农田林网的骨干林带；内陆广阔农田或盐碱荒滩地重点以农田林网、村镇绿化等建设为主。

　　该区主要造林树种：杨树、绒毛白蜡、刺槐、柳树、臭椿、桑树、构树、香椿、白榆、侧柏、苦楝、柽柳、白刺、枸杞、沙枣、沙柳（*Salix psammophila*）、沙棘（*Hippophae rhamnoides*）、紫穗槐等。柽柳是滨海盐碱地上，尤其是光板盐碱地，造林绿化的先锋树种；采用机械开沟，蓄水压碱（扦插、植苗为辅助措施）营造柽柳林的方法是盐碱地上造林的较佳途径（皮宝柱等，1999）。

4.4.5　山东半岛沙质、岩质海岸丘陵区

　　该自然区主要为鲁东丘陵和崂山山地的近海边缘地带，地形复杂多变。滨海平原岸段，多平直的沙质海滩，土壤类型有风沙土、潮土、棕壤等。丘陵、山地岸段，多岩质海湾，土壤类型有棕壤、粗骨棕壤等。暖温带亚湿润季风气候，年平均气温 11~14 ℃，年降水量 600~1 000 mm。多海雾，部分岸段风浪大，常有风暴潮危害。主要造林树种：黑松、赤松、火炬松、刚松、麻栎、刺槐、杨树、柳树、侧柏、水杉、池杉、黄连木（*Pistacia chinensis*）、朴树（*Celtis sinensis*）、柿树（*Diospyros kaki*）、山楂（*Crataegus pinnatifida*）、酸枣、紫穗槐、胡枝子、单叶蔓荆、野皂角（*Gleditsia microphylla*）、沙柳、刚竹、淡竹等。

如在烟台市牟平区姜格庄镇的一些沿海防护林保护较好的地带，潮上带是以紫穗槐为主的灌木草丛，这些海岸植被保护了海岸，在海滩上形成一个陡坎，挡住了高潮海水的入侵，而在海岸植被破坏严重的地带，往往海岸较缓，高潮海水漫淹的范围也较大（张云吉等，2002）。

该区建立以抵御台风、风暴潮、防风固沙、保持水土为主要功能的沿海防护林体系。其中，近海以海岸基干林带建设为主，较宽阔的潮间带可配置以柽柳林为主的消浪林带；内陆平原区重点建设农田林网、村镇绿化；丘陵地区重点发展水土保持林、水源涵养林等。张忠东（2007）研究认为，山东沿海防护林体系建设模式可分为基干林带建设模式和沿海林分配套建设模式。其中，基干林带建设模式包含了泥质海岸基干林带人工造林模式、沙质海岸基干林带人工造林模式、岩质海岸基干林带人工造林模式、基干林带封山（滩）育林模式等4种模式；沿海林分配套建设模式也包含了4种模式：山地丘陵防护林封山育林模式、盐碱涝洼地土壤改良林造林模式、滨海沙滩防风固沙林造林模式、山地丘陵水土保持林造林模式。

4.4.6　苏北和长江三角洲泥质海岸平原区

该自然区以粉砂淤泥质冲积海积、长江泥沙沉积平原为主，地势低洼，土壤含盐量高，土壤以粉砂和泥质粉砂为主；局部地区为盐沼湿地，海拔 2~4 m，为海积平原。废黄河两侧为高滩地，系黄河淤积人工筑堤而成，岸线平直。为暖温带和北亚热带湿润季风气候，年平均气温 13~16 ℃，年降水量 900~1 200 mm。

苏北泥质海岸树木生长的气候环境、土壤条件相对于其他造林地均有明显的不同，建立以防护农田、保护湿地为主要功能的林农、林牧、林渔等复合防护林体系。近海地带以海岸基干林带、护路护岸林和湿地保护与恢复建设为主；内陆平原重点发展农田林网、村镇绿化；低山丘陵地区应主要建设水土保持林、水源涵养林。

苏北泥质海岸早期的防护林树种主要为刺槐，其次为柳杉、杨树和水杉等，六大林业重点工程实施以后，杨树、水杉及银杏作为优良的经济林树种，成为苏北沿海防护林体系主要的造林树种（王洪等，2010）。据研究报道，杨树、水杉、银杏 3 种苏北泥质海岸主要防护林树种的生长受品种、环境及种植方式（株行距）影响较大。其中不同林龄阶段的杨树生长差异较大，因此在种植杨树时，必须给予其足够的营养空间，适当扩大其株行距。考虑到林带持续防护以及树木生长规律等因素，根据杨树、水杉和银杏各自生长特点，建议沿海防护林杨树采伐更新年限为 11 a，水杉为 21 a，银杏生长缓慢，采伐不宜过早。杨树和水杉在苏北以纯片林或者林农复合的方式种植，以这种形式存在的森林生态系统组分过于单一，稳定性很低，病虫害多有发生。杨树、水杉和银杏 3 种树种两两带状混交，构建生物隔离带，能够有效预防病虫害发生。

除此之外，该区还可以将黑松、麻栎、泡桐、杉木、柳杉、池杉、落羽杉、柏木、侧柏、苦楝、绒毛白蜡、白榆、樟树、榉树、桑树、沙枣、珊瑚树（*Viburnum odoratissimum*）、重阳木（*Bischofia polycarpa*）、乌桕、竹类、板栗（*Castanea mollissima*）、柿树、柽柳等作为主要造林树种。

4.4.7　舟山群岛岩质海岸岛屿区

该自然区海岸以丘陵和平原分布,岩质分布最广,泥质海岸次之,沙质海岸最少。淤积而成的滨海平原,由南向北土壤组成由粗变细,盐渍土自然淋洗快。潮间带浅滩宽10~13 km。北亚热带湿润季风气候,年平均气温17 ℃左右,年降水量1 200 mm左右。主要造林树种:水杉、珊瑚树、杨树、黑松、麻栎、樟树、杨梅、柏木、木麻黄、蚊母树(*Distylium racemosum*)、黄檀(*Dalbergia hupeana*)、苦楝、夹竹桃等。

由于舟山渔场是我国的第一大渔场,又是国防要塞,因此,该区应建立以抵御风暴潮、保持水土、涵养水源等为主要功能的防护林体系。高潮水位以上的海岸沙滩,应营造防风固沙林,树种可选择木麻黄、枫杨、女贞、绒毛白蜡、落羽杉、珊瑚树、杂交柳等,同时可起到美化环境的作用。海湾滩涂平原,在沿海岸营造防风林带,选择的树种有木麻黄、桉树、落羽杉、绒毛白蜡等高大速生乔木及女贞、罗汉松、珊瑚树等常绿小乔木,两者混交,宽度在4行以上。近海地带以海岸基干林带建设为主,沿海轻盐碱土、潮土,可大力发展柑橘、柚等经济林,并大力营造平原农田林网。海岛及丘陵区以发展水源涵养林、水土保持林为主;平原区以农田林网、村镇绿化建设为主。

4.4.8　浙东南、闽东岩质海岸山地丘陵区

该自然区为典型的基岩海岸地段,陡崖峭壁。多为火山岩和花岗岩形成的岩质海岸,岬角处和港湾内有少量沙质海岸和泥质海岸。中亚热带湿润季风气候,年平均气温17~19 ℃,年降水量1 300~1 600 mm,台风暴潮危害频率高。因此,这个区域的海岸防护林体系应该由防台风、海潮、海风和保持水土、涵养水源等为主要功能的防护林组成。其中,近海地带重点发展海岸基干林带,有条件的区域应增加消浪林带的面积,如福鼎市以南的海湾内潮滩涂应建立以红树林为主的消浪林带。还有,内陆低山丘陵区建设以水源涵养林、水土保持林为主,倘若立地条件较好,避风区域可适宜发展果树和竹林,通过林分改造的方式,科学发展柑橘、柚、柿、杨梅、枇杷、桃、梨等果树和毛竹、笋用竹,这样既能集约经营,经济效益好,又能保持水土、涵养水源,还可大幅度地降低森林火灾。另外,平原区以农田林网、村镇绿化建设为主。

总的来说,这个区域的主要造林树种:木麻黄、桉树、杉木、马尾松、刺槐、水杉、池杉、落羽杉、青冈栎(*Cyclobalanopsis glauca*)、苦楝、毛竹、柳杉、樟树、珊瑚树、木荷、台湾相思、秋茄树等。

4.4.9　闽中南、粤东沙质、泥质海岸丘陵台地区

该自然区岩岸与沙岸交替出现,岸线曲折,多岬湾。区内丘陵、台地占主体,丘陵与港湾相间排列。岩性以侏罗纪至早白垩纪早期的燕山期花岗岩类分布最广,变质岩和火山岩等也有零星分布。南亚热带湿润季风气候,年平均气温20~21 ℃,年降水量1 000~1 200 mm。主要造林树种:木麻黄、桉树、黑松、马尾松、湿地松、相思树、榕树(*Ficus microcarpa*)、杨梅、露兜树(*Pandanus tectorius*)、杜英(*Elaeocarpus decipiens*)、日本扁柏、木荷、苦槠(*Castanopsis sclerophylla*)、红锥、柏木、福建柏(*Fokienia hodginsii*)、榉树、枫香、杜梨、

板栗、常绿栎类、秋茄树、桐花树(*Aegiceras corniculatum*)等。

这个区域要求建立以抵御台风、风暴潮、保持水土、涵养水源为功能的防护林体系。其中,近海地带建设海岸基干林带、水土保持林、防风固沙林;潮间带、海湾内潮滩营造以红树林为主的消浪林带;向内陆丘陵区发展水土保持林、水源涵养林;平原区以农田林网、村镇绿化建设为主。

4.4.10 珠江三角洲泥质海岸平原区

该自然区由三条大江(西江、东江和北江)汇流堆积而成,构成珠江三角洲断陷区。盆地间凸起的剥蚀区,成为三角洲众多的环层丘,而大面积下陷区则堆积中、新生代沉积物。丘陵、环层丘和岛屿主要由古生代混合岩、变质岩、中生代花岗岩和沉积岩构成。平原区地势低平,土层深厚。南亚热带湿润季风气候,年平均气温 22 ℃ 左右,年降水量 1 800~2 000 mm。6~10 月台风暴雨危害较大。

建立以保护湿地、保持水土、涵养水源为主要功能的沿海防护林体系。近海地带重点建设海岸基干林带、红树林消浪林带;平原区以滨海湿地保护与恢复、护路护岸林、农田林网建设为主;丘陵区以发展水土保持林、水源涵养林为主。低丘陵型区主要分布在三角洲北部、东北部和西南部的低丘、阶地和滨海山丘下部。例如,北部高要县的广利,三水县的大部分;东北部博罗县和东莞县的一部分,西南部中山县的五桂山和黄扬山,另外珠江三角洲内零星分布的残丘低岭周围也有少量出现。土壤为低丘赤红壤和河沿阶地冲积土,由于地势较高和高温多雨,淋溶作用强烈,使土壤呈酸性(pH 值 5.0~5.7)、盐基高度不饱和,全盐量 0.023%,养分缺乏,黏粒下移明显,质地上轻下重。区内成土母质为红色砂页岩和花岗岩的残积物、坡积物以及河流冲积土的堆叠物,前者环境干燥,地表有不同程度的侵蚀,土壤瘠薄,可选种较耐旱耐瘠的深根树种,如窿缘桉、柠檬桉(*Eucalyptus citriodora*)、台湾相思和大叶相思等,后者土层深厚,比较疏松肥沃,适合木麻黄、落羽杉、池杉等生长。

主要造林树种:木麻黄、桉树、落羽杉、池杉、水松(*Glyptostrobus pensilis*)、蒲葵、棕榈(*Trachycarpus fortunei*)、番木瓜(*Carica papaya*)、马尾松、火炬松、湿地松、相思树、樟树、秋茄树、木榄(*Bruguiera gymnorrhiza*)、桐花树、海榄雌(*Avicennia marina*)、苦槛蓝(*Myoporum bontioides*)、黄檀等。木麻黄和银合欢在微碱性和含盐稍高的河网潮灌型立地生长最好;柠檬桉在低丘淋溶型、平原淡水型、河网潮灌型和滨海反酸型类立地上都适生,但以土壤偏酸更为适宜;池杉和落羽杉只适于中性条件的平原淡水型立地;水松则稍为喜湿偏盐,在河网潮灌型立地上比较适生。

4.4.11 粤西、桂南沙质、泥质海岸丘陵台地区

该自然区为滨海沉积物与玄武岩构成的台地、溺谷湾。分布有砂岩、页岩和砾岩构成丘陵台地岩质海岸和大面积沉积物构成的台地平原沙质海岸,岸线平直;湾口外平直海岸为沙滩,湾内为淤泥滩。北热带湿润、亚湿润季风气候,年平均气温 22~23 ℃,年降水量 1 400~2 400 mm。主要造林树种:桉树、木麻黄、橡胶树、相思树、湿地松、马尾松、火炬松、蒲葵、棕榈、海榄、红海榄(*Rhizophora stylosa*)、秋茄、木莲(*Manglietia fordiana*)、

木榄、桐花树、海桑（*Sonneratia caseolaris*）、海榄雌、榄李（*Lumnitzera racemosa*）、老鼠簕（*Acanthus ilicifolius*）、银合欢、八角、玉桂（*Cinnamomum cassia*）、竹类等。例如，火力楠（*Michelia macclurei*）为常绿阔叶大乔木，高可达 30 m，胸径 1 m 多，树形美观、通直、枝叶茂盛，是城镇绿化的好树种；木材结构细，差异干缩较小，应力、质量系数均较高，是优良的建筑和家具用材；由于其抗风、抗病和防火能力较强，又是各种防护林带的优良树种之一；其生长速度较快，萌芽力强，适合与其他树种如松、杉、桉树等树种混交，因此也是改造疏林、残林、营造复层林的优良造林树种之一。火力楠喜温、喜湿、喜肥，原产热带、亚热带季雨林区，在桂南地区多为野生状态残存，常为疏林中的优势树种。近十多年来，引种栽培发展较快，各地林场已有较大面积的人工栽培，已成为主要造林树种之一。

该区域要求建立抵御风暴潮、保持水土、防护农田等为主要功能的防护林体系。其中，近海地带以红树林消浪林带、海岸基干林带建设为主。粤西多大风、暴潮，红树林作用不可忽视，应加以重视和发展。红树林在防风护堤、消浪防潮等方面有着非常重要的作用。在树种方面也应注意优化，大力发展高树干、多枝条，根系发达的品种，使之起到防潮防风的双重功能。内陆延伸发展农田林网、防风固沙林；丘陵区以水土保持林、水源涵养林建设为主。对于特别容易发生干旱和风灾较强的雷州半岛，需选择耐旱、抗风造林树种，或林分速生期应发生在旱风季节之前。

4.4.12　海南沙质、岩质海岸丘陵区

该自然区孤悬大陆，地形中高周低，以低山丘陵和边缘的剥蚀台地为主，台地表面有厚层红色风化壳，间有大片海积平原和海成阶地及局部花岗岩丘陵；区内地形起伏，有小片冲积和海积平原。港湾内有红树林潮滩。中热带湿润、亚湿润季风气候，年平均气温 22.5~25.0 ℃，年降水量 1 400~2 000 mm。一般来说，沙质海岸宜选择木麻黄、黄槿（*Hibiscus tiliaceus*）等造林树种，泥质海岸的造林树种选择范围则较广一些。在一些立地条件差的沙地区域，如东方、乐东、昌江一带沿海沙岸干旱缺水，沙地保水保肥能力差，若套种经济树种，一般的经营水平和措施难以获得经济收入，可选择种植木麻黄、黄槿、琼海棠（*Calophyllum inophyllum*）、台湾相思、大叶相思、非洲楝（*Khaya senegalensis*）、刺槐等防护功能强的树种，并营造混交林。

总的来说，该区域要求建立以抵御台风、风暴潮、保持水土为主要功能的防护林体系。其中，近海地带建设海岸基干林带；丘陵地区以营造水土保持林、水源涵养林为主；平原区加强农田林网、防风固沙林建设；港湾内的潮滩重点发展以红树林为主的消浪林带。

可选择抗风能力强的树种有：椰子树（*Cocos nucifera*）、木麻黄、琼海棠、酸豆树（*tamarindus indica*）、台湾相思、大叶相思、黄槿、荔枝、龙眼、银叶树、非洲楝、竹类等。适生的红树林植物有：番木瓜、角果木、木棉树、红树、海桑、秋茄树、海莲（*Bruguiera sexangula*）、桐花树、木莲、榄李、木榄、红海榄、老鼠簕等。

复习思考题

1. 国家发展规划对沿海防护林建设有哪些推动作用？
2. 简述沿海防护林体系工程建设的概念。
3. 我国沿海防护林建设规划的主要依据及原则是什么？
4. 试述泥质、沙质和岩质海岩防护林体系建设规划的异同点。
5. 试述我国沿海防护林建设区域 12 个自然区的特点。

第5章

沿海消浪林带的营造

【本章提要】

本章围绕沿海消浪林带营造的基础理论及关键技术特点，以红树林海岸的造林技术体系为重点，分别论述了红树林海岸的环境特点、红树林植物的生物学特性及分布特征，针对我国红树林发展面临的主要问题，归纳总结了主要造林技术。同时，简要介绍了柽柳林的相关造林技术；并以芦苇和大米草等草类为典型的沿海消浪林带组成植物为例，分别对其营造技术进行论述。

沿海消浪林带(coastal wave cutter forest)是指位于海岸线以下的浅海水域、潮间带、近海滩涂及河口区域的具有一定宽度的防护林带，主要由红树林、柽柳林等树种或草本构成。根据《全国沿海防护林体系建设工程规划(2016—2025年)》的指导性意见，海岸消浪林带的宽度一般均在数百米至千余米以上，应根据海岸线以下适宜造林种草的宽度和防浪护堤的需要而定。

沿海消浪林带是沿海防护林体系中的第一道防线，具较强消减海浪、促进淤泥沉积和保护堤岸等作用。30 m宽的海桑—无瓣海桑红树林带平均消浪系数为0.12，最大消浪系数可以达到0.47；风暴潮期间平均消浪系数为0.18，最大消浪系数为0.33(王旭等，2012)。Hashim等(2013)认为海岸盐沼地红树林可以有效地消减波浪，80 m宽的红树林可以消减80%的波浪。Fonseca等(1992)对4种海藻消浪能力的试验表明，当海藻带铺设长度等于水深时，可以消减40%的波浪能量。经试验证明，种植宽度约40 m的互花米草就相当于建造2.0 m高潜坝的消浪效果(傅宗甫，1997)。除了消减波浪能量，抑制波浪对岸坡带土体的直接作用力外，植物还通过其地上部分改变水流速度和方向削弱波浪射、回流及降雨地表径流对岸坡的冲刷，同时，通过地下根系对岸坡土壤物理力学性质的改良，增强土壤抗剪强度，进而减缓海岸带的侵蚀速率，起到稳定海岸的作用。当然，植物的消浪性能与其本身生物学特征，如植被密度、植物高度等有很大关系，同时还受浪高和水深的影响。以下分别对红树林植物、柽柳林和沿海消浪草带的营造技术进行了论述。

5.1　红树林造林技术

红树林是一种独特的森林植物类型，常被人们称之为"海岸卫士"，与珊瑚礁、上升流、海滨沼泽湿地并称为世界上四大最富生产力的海洋生态系统，在消浪促淤、防灾减灾、净化海洋环境等多方面发挥着重要的生态作用。在人类进入工业化社会之前，红树林海岸未曾受到人为的大规模破坏，即使在红树林海岸遭受地震、台风等自然原因破坏之后，大多情况下其生态系统尚能在一个较短时期内自然恢复。据记载，公元 1605 年(明朝万历 33 年)，中国琼北 7.5 级地震使海南岛东北的东寨港地面下沉数米，形成面积约 50 km² 的水域。390 年后的 20 世纪 90 年代，该地沿岸潮滩红树林的覆盖率已达到 76%。还有，比如台风过境之后的红树林，只要没有被连根拔起，一般只要 20 多年即可恢复。然而，20 世纪下半叶以来，在人口大量增加的压力下，人们对红树林的重要生态功能认识不足，片面追求经济发展，全球的红树林资源遭到大规模破坏，一些物种甚至遭受灭绝的厄运。全球热带和亚热带地区超过60%的海岸线曾覆盖着红树林，至今只有近一半保存下来。

为此，我们应该加速红树林面积的扩增速度，并积极提升其生态功能。沿海消浪林带建设，包括对适宜红树林生长的滩涂实施人工造林，对现有的红树林实行全面保护，以扩大消浪林带面积，提高消浪林带质量，不断增强消浪林带的减灾功能。本节在介绍红树林海环境特点的基础上，分别论述了红树林植物的生物学特性及分布规律，指出我国红树林面临的主要问题，对红树林主要造林技术进行了归纳总结。

5.1.1　红树林海岸的环境特点

5.1.1.1　红树林海岸的护岸作用和环境演变

沿海岸滩生长出红树林后，原来的海岸逐渐被围封。红树林发挥着阻滞波浪和潮流的消能作用，保护海岸免受冲刷，并且通常造成了良好的海积环境，使海岸不断向海伸展。海岸向海伸展后，使潮上带约 1 m 高的波浪减至 0.3 m 以下，红树林纵横交错的地上根系促使粒径小于 0.01 mm 的悬浮物沉积量增大，淤积速度是附近裸滩的 2~3 倍，使林内泥沙淤积速度加快，有效减少海岸侵蚀。

通过网罗碎屑的方式促进土壤沉积物的形成，抵抗潮汐和洪水的冲击。有些红树植物能产生胎生幼苗，它们从母树上脱落下来，在红树林带的前沿定植生长、成熟，胎生苗再定植，逐渐扩大林区的面积；红树植物的根系不断向海延伸，淤泥不断增加，土壤逐渐形成，使沼泽不断升高，于是林区的土壤逐渐变干，土质变淡，最终成为陆地。

因此，红树林体系是海岸生态防护林的第一道屏障，在减少强热带风暴和海啸所带来的灾害方面具有不可替代的作用。2004 年 12 月 26 日的印度洋大海啸中，印度南部的泰米尔纳德邦是重灾区。灾后调查发现，正是因为该区域分布有一些浓密的红树林植物，因此，人员伤亡及财产损失情况要比其他没有红树林的地方要低得多。

5.1.1.2　红树林海岸捕滤泥沙，减少航道和港口淤积

入海河流的河口河段如果生长有红树林，则河流带来的和乘潮带入的泥沙大量阻滞沉积于红树林区，有利于减少入海航道的淤积。同样，沿海岸分布的红树林可以阻滞捕滤沿

图 5-1　台湾省淡水红树林自然保护区(李明　摄)　　图 5-2　台湾省淡水秋茄树林内环境(李明　摄)

海岸运动的泥沙，保护海岸免受波浪侵蚀产生泥沙，有利于减少沿岸港口的淤积(图 5-1)。

5.1.1.3　红树林海岸生物资源丰富，经济价值高

红树林海岸林下丰富的有机质和安静隐蔽的环境，适宜于海洋浮游生物和底栖生物栖息和觅食繁衍。这些生物又为鱼、虾、蟹等动物提供了大量饵料。红树林海岸形成了特有的生物链，其初级生产力(primary productivity)比沙质海岸大 10 倍以上。所谓初级生产力是指单位时间、单位面积绿色植物通过光合作用产生的有机物质总量。因此，红树林海岸在维护海岸带水生生物物种多样性方面具有举足轻重的作用。国内外的大量研究表明，与其他生态系统相比，红树林海岸生态系统中的动植物种类更加丰富，水生生物的物种多样性远远高于其他海岸带水域生态系统。红树林内部产生的凋落物不仅为近海海洋动物提供了丰富的饵食，而且经微生物分解后又变成红树林植物的营养物质，促进红树林群落的良性发展；再加上河口、海湾近岸富含营养的水体，为大量的藻类、无脊椎海洋动物和鱼类等提供了理想的生境(图 5-2)。

实际上，红树林本身作为优质木材、药材和工业原料，还有着巨大的经济价值。大多数种类的红树植物树皮含有丰富的单宁，可用作染料和提炼栲胶，是制革、墨水、电工器材、照相材料、医疗制剂的原料；作为优质木材，木材纹理细微，颜色鲜艳美观，抗虫蛀，易加工，可供为建材、柱材、家具用材及薪炭材；红树四季开花，果实丰硕，果实富含淀粉，是酿造啤酒的重要原料。红树林内的海鲜比海滩的更肥美，而且无污染，故在红树林下进行合理的海产养殖具有很高的经济效益；同时如果能充分利用红树林的枯枝落叶作为食物来源还可以节省饲养成本。

5.1.1.4　红树林海岸生态环境良好，景观美学功能强

红树林海岸湿地又被誉为"地球之肾"，其在净化水源、保护环境中的作用非常大。红树林植物可从水中吸收大量的富营养成分，有效地抑制生物的超常繁殖，减少赤潮的发生，还可过滤陆地径流和内陆带出的有机物质和污染物，是天然的污染处理系统，有利于保持良好的生态环境。因此，红树林是生物多样性保护和湿地生态保护的重要对象。红树植物抗污染机制是多方面的，其中很重要的一个方面就是其体内富含单宁，使得红树林在较严重污染的环境下仍能生存。当红树吸收重金属离子后，体内大量的单宁分子能与其发生化学反应，使其失去毒性。红树林生态系统是一个红树林—细菌—藻类—浮游动物—鱼类等生物群落构成的兼有厌氧—好氧的多级净化系统，红树林通过吸附沉降、植物的吸收

等作用降解和转化污染物，从而使水体质量得到改善；而林下的多种微生物能分解林内污水中的有机物和吸收有毒的重金属，释放出来的营养物质可供给红树林生态系统内的各种生物，从而起到净化环境的作用。

红树林还是海洋鸟类最理想的天然栖息地，凡红树林分布的区域，均保持了较高的鸟类种群和其他生物物种的多样性。尤其对于候鸟，红树林广阔的滩涂和丰富的底栖动物为迁徙鸟类提供了落脚歇息、觅食、恢复体力的一切优厚条件。

红树林也是重要的旅游资源，素有"海上森林"之称，为热带海岸独有的地理景观，与其他海岸风光比较具有截然不同的别致风情。另外，红树林湿地生物多样，景观亦多样，潮涨潮落，红树林湿地展示不同的色彩美与动态美，鸟类在其间飞翔与栖息。其旅游功能主要体现在新、奇、旷、野等特点上。红树林的旅游功能有助于把红树林湿地内从事水产养殖业、加工业、林业等人员转化安置为保护和管理湿地的工作人员，减轻人类对红树林湿地的开发、利用、污染、破坏的压力。

5.1.2　红树林植物的生物学特性

5.1.2.1　红树林植物的种类

红树林泛指热带和亚热带海岸带，在泥滩淹浸环境中生长的耐盐性植物群落。红树林林内植物的组成除了树皮及木材多呈红褐色的红树之外，还包括了其他草本、藤本植物，以及树皮及木材未呈红褐色的树种。因此，目前有关红树林植物的分类还一直存在着分歧。例如，除了乔木和灌木，同样生长在潮间带的草本植物是否也属于红树林植物？只有生长在潮间带的木本植物才属于红树林植物吗？我国学者一般认同红树林植物是指红树林内的木本植物，并把红树植物区分为真红树和半红树。

（1）真红树植物

真红树植物是指专一性生长在潮间带的木本植物，它们只能在潮间带环境生长繁殖，在陆地环境不能繁殖。真红树是仅局限于红树林环境生长繁殖，不生长于不规则高潮或风暴潮潮位，适应的海水盐度为 3.185% ~ 3.640%，其特征是胎萌、呼吸根与支柱根、泌盐组织和高渗透压，只能在潮水经常性淹没的潮间带生长和繁殖后代，并有气生根与支柱根和海水传播繁殖体等适合潮间带生活的专一性适应形态特征。

（2）半红树植物

半红树植物专指生长在真红树林向陆一侧的木本植物，分布于红树林最内缘，或不规则高潮可及的陆缘，海水盐度可低至 0.114%，如海杧果（*Cerbera manghas*）、黄槿、银叶树、露兜树、海棠果（*Malus prunifolia*）、无毛水黄皮（*Pongamia pinnata*）、刺桐等。应当指出半红树也具有一定的特化形态和生理机制，例如，银叶树具呼吸根、水椰（*Nypa fruticans*）具隐胎生等。

据统计，全世界的红树林植物共有 200 多种，分别归为 24 科 38 属 84 种。其中，常见的红树林植物种类及其特点详见表 5-1。我国分布的红树林植物有 38 种，主要位于海南、广西等省（自治区、直辖市）海岸沿线，树形高大，树高可达 10 ~ 15 m。向北随着气温的降低，红树林植物种类减少，树形也变得低矮稀疏。福建北部海岸的红树林只是树高为 1 m 左右的灌木丛林。浙江海岸的红树林植物只有 1 种，还是人工引种的。

表 5-1　常见红树林植物种类及特点

科	属	种	特　点
红树科 Rhizophoraceae	木榄属 Bruguiera	柱果木榄 B. cylindrica	乔木，高达 20 m，胸径 20~25 cm。分布于马来西亚、斯里兰卡、澳大利亚昆士兰北部。皮薄，单宁含量低。其木材含有一种特殊气味，能将鱼群驱散，故不适宜作渔具，主要作燃料
		木榄 B. gymnorrhiza	也称五梨蛟、五梨跤，乔木或灌木；分布于非洲东南部、印度、斯里兰卡、马来西亚、泰国、越南、澳大利亚北部以及我国的广东、海南、广西、福建、台湾及其沿海岛屿或伸向内陆的浅海盐滩。在马来西亚地区多成纯林，树高 20 m，胸径可达 65 cm，但在我国，目前所发现的其树高很少超过 6 m，亦未见有纯林，多散生于秋茄树的灌丛中。材质坚硬，色红，很少作土工料，多用作燃料。树皮含单宁 19%~20%
		海莲 B. sexangula	乔木或灌木，高 1~4 m，稀达 8 m，胸径 20~25 cm。产海南文昌、海口、陵水、儋州；生于滨海盐滩或潮水到达的沼泽地。分布于印度、斯里兰卡、马来西亚、泰国、越南。树皮含单宁 23%；亦未见有纯林，多散生于秋茄树的灌丛中。材质坚硬，色红，很少作土工料，多用作燃料。树皮含单宁 19%~20%
	角果木属 Ceriops	角果木 C. tagal	灌木或乔木，高 2~5 m。产广东的徐闻、海南的东北至南部海滩、台湾的高雄港；生于潮涨时仅淹没树干基部的泥滩和海湾内的沼泽地。分布于非洲东部、斯里兰卡、印度、缅甸、泰国、马来西亚、菲律宾、澳大利亚北部。本种耐盐性很强，但很不耐海水淹没和风浪冲击，没有明显的支柱根，仅借基部侧根变粗而起支持作用，耐寒性较强。材质坚重，它的耐腐性为红树科各种之冠，可作桩木、船材和其他要求强度大的小件用材。树皮含单宁达 30%，提取的栲胶质量特别好，在马来半岛名"当加皮"。过去，由我国华侨制成商品作染料，主要染风帆、鱼网，也有染棉织品和席子，在印度名"可郎皮"，主要用来制革，制成的底革呈红色，其耐久性不亚于其他单宁。全株入药，有收敛作用，也有用以代替奎宁作退热药
	秋茄树属 Kandelia	秋茄树 K. candel	也称秋茄、水笔仔、茄行树（台湾），灌木或小乔木，高 2~4 m。产广东、海南、广西、福建、台湾；生于浅海和河流出口冲积带的盐滩。分布于印度、缅甸、泰国、越南、马来西亚、琉球群岛南部。本种在我国分布广，从广西防城经海南东北部至广东的雷州半岛，北至台湾的新竹港。喜生于海湾淤泥冲积深厚的泥滩，在一定立地条件上，常组成单优势种灌木群落，它既适于生长在盐度较高的海滩，又能生长于淡水泛滥的地区，且耐淹，往往在涨潮时淹没过半或几达顶端而无碍，在海浪较大的地方，其支柱根特别发达，但生长速度中等，15 年生的树仅高 3.5 m。树皮含单宁 17%~26%。材质坚重，耐腐，可作车轴、把柄等小件用材
	红树属 Rhizophora	正红树 R. apiculata	也称红树、鸡笼答、五足驴（海南）。乔木或灌木，高 2~4 m。产海南海口、文昌、乐东、三亚；生于海浪平静、淤泥松软的浅海盐滩或海湾内的沼泽地。分布于东南亚热带、美拉尼西亚、密克罗尼西亚及澳大利亚北部。本种在淤泥冲积丰富的海湾两岸盐滩上生长茂密，常形成单种优势群落。不耐寒，也不堪风浪冲击，故常生于有屏障的地方，在风浪平静的海湾亦能分布至海滩最外围，与其他红树林种类构成红树群落的外围屏障。喜生于盐分较高的泥滩。在含盐分较低的河流出口两岸的泥滩，不见有生长。正红树的材质硬而重，纹理通直，

（续）

科	属	种	特 点
红树科 Rhizophoraceae	红树属 Rhizophora	正红树 R. apiculata	结构密致，耐腐性强，在东南亚地区多成高大乔木，但在我国由于气候影响，均为小乔木或大灌木，只能作把柄、车轴和其他强度大的小件用材。燃值高，极易劈开，是一种良好的薪炭材。胚轴脱涩可供食用或作饲料。树皮和根含单宁约 13.6%
		红茄苳 R. mucronata	也称红茄冬、茄藤（台湾）。乔木，具支柱根。产我国台湾的高雄港，生于海湾两岸盐滩或潮水到达的沼泽地。分布于非洲东海岸、印度、马来西亚、菲律宾、澳大利亚北部。木材坚重，边材淡红色，心材暗红色，耐腐性强，浸于水中经久不腐烂，为良好的建筑用材，也为优质的燃料。树皮入药，有收敛作用，又为良好的鞣革原料。果实味甜可食
		红海榄 R. stylosa	也称红海榄兰、鸡爪榄。乔木或灌木，基部有很发达的支柱根。产广东的徐闻、阳江、廉江，海南东北部，广西的防城港、合浦和台湾省；生于沿海盐滩红树林的内缘。分布于马来西亚、菲律宾、印度尼西亚（爪哇）、新西兰、澳大利亚北部。本种与红茄苳很相近，仅花柱略长，过去不少人将它误定为红茄苳。它对环境条件要求不苛，除沙滩和珊瑚岛地形外，沿海盐滩都可以生长，对抵御海浪冲击比其他同属种要强。树皮含单宁 17%~22%，可作染料
爵床科 Acanthaceae	老鼠簕属 Acanthus	小花老鼠簕 A. ebracteatus	直立灌木，高达 1.5 m，茎粗壮。产广东（阳江）及海南（陵水、三亚）。生于海边。印度、中南半岛及印度尼西亚也有分布
		厦门老鼠簕 A. ebracteatus var. xiamenensis	直立灌木，高 1~2 m，茎丛生。产福建和广东。散生于海滨红树林沼泽中
		老鼠簕 A. ilicifolius	直立灌木，高达 2 m，茎粗壮。产海南、广东、福建。生于我国南部海岸及潮汐能至的滨海地带，为红树林重要组成之一。据标本记录，根可入药，有凉血清热、散痰积、解毒止痛功能
使君科 Combretaceae	榄李属 Lumnitzera	红榄李 L. littorea	乔木或小乔木，高达 25 m，径达 50 cm，有细长的膝状出水面呼吸根。产海南（陵水）海岸边。少见。分布于亚洲热带、大洋洲北部和波利尼西亚、马来西亚
		榄李 L. racemosa	常绿灌木或小乔木，高约 8 m，径约 30 cm。产广东（徐闻）、海南、广西（合浦、防城港）及台湾海岸边。分布于东非热带、马达加斯加、亚洲热带、大洋洲北部和波利尼西亚至马来西亚
大戟科 Euphorbiaceae	海漆属 Excoecaria	海漆 E. agallocha	常绿乔木，高 2~3 m，稀有更高。分布于广西（东兴）、广东（南部及沿海各岛屿）和台湾（基隆、高雄、屏东）。生于滨海潮湿处。还分布于印度、斯里兰卡、泰国、柬埔寨、越南、菲律宾及大洋洲
楝科 Meliaceae	木果楝属 Xylocarpus	木果楝 X. granatum	也称海柚（海南）。乔木或灌木，高达 5 m。产海南；混生于浅水海滩的红树林中。分布于印度、越南、马来西亚。树皮含单宁约 30%；木材赤色，坚硬，比重 0.72，适为车辆、家具、农具、建筑等用材
紫金牛科 Myrsinaceae	蜡烛果属 Aegiceras	桐花树 A. corniculatum	也称蜡烛果、黑榄（广西）、红蒴（广东），黑脚梗（海南）。灌木或小乔木，高 1.5~4 m。产广西、广东、福建及海南，生于海边潮水涨落的污泥滩上，为红树林组成树种之一，有时亦成纯林；印度、中南半岛至菲律宾及澳大利亚南部等均有。树皮含鞣质，可做提取栲胶原料；木材是较好的薪炭柴；组成的森林有防风、防浪作用

（续）

科	属	种	特　　点
棕榈科 Palmae	水椰属 *Nypa*	水椰 *N. fructicans*	根茎粗壮，匍匐状，丛生。产海南东南部的三亚、陵水、万宁、文昌等的沿海港湾泥沼地带。亚洲东部（琉球群岛）、南部（斯里兰卡、印度的恒河三角洲、马来西亚）至澳大利亚、所罗门群岛等热带地区亦有分布。本种有较高的经济价值，嫩果可生食或糖渍；花序割取汁液可制糖、酿酒、制醋；叶子可盖屋，亦可用于编织篮子等用具，在国外一些产地土著居民有用其嫩叶卷烟纸的；此外，水椰还有防海潮、围堤、绿化海口港湾和净化空气等用途
茜草科 Rubiaceae	瓶花木属 *Scyphiphora*	瓶花木 *S. hydrophyllacea*	灌木或小乔木，高 1~4 m。产于海南海口、文昌、万宁、三亚；生于海拔 5~20 m 处的海边泥滩上。分布于亚洲南部至东南部，南加至罗林群岛、澳大利亚和新喀里多尼亚。本种为组成红树林的树种之一，树皮可提制栲胶
海桑科 Sonneratiaceae	海桑属 *Sonneratia*	杯萼海桑 *S. alba*	灌木或乔木，高 2~4 m。产海南文昌、三亚；生于滨海泥滩和河流两侧而潮水到达的红树林群落中。分布于非洲的马达加斯加北部和亚洲热带浅海泥滩，北达日本的琉球群岛南部。本种的木材在马来西亚是一种名贵的商品木材，多作建筑和造船用，但在我国因蓄积不多，木材结构虽细致而纹理局部交错，亦不耐腐，仅供一般木器、家具、板料等用。树皮含单宁 17.6%，可染鱼网；果实可食
		海桑 *S. caseolaris*	乔木，高 5~6 m。产海南琼海、万宁、陵水；生于海边泥滩。分布东南亚热带至澳大利亚北部。嫩果有酸味，可食。呼吸根置水中煮沸后可作软木塞的次等代用品
		海南海桑 *S. hainanensis*	常绿乔木，高 4~8 m，基围达 2 m 以上。濒危种（国家Ⅱ级），为最近发现的稀有物种，仅有五株分布于海南岛文昌境内宛头与不阁两地的红树林中。木材为装饰和建筑用材，其指状根经过处理后可作为木栓的代用品
梧桐科 Sterculiaceae	银叶树属 *Heritiera*	银叶树 *H. littoralis*	常绿乔木，高约 10 m。产广东台山、海南三亚和沿海岛屿、广西防城港和台湾。印度、越南、柬埔寨、斯里兰卡、菲律宾等东南亚各地，以及非洲东部、大洋洲均有分布。本种为热带海岸红树林的树种之一。木材坚硬，为建筑、造船和制家具的良材。果木质，内有厚的木栓状纤维层，故能漂浮在海面而散布到各地
马鞭草科 Verbenaceae	海榄雌属 *Avicennia*	海榄雌 *A. marina*	也称白骨壤、咸水矮让木（广东）。灌木，高 1.5~6 m。产福建、台湾、广东、海南。生长于海边和盐沼地带，通常为组成海岸红树林的植物种类之一。非洲东部至印度、马来西亚、澳大利亚、新西兰也有分布。果实浸泡去涩后可炒食，也可作饲料，又可治痢疾

注：摘自中国植物志 http：//frps. iplant. cn/。

5.1.2.2　红树林植物对沿海逆境的适应策略

与陆地相比，红树林生境相当恶劣，潮水浸淹、风浪冲击、生物危害和人为干扰等胁迫因子时有发生。在长期进化过程中，红树林植物已形成了不同的响应策略以适应逆境。

（1）强大的根系

红树林植物的根多靠近地表生长，或呈水平分布的缆状根，或露出地表的表面根，还有特别适应泥滩环境的从枝上向下垂的气根，扩大固着能力的板状根和拱状支柱根以及有利于吸收氧气、在地面横走、膝状或垂直向上的笋状呼吸根等。由于这些根具有数量多、扎得深、铺得远，使得红树植物能在软软的、漂移的沙泥地上固定不动。

同时由于地面上的气根和地下的根系可以互相交换气体，就使得红树植物不会因陷于淤泥缺氧而衰亡。在沼泽化环境中，土壤中空气极为缺乏。红树林植物为了适应这种缺氧环境，呼吸根极为发达。呼吸根有的纤细，直径仅有 0.5 cm；有的粗壮，直径达 10~20 cm。板状根是由呼吸根发展而来的。

红树林植物还从茎基生长出拱形支柱根，弯曲地插入泥土内，一棵红树的支柱根可多达 30 余条，如红海榄。发达的根系从不同方向支撑着主干，使其挺立在经常遭遇风浪的环境中。即使发生使红树林大量毁坏的特大风暴，破坏作用也主要是刮断树干或把树皮剥开，连根拔掉的很少。

（2）"胎生"的繁殖策略

一些红树林植物的果实成熟后，它们并不像一般植物那样自动离开母树，而是继续留在母树上，通过母树吸取营养并在果实中萌发，直到种子发育成幼苗，才离开母树。如图5-3 所示，待幼苗成熟后，由于重力作用使幼苗离开母树下落，插入泥土中，成为独立生长的幼树。例如，秋茄树、红海榄和桐花树等，这种"胎生"现象在植物界是很少见的。

这些小红树扎到泥土后，几小时内就能长出根来，牢牢固定在潮滩上了。有时从母树落下的幼苗平卧于土上，也能长出根，扎入土中。幼苗落至水中也可以随海流漂泊，有时在海水中漂泊长达一年也未能找到它生长所需的土壤。然而，一旦遇到条件适宜的土壤就会立即扎根生长。许多红树林植物就是靠这种适应策略不断繁殖，在海滩形成大片的红树林。

（3）良好的拒盐、泌盐功能

红树林植物要生活在海潮之中，还必须具备脱盐的生理功能。所以它们不同于陆地林木的另一个特点，就是能够从海水中吸收营养物质，又能通过自身进行盐分代谢，将多余

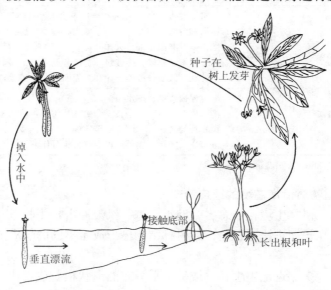

图 5-3　红树林植物"胎生"现象的繁殖过程（引自 Nybakken，1982）

的盐分排出体外。

脱盐的方式有拒盐和泌盐两种方式。拒盐植物的植物体依靠其木质部内的高负压力（胞内高渗透压），通过其非代谢性超滤作用从海水中分离出淡水，然后吸收淡水及养分，常见的拒盐植物有红海榄、红茄苳、木榄、角果木、秋茄树等。泌盐植物直接吸入海水，再通过排盐腺将盐分分泌出叶片表面之外，然后被雨水冲掉或随落叶除掉盐分，常见的泌盐植物有海榄雌、桐花树、老鼠簕等。这是红树林植物能在其他植物难以立足的潮滩盐土中扎根生长的重要策略之一。

（4）萌蘖能力强

一些红树植物还具有很强的无性繁殖能力，即萌蘖快。在这些红树植物被砍伐或折断后，很快在根基上又萌发出新的植株。

（5）耐旱

红树林植物生长在水中，是一种不怕涝的植物。其革质的叶片能反光，叶面的气孔下陷，有绒毛，在高温下能减少蒸发。因而一些红树林植物同时还具有耐旱的特点。

（6）耐腐

红树林植物的树皮富含单宁，含量高的可达 20%～30%，单宁有助于提高抗拒海水侵蚀的能力。

5.1.3 红树林植物的分布

5.1.3.1 红树林植物生长条件

（1）温度

红树林植物是热带起源的物种，温度是制约红树林生长的最重要的条件。适宜红树林植物生长的温度条件是：①最冷月的平均气温大于 20 ℃，但有些红树林植物的耐寒性较强，只要平均气温在 10 ℃ 以上均可正常生长。②季节平均气温差小于 5 ℃。③海水年平均温度在 25～28 ℃ 范围内。表 5-2 为中国几个有红树林分布的省份的温度条件。其实，中国沿海大部分地区的温度条件并不是特别适合红树林植物的生长。冬季强寒潮南下时，除海南外，广东和福建沿海的气温可以下降到 10 ℃ 以下，有些地区短时间甚至可达 0 ℃ 左右。福建泉州以北只有少数耐寒红树林植物可以生长，福鼎地区则只生长秋茄树。

表 5-2 中国有红树林分布省份的温度

地名	年平均气温（℃）	最冷月平均气温（℃）	最热月平均气温（℃）	红树林分布情况
海南三亚	25.7	21.4	28.7	海南岛海岸线的南端
广西防城港	22.5	16.6	28.4	我国大陆海岸线西南端
福建福鼎	18.4	8.9	28.2	大陆海岸自然分布红树林植物的北界
浙江乐清	17.7	7.4	28.1	我国大陆红树林人工引种的北界

（2）盐度

红树林植物耐盐，但并非喜盐，有的种类在淡水中甚至生长得更好。入海河流河水及河床底质的盐度，随到河口距离的增加而减少。沿岸分布的红树林植物种类也不同。福建的九龙江在厦门湾入海，河口处的红树林植物主要是海榄雌。由河口溯江而上，至 8.5 km

处开始以秋茄为主，至 14.8 km 处则变为散生的桐花树为主；河水的盐度也由 0.293% 逐渐降为 0.021%，底质的含盐度由 0.221% 逐渐降为 0.036%。其中，在九龙江中段的红树林植物比上下游的都茂盛。

（3）生长地的底质

红树林植物适宜于以富含有机质的淤泥作为底质。因而通常生长在含丰富腐殖质的半流动状潮间带上。泥质层的厚度影响到红树林植物的茂密程度。河口三角洲港湾内的底质往往是由粉砂与黏土组成的淤泥，因此红树林植物生长发育良好。

红树林植物还可以生长在其他不同类型底质的潮滩上。例如，在海南岛西北部的混有黏土粉砂的砾石海岸，生长着稀疏的红茄苳、海榄雌等红树林植物，覆盖度约为 20%。而西部的沙质海岸则生长着矮小的海榄雌等红树林植物。

（4）地貌

红树林植物不能忍受强烈激浪的冲击，尤其是在其幼苗落入海水中漂浮和刚扎根于土壤的期间。因而在对外海风浪有遮蔽的港湾、潟湖，特别是有河流带来营养物的河口湾，如海南的新英湾、东寨港和铺前湾等地，多有茂盛的红树林生长。在经常受到台风袭击的海岸带，风浪大而且海滩底质较粗。入海河流上溯到距离河口较远、风浪影响较弱处反而有较茂盛的红树林植物，如福建九龙江河口上溯 15 km、广西钦江上溯 20 km 处，都有红树林植物生长（王颖等，1994）。

5.1.3.2　红树林海岸的分带地貌

红树林海岸（mangrove coast）可以划分为一系列与海岸线平行的地带，每个地带各有特定的植物群落和地貌的发育过程，各个地带的植物更替和地貌演变又相互影响和联系。从整体看，红树林海岸具有台阶状剖面，各个地带的植物高度差异显著，构成了植物海岸的阶梯状外形。如图 5-4 所示，由海向陆，这些地带依次为：

①潮下带泥滩　稍低于低潮水位，海水很浅，经常受到波浪和潮汐作用，没有或仅零星生长着红树林植物。

②潮间带红树林　红树林植物生长茂密，林下为淤泥沼泽地，潮水沟发育，阴暗潮湿，凋落的枝叶易腐烂，有机质丰富。

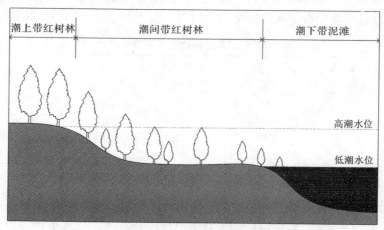

图 5-4　红树林海岸剖面的分带特征（据王颖等，1994；卢佳奥　绘）

③潮上带红树林　位于高潮水位之上，只有特大潮水偶尔淹浸。土壤脱水脱盐而逐渐疏松、干燥。伴有其他陆生植物生长分布。

5.1.3.3　红树林植物地理分布

红树林分布和生长状况受多种环境条件限制，如温度、洋流、波浪、岸坡、盐水、潮汐和底质等。其中，影响红树林局部分布的最重要因素是波浪掩护条件和潮汐浸淹程度，前者控制红树林沿岸分布，即红树林只能分布于受到较弱波浪作用的港湾河口湾、潟湖水域，不能分布于受较强波浪作用的开阔海岸，这主要因为强波浪作用严重阻碍了红树林胎生胚轴着床定植过程和幼苗生长；后者控制红树林在潮滩上的横向分布，潮水浸淹频率过高或过低均会导致红树林退化、死亡或难以自然更新。

（1）全球范围内的分布

红树林植物大致分布在南北回归线范围内，以马来半岛及其附近岛屿的热带海岸最为丰富。红树林的分布虽受气候限制，但海流的作用使它的分布超出了热带海区。在北美大西洋沿岸，红树林到达百慕大群岛，在亚洲则见于日本南部，它们都超过 32°N 的界线，在南半球红树林分布范围比北半球更远离赤道，可见于 42°S 的新西兰北部。据联合国粮食和农业组织（FAO）评估报告，2015 年全球红树林面积 $1\,475×10^8\,hm^2$，较 2010 年减少 4% 左右。

红树林植物可以借助海流传播繁殖，只要海域相通，相距遥远的两地可以生长着相似组成的红树林植物。非洲大陆和美洲大陆将热带大西洋与热带印度洋、热带太平洋隔离开，而热带印度洋和热带太平洋则海域相通。这种地理条件使全球的红树林发育分布形成了东方和西方两大中心区域。

①东方群系在辽阔的热带印度洋和热带太平洋上分布范围非常广，西到非洲的印度洋沿岸，东到太平洋诸岛，南到新西兰的查塔姆群岛，北到中国和日本南方的海岸。红树林在赤道附近树木高大，种类繁多，向南北种类减少，树木也低矮很多。东方群系红树林的发育中心位于马来群岛，其拥有漫长的热带海岸线，是热带印度洋和热带太平洋交界海域现存世界上面积最大的群岛，该区域的红树林植物可长成高大乔木，高达 40 m，与热带雨林连成一片，使马来群岛中的很多岛屿从海岸到山顶都覆盖着郁郁葱葱的森林。

②西方群系红树林以中美洲的加勒比地区、南美洲的北部沿海和非洲西部沿岸为中心，其种类丰富度明显少于东方群系，但植株仍较为高大。特别是分布在南美洲北部沿岸的红树林与亚马孙热带雨林紧紧相连，形成了世界上最为辽阔的热带森林。目前，有研究发现在太平洋地区的斐济、新喀里多尼亚和汤加等地，西方和东方两大群系的部分种类同时存在，如美洲红树（*Rhizophora mangle*）、萨摩亚红树（*Rhizophora samoensis*）；有关西方与东方群系红树林的的迁移扩繁问题一度成为研究热点（WANG 等，2003）。

（2）中国红树林的分布

我国红树林是属于东方类群（即印度—西太平洋类群）的亚洲沿岸和东太平洋群岛区（即印度—马来西亚区）的东北亚沿岸。自然分布于有海南、广西、广东、福建、台湾、香港和澳门等 7 省、自治区和特别行政区沿海地区，自然分布区的南界为海南的榆林港（18°09′N），北界为福建的福鼎（27°20′N）。20 世纪 50 年代后期在浙江瑞安开始秋茄树引种试验，80 年代引种成功。因此，我国红树林植物分布区的北界扩展到浙江乐清湾（28°25′N）。

我国曾经也是红树林资源比较丰富的国家，历史上曾达 $25×10^4\,hm^2$。20 世纪 50 年代以后由于长期遭受人工围垦、挖塘养殖、开发建设用地以及海洋的严重污染，使得红树林的生存环境遭受巨大破坏。据统计，近40多年以来，全国红树林面积由 $4.2×10^4\ hm^2$ 减少到 $1.5×10^4\ hm^2$。在面积迅速减少的同时，红树林质量也不断下降，现有大量的红树林树形低矮、结构不合理，抵御台风和风暴潮的能力受到严重削弱。红树林资源锐减后，海滨生态环境恶化、近海渔业和滩涂养殖业资源明显下降、赤潮灾害日趋严重、港口淤积率提高、滨海置荒土地增多、海岸带景观日趋单调。

20世纪90年代以来，中国对红树林海岸的管理、保护和建设越来越重视，陆续颁布实施了一批红树林保护管理法规和建设保护规划。1991年开始实施全国沿海防护林体系建设工程，红树林保护和建设进入了工程实施阶段。经过多年的发展，全国人工营造红树林面积有所增加，总面积已超过 $3.5×10^4\ hm^2$。从表5-3中可以看出，我国广东、广西、海南三省(自治区)红树林面积占全国红树林总面积的90%以上，福建红树林面积为 $1\ 184\ hm^2$，台湾 $485\ hm^2$，香港 $85\ hm^2$，澳门 $1\ hm^2$，浙江仅有 $20\ hm^2$。其中，海南清澜港、东寨港，广西珍珠港，广东雷州湾通明海，有大面积的连片分布区。比较重要的分布区还有海南澄迈花场港、广东、广西边界的英罗港、广东深圳湾、福建九龙江口与漳江口、台湾淡水河口等。

表5-3 我国各省(自治区、特别行政区)红树林面积及主要分布

省(自治区、特别行政区)	面积(hm²)	百分数(%)	组成树种(个)	主要分布(地名)
广东	19 751	56.36	18	福田、湛江、珠海、江门、汕头和阳江等地
广西	8 780	25.06	14	合浦、北海、钦州、防城港等地
海南	4 736	13.52	35	海口、琼山、文昌、琼海、万宁、陵水和崖县等地
福建	1 184	3.38	9	厦门、云霄、晋江和莆田等地
台湾	485	1.38	17	台北、新竹和高雄等地
香港	85	0.24	11	米埔等地
浙江	20	0.06	1	瑞安等地
澳门	1	<0.01	5	凼仔岛与路环岛之间的大桥西侧海滩等地
总计	35 042			

注：引自但新球等，2016。

与此同时，越来越多注重环保的非政府组织(NGO)志愿者和民众也积极地参与红树林的造林活动。加强红树林保护与管理的重要措施之一是建立各级自然保护区。自从1975年香港米埔红树林湿地被指定为自然保护区，1980年建立东寨港省级红树林自然保护区以来，中国对红树林的保护工作逐渐重视。据统计，目前我国建立了以红树林为主要保护对象的自然保护区42个。表5-4中，其中国家级自然保护区7个(广东2个、广西2个、海南1个、福建1个)，省级4个(广西1个、福建2个、台湾1个)。保护区总面积约 $10.4×10^4\ hm^2$，为我国红树林湿地的有效保护提供了重要基础。此外，还有一批红树林湿地被列入国际重要湿地名录，如海南东寨港、广东湛江、香港米埔、广西山口等红树林湿地。按照中国海洋功能区划的要求，今后还将增设一批新的红树林自然保护区和保护小区。

表 5-4　我国各省(自治区、特别行政区)红树林保护区建设情况

省份	名称	行政区域	保护面积(hm²)	级别	成立时间
广东	福田红树林鸟类自然保护区	深圳市	815	国家级	1984
	湛江红树林自然保护区	湛江市	19 300	国家级	1990
	淇澳—担杆岛红树林自然保护区	珠海市	7 373.77	市级	1989
	电白红树林自然保护区	电白县	1 950	市级	1999
	惠东红树林自然保护区	惠东县	533.3	市级	1999
	南万红树林自然保护区	陆河县	2 486	市级	1999
	汕头红树林自然保护区	汕头市	10 333.3	市级	2001
	大鹏半岛红树林自然保护区	深圳市	16 422	市级	2010
	五里南山红树林自然保护区	徐闻县	7	县级	1997
	新寮仑头红树林自然保护区	徐闻县	309	县级	1997
	水东湾红树林自然保护区	电白县	1 999	县级	1999
	台山镇海湾红树林自然保护区	台山市	119.33	县级	2000
	程村豪光红树林自然保护区	阳西县	1 000	县级	2000
	茂港红树林自然保护区	茂名市	800	县级	2001
	南渡河口红树林自然保护区	雷州市	200	县级	2003
	恩平红树林自然保护区	恩平市	700	县级	2005
	岗列对岸三角洲红树林自然保护区	阳江市	40	县级	2005
	平冈红树林湿地自然保护区	阳江市	800	县级	2005
广西	山口红树林自然保护区	合浦县	8 000	国家级	1990
	北仑河口红树林自然保护区	防城港市	3 000	国家级	1990
	茅尾海红树林自然保护区	钦州市	2 784	省级	2005
海南	东寨港红树林自然保护区	海口市	3 337	国家级	1980
	亚龙湾青梅港红树林自然保护区	三亚市	156	市级	1989
	三亚河红树林自然保护区	三亚市	343.83	市级	1992
	铁炉港红树林自然保护区	三亚市	292	市级	1999
	新盈红树林自然保护区	临高县	115	县级	1983
	彩桥红树林自然保护区	临高县	350	县级	1986
	东场港红树林自然保护区	儋州市	696	县级	1986
	新英湾红树林自然保护区	儋州市	115.4	县级	1992
	清澜红树林自然保护区	儋州市	116.4	县级	1992
	花场湾沿岸红树林自然保护区	澄迈县	150	县级	1995
福建	漳江口红树林自然保护区	云霄县	2 360	国家级	1992
	九龙江口红树林自然保护区	龙海市	420.2	省级	1988
	泉州湾红树林自然保护区	泉州市	7 093	省级	2003
	环三都澳红树林自然保护区	宁德县	2 406.29	市级	1997
	姚家屿红树林自然保护区	福鼎市	84	县级	2003

（续）

省份	名称	行政区域	保护面积（hm²）	级别	成立时间
台湾	淡水河口红树林自然保护区	台北市	50	省级	1986
	关渡自然保留区	台北市	19	市级	1988
	北门沿海保护区	台南市	3 188	县级	1986
香港	香港米埔红树林鸟类自然保护区	米埔	380	香港特别行政区	1975
浙江	西门岛海洋特别保护区	温州市	3 080	国家级	2005
澳门	路凼城生态保护区	澳门	55	澳门特别行政区	2003
合计			103 788.82		

注：杨盛昌等，2017。

5.1.4　我国红树林面临的主要问题

5.1.4.1　生境丧失和破碎化，群落面积锐减

我国红树林面积从历史上可能最高的 25×10^4 hm² 锐减到目前仅剩不到 15%，主要原因是挖塘养殖、围海造田和填海工程等人为活动的破坏，从而导致红树林林相破碎化、退化，甚者完全丧失，进而给生物多样性带来毁灭性的威胁，不仅物种个体丧失，而且生态系统多样性遭到破坏，生物资源补充群体减少甚至失去生存空间。例如，角果木从广西海岸失踪，红海榄在广西西海岸几近灭绝，银叶树在广西东海岸消失，与红树林生境的丧失和过度砍伐直接相关。

虽然目前大规模的毁林事件得到遏制，但渐进的蚕食无时不刻不在重演着。正如经济发达的珠三角地区已少见红树林资源，而广东现有红树林面积的 80% 以上集中在经济相对落后的粤西地区。然而，随着我国经济的发展，城乡占据红树林湿地用以生活生产的面积越来越大，无序砍伐、挖掘林下经济动物和林区放牧等人为干扰严重，造成大面积红树林群落普遍次生，保存面积锐减，且林分早衰严重。

5.1.4.2　林分质量不断下降，生态价值降低

红树林作为抗风消浪的先锋森林生态系统，其树高及生物量积累对该功能的发挥具重要作用。然而，纬度对红树林植物树高生长，以及生物量的积累与分配格局影响显著。据研究，红树林植物高度随着纬度的增加而变矮，其植物生物量也随着纬度增加而减小，根冠比（植物地下与地上生物量之比）则随着纬度的增加而增加（王刚等，2016）。位于热带的红树林生态系统的物种多样性比亚热带高，更易形成高大的乔木。例如，地处热带的印度尼西亚木榄种群平均树高 22.4 m，地上生物量 436.4 t/hm²。而位于亚热带的红树林群落物种组成较单一，往往形成低矮的灌木；同样是木榄种群，其平均树高仅为 6.0 m，地上生物量仅为 94.5 t/hm²。

因此，相对而言，我国红树林植物分布于较高纬度，树高普遍低矮，抗风、消浪、护岸等生态价值不高。据调查，我国红树林植株高度小于 2.0 m 的林分占总面积大约 65%，广东和广西的红树林以这种质量的林分为主体；树高在 4 m 以上的林分仅占总面积的 5% 左右，而且超过 60% 分布在海南岛；树高超过 10 m 的林分面积占比不足 0.5%，仅见于海南岛。广西的红树林都未超过 6 m，而浙江的红树林均不超过 4 m。可以推测，如果我国

沿海发生类似 2004 年印度洋海啸那样的海洋灾难，红树林是无法切实承担起维护我国东南沿海生态安全的重要使命，因此必须加快我国红树林造林和次生林改造步伐。

5.1.4.3　环境污染及生物入侵严重，生物多样化降低

我国沿海地区陆源污染源持续增多，城镇生产、生活污水的排放量呈明显上升趋势。其中重金属污染愈加严重，这将影响植物的正常生理代谢，造成功能的紊乱，生长发育受阻，甚至死亡；也将影响养分膜运输，原因是重金属抑制膜上 ATP 酶的活性，或是取代了钙等离子，使膜稳定性下降；还会影响其他营养元素的吸收（颉颃作用）。另外，红树林湿地被用作畜粪、化工和生活污水的排放地，这必将对红树林植物和底栖生物群落造成严重影响。还有，海水养殖中使用的抗生素、激素类药品及饲料中各类污染物质不仅影响养殖产品的质量，对周边红树林生境中的野生种群的危害也日益明显，从而直接威胁红树林沿岸社区甚至更远范围的海洋蛋白品质安全。

外来生物入侵的生态代价是造成本地物种多样性不可弥补的降低、物种的灭绝和遗传种质资源的丢失，对生物多样性保护、可持续利用及人类生存环境构成了极大威胁，并造成农林牧渔业产量与质量的惨重损失和高额的防治费用。在红树林面临的生物入侵问题上，最受关注的例子是互花米草入侵红树林，造成了滩涂底栖动物群落组成变化，种群数量减少，物种丰富度降低，经济贝类被排挤，鸟类适宜生境消失。还有，薇甘菊（*Mikania micrantha*）的入侵也可迅速生长覆盖高大红树林植物的树冠，影响其光合作用和呼吸作用，导致红树植物叶片受损凋落，直接威胁到红树林植物的生存。病虫害方面，例如，外来物种广州小斑螟（*Oligochroa cantonella*）是红树林的一种灾害性食叶害虫。2004 年 5 月，广州小斑螟在广西山口红树林国家级自然保护区暴发，导致该区域海榄雌林中 95% 的叶子被食，树木严重枯萎。

5.1.4.4　造林成功率低，经营管理水平有待提升

与陆地相比，红树林生境相当恶劣，潮水浸淹、风浪冲击、生物危害和人为干扰等胁迫因子严重地妨碍红树林幼苗的生长。仅仅照搬陆地造林的成功经验，对胁迫因素忽视或治理对策缺乏，使得我国大面积的红树林造林成活率相当低。尽管我国 2011 年颁布了《红树林建设技术规程》，但造林后抚育管理措施执行不到位，抚育费用缺乏，林地占用滩涂与当地发展海水养殖冲突等原因，使得红树林幼林管护相当困难，甚至荒废。

通常情况下，红树林越繁茂的地方，经济越欠发达，其周边社区居民虽然知道红树林维系着他们的安居乐业，但为解决眼前生计问题，有时不可避免地到红树林滩涂上赶海，甚至毁林建塘养殖。同时，有些当地政府官员认定红树林阻碍了地方经济发展，造林占用滩涂不能开发，加大了招商引资难度，以致他们有意无意地破坏着新造红树林。有时因为红树林涨潮时在海里，退潮时在陆地，各级政府的林业、海洋、水产、环保、土地等部门和村镇都有可能对红树林经营管理水平造成极大影响。因此，当前应不断完善红树林保护管理法规，加大保护红树林生态环境的宣传教育力度；增加科研及造林资金的投入，促进红树林资源的恢复与扩展。

5.1.5　红树林主要造林技术

5.1.5.1　树种选择

根据宜林滩涂立地条件和造林目的选择造林树种。原则上以本土树种为主，如湛江地

区常用的红树林造林树种主要有：秋茄树、红海榄、桐花树和无瓣海桑等。必要时适当选用外来树种，如我国台湾台中县以北宜选择耐寒的秋茄树为主，嘉义县以南地区则选择耐高温环境的木榄、榄李及海茄苳为主。木榄具支持根且较耐淹水环境，可栽植在向海面较深水地区。海茄苳与秋茄树的耐淹性稍差，应栽植在潮间带较靠近内陆的区域。榄李呼吸根不明显，不耐长期淹水，宜栽植在较靠近内陆或河岸旁。台中至嘉义的过渡带则宜混植秋茄树及海茄苳。

5.1.5.2 育苗措施

选择健壮的母树，采摘其成熟、健康、饱满、无受伤的胚轴（或果实）。秋茄树、木榄、红海榄等树种无需育苗，采收成熟胚轴后，直接用胚轴插植进行造林；无瓣海桑需要先育苗，即，采用苗床—营养杯法，选择在 9~11 月或者翌年寒潮过后的 2~3 月，先将种子播种于苗床上，待小苗长至 5~10 cm 时移到营养杯，培育至 40~60 cm 之后出圃。

（1）红树林苗圃建设

红树林苗圃与一般林业苗圃不同，需注意下列条件：①选择潮间带上部或中部能避开大潮淹水的遮蔽缓坡地，并在苗圃周围建立小型堤岸以避开潮水。②红树林属喜光树种，忌放庇荫处培育，苗圃以阳光充足环境较为适合。③苗木培育介质以肥沃的壤土或沙质壤土为佳。④在苗圃设置 1 m 宽的苗床，土质最好为较不透水的黏性土壤。将苗床挖深 20 m 左右，将容器苗排列放苗床内。⑤潮间带苗圃可引天然的潮水进行淹灌，每天淹灌苗床 1~2 次。

（2）果实或胎生苗采集与培育

该技术的实施过程中应该注意的事项有：①各树种果实或胎生苗大量成熟时直接从健壮母树采集，其品质比地面收集的果实质量明显较好。②采集后运送至苗圃或造林地时，应保持微湿并遮阴，以避免高温灼伤。通常情况下，秋茄树与木榄不需在苗圃预先培育，将成熟胎生苗直接插植于造林地即可。海茄苳在适合的环境亦可用直播方式，以节省育苗费用；榄李因果实太小，需预先在苗圃地育苗。若造林地环境恶劣，则各树种需培育 1~2 年生苗木以供更新复育之用。以台湾省为例，不同"胎生"红树植物的育苗方法见表 5-5。

表 5-5 主要"胎生"红树植物的育苗方法的比较

树种	胎生苗特征	胎生苗成熟期	育苗方法
秋茄树	成熟胎生苗长度 15~20 cm，尖端呈红褐色，环状子叶明显增长，手轻扯容易脱落	台湾竹南中港溪以北地区约 3~4 月；台湾南部则为 12 月至翌年 1 月	黑色软盆装入壤土或砂质壤土后，将胎生苗的胚根插植土壤内，插入深度约为胎生苗长度的 1/3。苗床内每日引盐水淹灌 1~2 次，约 7 d 后，胚轴底部的侧根长出，14 d 后叶片展开，成苗率约达 100%
木榄	成熟胚轴长度为 25~35 cm，呈深褐色且有明显皮孔；环状子叶明显较长，胚根白点明显，手轻碰触胚轴即脱落	5~7 月	育苗方法与秋茄树相同
海茄苳	蒴果广椭圆形，成熟时长宽各约 2 cm，果皮颜色由绿转为淡黄色	8~9 月	海茄苳果实浸泡海水半天以脱去果皮，将胚轴的短根部分向下埋入软盆土壤中，子叶则避免埋入以免腐烂。若育苗环境适合，3~5 d 后即可长根，成苗率可达 90%

（续）

树种	胎生苗特征	胎生苗成熟期	育苗方法
榄李	核果具纤维质，宽度为 0.8~1.2 cm，长度为 1.5~2.0 cm。果实成熟时由绿色变成黄绿色，碰触容易脱落	7~8 月	捞取自然成熟掉落的果实，以洗沙网包裹后用手搓揉至外果肉呈糜烂状，以清水冲洗去除果肉。将果实播种在装有蛭石的网格塑胶篮中，再轻铺蛭石将果实覆盖，覆盖厚度以果实的 1.0~1.5 倍为原则。将发芽篮置放自动喷雾设施的沙床上，或每日以人工浇水 2~3 次。一般约 7 d 后即开始发芽，发芽率可达 80% 以上。将子叶出土 2~3 cm 的小苗移植在苗床的软盆内，每天引水灌溉培养苗木

注：引自李明仁，2010。

（3）红树林苗圃的管理作业

①当容器苗根系已经穿出容器底部而深入土中时，这种情况下若移植或换床则容易死亡，因此以培育活力最旺盛的 1 年生苗木出圃为佳。②红树林苗圃因有盐水灌溉，除少数盐性植物外，一般较少杂草发生，定期除草即可。③危害红树林苗木者多为蜘蛛类、毛虫类或介壳虫类等，注意防治。

5.1.5.3 造林方式

选择地势平坦、风浪小、水文、土壤及气候条件适宜，且垃圾、藻类等危害较少的地点较佳，造林前需先清除地上的枯立木及废弃物等，以免影响更新苗木成活。

（1）直插造林方式

秋茄树和木榄可直插成熟胎生苗，其胎生苗成熟的高峰期为最适造林季节。采集成熟繁殖体后立即运送至造林地。根据胎生苗及果实的数量及时调整栽植密度，秋茄树和木榄胎生苗直插间距为 0.5 m×0.5 m 至 1.0 m×1.0 m。

由于直插秋茄树和木榄的胚轴约 7 d 开始生根。因此，最好在大潮刚过 3~4 d，即农历初五或二十进行直插；在下次大潮到达时，胚轴已经生长定根，不易被风浪所动摇、流失。

造林时，先以尖木棍或竹杆插入土壤中，再将胎生苗的一半长度插植于土穴中；插入太浅易被潮水冲走，太深则可能因为沉积物覆盖胚芽而生长不良。

（2）直播造林方式

以海茄苳为例，其果实成熟的高峰期为最适直播季节，采集成熟果实后立即运送至造林地。根据果实的数量及时调整栽植密度，海茄苳果实直播间距可为 0.3 m×0.3 m 或 0.5 m×0.5 m。

一般情况下，直播海茄苳果实在 2~3 d 后开始生根。因此，同直插造林时间一致，应该选择在大潮刚过 3~4 d 为宜。造林时，先用木棒在土壤中划一潜沟，再将果实埋入潜沟中，并轻压土壤表面即可。

（3）容器苗造林方式

若造林地环境及立地条件不适合采用直插或直播方式，则需以 1~2 年生苗木进行栽植。

①适地适树 依据不同树种的耐淹及耐盐特性，选择适当地点栽植，苗木会有最佳成

活率及生长表现。

②栽植季节　春季梅雨季节栽植容器苗较佳，幼苗生长快速且成活率高；忌在炎热夏季栽植，高温会使表土盐度增高，导致苗木死亡率增加。

③栽植距离　因造林目标、造林地面积、立地条件、树种生物学特性及苗龄而有所差异，为避免未来林相稀疏，栽植间距可为 0.5 m×0.5 m 至 1.5 m×1.5 m。

④造林苗木年龄　榄李苗木大约 6 个月即可出圃；其他树种以栽植 1 年生的健壮容器苗为宜。

⑤栽植方法　在大潮后的 3~4 d，将 1~2 年生容器苗移除容器装置之后，直接将苗木植入栽植穴中，覆土压实即可，苗木不需修剪。

⑥避免栽植大苗或大树　因大苗价格较高，且成活率仅 10% 左右，故不宜栽植大苗或大树。

⑦混交栽植　依据各树种的生长特性进行合理混交，可长期维持红树林生态系统的稳定性。

(4)PVC 管栽植法

长时间淹水地区因缺乏幼苗初期生根时所需的土壤，可采用 PVC 管(主要成分为聚氯乙烯)为栽植容器进行造林。为避免 PVC 管可能带来的海洋污染，也常用竹筒代替。

①适用地区　淹水高度为 50~150 cm 的区域，若淹水过高、浪潮冲击大、垃圾及漂流物多的地区则不适用。

②适用树种　仅能选择耐淹水且有支柱根的红树林植物，如木榄、红海榄和正红树等其他不具该根系形态特征的树种不适用。

③栽植方法　以海水及阳光暴晒 2~3 a 后易于碎裂的 PVC 管为材料，直径 10 cm，长度则视造林地淹水深度而定，以管口需高于大潮时的最高淹水高度为准。将 PVC 管切成适当高度后，在管上钻 5~10 个小孔，以利管内于外界水分交换。较短的 PVC 管则可切纵线，以利未来根系伸展撑开。浅水区域的 PVC 管插入土中深度为 20 cm，深水区域则为 50 cm，各管间距为 1.5 m×1.5 m。退潮时直接挖取表层土壤(最好是客土)填入 PVC 管后，将 6 个月至 1 年生的健壮木榄、红海榄等胎生苗栽植在 PVC 管上方，使胎生苗能充分接受阳光照射。

5.1.5.4　及时补植

记录苗木的死亡状况，了解苗木无法成活的原因，随时加以补植。在造林后半年内及时补植 1~2 次，2~3 a 内应对幼林每年进行复查。掌握红树林幼林的保存率及幼林生长情况，或采取再补植 1 次，或修订幼林抚育保护计划及措施。

5.2　柽柳林造林技术

柽柳，又称垂丝柳、西河柳、西湖柳、红柳、阴柳。高 3~8 m。喜生于河流冲积平原，高度耐盐碱、水湿和干旱贫瘠，可抵抗强风，能在含盐量 1% 的重盐碱地上生长，是盐碱地的重要生态造林树种，常见于海滨沙地、河岸、湿地、滩涂。具有深根性，根冠比大，侧根较多，比较适合在河道较近、水位较浅的生境中生长。侧根异常发达有助于在幼苗固定后防止被后期的洪水冲走，主根往往伸到地下水层，最深可达 10 m。柽柳还耐修剪和刈割，萌芽力强，花期长，可用作园林景观植物。生长较快，速生期年生长量可达 50~80 cm，4~5 年生即可大量开花结实，树龄可达百年以上。广泛分布于辽宁、河北、河南、山东、江苏(北部)、安徽(北部)等地。

柽柳是滨海湿地植被中的典型物种，多生长在潮间带和潮上带，在保护海岸、改良滩涂等方面发挥着巨大的作用。据我国沿海防护林体系建设工程规划统计资料(2016—2025年)，我国沿海现有柽柳成林面积 3 000 hm²，主要分布于渤海湾泥质海岸等地。国民经济与社会发展"十三五"规划明确提出实施"南红北柳"湿地修复工程，凸显了柽柳在滨海湿地保护中的核心作用。

5.2.1　柽柳的生长条件

5.2.1.1　种群密度

柽柳林的种群密度会影响种群的生长发育，进而对柽柳林的生态调节功能有所影响。例如，在山东莱州湾南岸的滨海湿地的 8 年生柽柳林群落，与低密度(2 400 株/hm²)和高密度(4 400 株/hm²)相比，中等密度(3 700 株/hm²)条件下柽柳林的树高和冠幅生长状态最佳(表5-6)，且土壤饱和蓄水量、吸持蓄水量、滞留蓄水量及涵蓄降水量等调蓄功能指标和水分调节能力均最强，其次为高密度林，而低密度林分最差。

表 5-6　不同密度柽柳林分生长状况的比较

林分密度(株/hm²)	平均树高(m)	平均基径(cm)	平均冠幅(m)	郁闭度
2 400	1. 57	2. 23	1. 24	0. 45
3 700	1. 89	2. 18	1. 27	0. 86
4 400	1. 83	2. 12	0. 98	0. 95

注：引自夏江宝等，2012。

5.2.1.2　立地环境

柽柳作为一种滨海适生植物，是黄河三角洲盐碱类湿地的建群种，但对不同水深环境的适应性生存能力也会有明显的差异。有学者认为水深−1. 55 m 可能是黄河三角洲湿地柽柳种群分布格局的一个阈值。在水深较低、常年无淹水的地区，以柽柳、补血草(*Limonium sinense*)、碱蓬(*Suaeda glauca*)等为优势种，柽柳盖度较高，可高达 50%~60%；随着水深的提高，逐渐演变为以芦苇和盐地碱蓬为优势种的植物群落，柽柳盖度较低，为 10%~30%；在常年积水较深的地区，柽柳的盖度则低于 5%。长期淹水是导致幼龄柽柳死亡的主要原因；而且随着水深的增长，柽柳同其他湿生或水生植物的竞争能力大大减弱，从而限制其生长繁殖能力(贺强等，2008)。

通过对柽柳灌丛样地距海远近、地下水水位、土壤盐碱状况、土壤容重、孔隙度、pH 值、含水量等基本物理参数以及土壤有机质、速效氮、速效磷、速效钾和 Na⁺等 13 个环境因子参数进行相关性和主成分分析，研究得出：土壤盐碱状况是影响黄河三角洲莱州湾柽柳灌丛分布的主要影响因素；其次是距海距离，随着向海方向距离海岸越远，柽柳分布的可能性越小；而土壤速效磷和潜水埋深对其影响相对较小（夏江宝等，2016）。

5.2.2 柽柳林的生态意义

5.2.2.1 防风抗旱

在自然环境中，以柽柳为主组成的种群，具有明显的抗沙压、防风蚀的效应。柽柳根系庞大，主、侧根都极发达，根系分蘖能力强，沙压时能产生大量不定根。柽柳阻沙能力强，植株被沙埋后，被埋枝条上能很快生出不定根，地上萌发更多新枝，阻挡风沙。当柽柳林平均树高达到 1.5 m、盖度 45%时，就对海风具有较强的抵御能力。

柽柳的叶片退化成鳞片状，小而密集，表皮有厚的角质层，其外部表面积和体积比值小，能够使暴露在大气中的表面积明显减少但可保障光合作用的有效面积。叶表面部分气孔下陷并形成气孔窝，可有效减少水分散失，气孔在高温强光照射下关闭，这种光合作用的模式可以减少蒸腾，提高其抗旱性。对柽柳体内耐旱相关基因分析结果表明，柽柳的抗旱过程是一个复杂的多基因协同作用体系，涉及防御反应、基因调控、信号传导、离子转运、活性氧清除、渗透调节、应激反应等多方面的综合作用。

5.2.2.2 耐盐泌盐

柽柳属植物种子有一定的抗盐萌发能力。在对柽柳种子萌发受不同浓度盐分、光照及温度影响的研究中，发现在高达 0.25%的盐水中柽柳种子能够萌发，但在 0.5%的盐水中不能萌发。盐腺是泌盐盐生植物为适应盐渍环境而特化的结构，主要位于植物的茎、叶表面。柽柳根部能大量吸收盐分，叶子和嫩枝可以将吸收的体内过多的盐分通过盐腺排出体外，有效降低体内盐分，从而适应盐渍生境。同时通过收割枝条及枝柴，也能带走部分盐分。从而降低土壤含盐量，发挥改良盐碱地的作用。

柽柳在含盐量 0.5%的盐碱土上，插条能正常出苗；在含盐量 0.8%~1.2%的重盐碱土上，能植苗造林；在含盐量高达 2.5%以上，仍可旺盛地生长。采用盆栽控盐（氯化钠溶液）方法，以柽柳、竹柳（*Salix maizhokunggarensis*）、沙柳、杜梨等 16 个树种幼苗为材料，对盐胁迫下各树种的生长表现和丙二醛、超氧歧化酶、可溶性盐等生理特性进行研究发现，柽柳具有较强耐盐能力（杨升等，2012）。

5.2.2.3 固坡护埂

柽柳耐瘠薄、抗水湿，在多数北方树种较难成活的瘠薄荒坡，仍能健壮生长而不衰；在河边滩地和下湿沟底，即使排水不良，也能良好生长。在沟坎与坡耕地上种植柽柳，可大大减少暴雨和径流的冲刷，具有十分显著的防护、水土保持作用。同时，由于其根深达数米，不与粮田争水肥，大量的枯枝落叶可改良土壤的理化性质，防止暴雨冲刷地表，减少土壤水分蒸发，更具改土护埂的生态功能。

5.2.2.4 美化环境

柽柳属植物部分种具有优美的树姿，美丽的花穗，花期长、花量大（一年开花 3 次）、花质好、花色美，是很好的蜜源植物和观赏植物，再加上其耐修剪的特性，可将其修剪成各种形状，惟妙惟肖，极具特色，是庭院绿化、园林应用前景十分广阔的优良灌木。柽柳属植物还具有吸收污染物和有毒物质、吸附烟雾和尘埃物质的能力，在一个生长季节内经受 1~2 次浓度较高的有害气体的危害后仍能够恢复生长或微有小枝丛生。因此，在城市、交通沿线及工矿厂区栽植柽柳，能起到绿化环境、净化空气、美化人们生活、改善生态环境的作用；在盐碱滩涂及沙荒土地上，大力发展柽柳林，使过去的不毛之地披上绿装，可促进植被恢复、生态平衡。

5.2.3　柽柳林的造林技术

5.2.3.1　栽植技术

①植苗造林　在秋季或春季栽植截干苗。栽后踏实，保墒。雨季应及时排涝。

②插条造林　在土壤湿润的地方可以冬、春或雨季扦插。选 1 年生健壮萌条，径粗 1 cm 左右，截成 30 cm 长的插穗，竖直插入整好的穴中，每穴"品"字形或正方形插条 3~4 根，株距 30 cm 左右。

③播种造林　在春季或夏季均可，宜在大雨过后 1~2 d 内播种。播种量每公顷 7.0~8.0 kg(带果壳)。出苗前如遇大雨冲埋，应进行补播。

5.2.3.2　造林密度

植苗造林密度 10 000~20 000 丛/hm²，插条造林密度 20 000~30 000 丛/hm²。

5.2.3.3　配置方式

可采用篱式、丛状、团块状或行状等配置形式。

5.2.3.4　造林及经营管理

虽然柽柳栽培极易成活，对土质要求不严，但栽植之后仍需注意抚育管理。在柽柳林栽植管理中，除了通过改善微地形地貌来控制地下水水位之外，更应注意采用植被恢复措施来达到降盐抑碱作用和提高土壤速效养分的效果，为柽柳幼苗的生长提供良好的生境。在大面积栽植以采条或防风固沙目的时，应注意保护芽条健壮生长，适当疏剪细弱冗枝，冬季适当培土根基。注意病虫害的及时防治。

5.3　消浪草带营造技术

自然分布的一些草带可以起到消浪作用，但盲目引进消浪草种很可能会对引种地造成生态环境潜在危害，甚者可能成为生物入侵植物，如大米草、互花米草等。因此，在营造消浪草带时，应大力发展本地乡土植物，如芦苇等，或者采用一些仿生草加以利用。仿生草防护技术是基于海洋仿生学原理而开发研制的一种海底防冲刷技术，1983 年由英国发明制造的海床冲刷控制系统(seabed scour control systems)，经过多年的不断研究与改进，已成为一种成熟的技术。仿生草是采用耐海水浸泡、抗长期冲刷的新型高分子材料(聚乙烯和聚丙烯)制成的塑料制品，通过将其安置并固定于需要防止或控制的海底位置，当海底水流流经该区域，利用仿生草的黏性阻尼(viscous damping)作用，降低海底水流的速度，减缓海水的冲刷，同时促进海底泥沙的淤积，从而达到预防和治理海底冲刷的目的。但仿生草的缓流作用与水深存在一定关系，试验得出在仿生草高 1.25 m、水深 4 m 的情况下，仿生草缓流作用最好。而且仿生草的消浪特性与草的高度和铺设长度成正比，当仿生草高 12.5 cm、水深 0.6 m 时仿生草对波高几乎没有影响，只有当水深很浅时仿生草波高衰减特性才会体现出来(孟强等,2014)。以下主要以芦苇、大米草等植物在消浪、防风方面的运用及发展情况进行概述。

5.3.1 芦　苇

芦苇作为典型的繁殖能力超强的多年生禾本科植物,是沿海湿地生态系统植物群落中的优势种。近年来,芦苇种群在欧洲湿地急剧衰退,以及在北美湿地不可逆的扩大促使芦苇研究成为焦点问题之一。目前普遍认为这是环境条件(如水深、土壤、气候、盐度等)和遗传条件共同作用的结果。芦苇的高生产力、养分截留能力,以及对污染物和河流的净化能力,均有利于稳定和保护湿地生态系统,其生态价值显著(闫明等,2010)。

5.3.1.1 芦苇生态学习性

(1)芦苇生物学特性

芦苇广泛分布于世界各地,生态幅宽广,适生于不同生境类型(Chambers 等,1999)。芦苇属多年生禾本科挺水草本植物,有较强的适应性和抗逆性,生长季节长,生长快、产量高,是滨海滩涂、湖泊、沼泽、河口等浅水湿地生态系统的优势种(图5-5、图5-6)。这是由于芦苇体内具有发达的通气组织可将地上部分光合作用产生的氧气向地下部分运输,为根区微生物提供充足的氧气(李林鑫等,2019);另外,芦苇可通过调节叶片溶质渗透水平以适应高盐环境。因此,芦苇在水深、盐度及极端气候等不同环境条件下,均能通过形态生理特征的变化来维持较高的繁殖能力(庄瑶等,2010)。

图5-5　湿地芦苇的器官形态特征　　　　　图5-6　湿地芦苇种群的生长情况

(2)芦苇对水淹环境的适应途径

与陆地环境相比,水生环境明显促进芦苇地上部的生长及生物量积累。稳定水位中的芦苇比变动水位中的芦苇生长较快,但适当的水位波动对芦苇的生长有积极影响,这是由于不断变化的水位会直接影响植株地下部分的 O_2 供应和 C 平衡,从而对芦苇的生长产生刺激加速的作用。然而,湿地水位的高低对芦苇的生长也会产生显著影响,深水处的芦苇会通过茎秆增高、生物量增多和种群密度减小等途径适应逆境,从形态上看,比浅水处生长的芦苇显得高大粗壮,这样利于获取更多的 CO_2 和光照以进行光合作用,并加速外界空气与地下部分气体进行有效交换,其粗壮枝秆可有效减缓水体波动对其造成折断的物理损伤(马霄华等,2018)。

表 5-7　不同生境芦苇根系显微结构指标的比较

生境	导管面积（μm²）	皮层面积（μm²）	维管束面积（μm²）	维管束直径（μm）	皮层溶解度（%）
水生	0.003±0.002A	0.49±0.11A	0.14±0.10A	0.8±0.3A	0.5±0.1A
陆生	0.001±0.001B	0.16±0.08B	0.02±0.01B	0.5±0.1A	0.3±0.1B

注：表中数据为（平均值±标准误差）不同大写字母表示有差异显著（$P<0.05$）。

　　从不同生境芦苇根系解剖结构的差异来看，水生环境下芦苇根系导管面积、皮层面积、维管束面积和皮层溶解度均显著大于陆生环境，皮层比和维管比则反之（$P<0.05$）（表5-7）。此外，维管束直径与导管比虽存在一定差异但未达显著水平（李林鑫等，2019）。

　　由图5-7、图5-8可见，水生环境下芦苇根系内皮层细胞紧密，体积小，而靠近内皮层的细胞排列不规则，呈椭圆状，凯氏带分布明显，有通道细胞分布并且增厚、皮层溶解较多，表皮细胞一层且角质层较薄。相比较而言，在陆生环境条件下，芦苇根系皮层细胞排列规则，呈辐射状，而且组成内皮层的细胞排列也比较规则；靠近内皮层的细胞排列紧密，呈扁平状，内壁也有加厚的现象，皮层溶解面积较小，甚至部分根系未见皮层细胞溶解（李林鑫等，2019）。

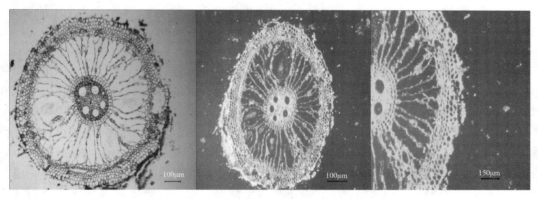

图 5-7　水生环境下芦苇根系解剖结构

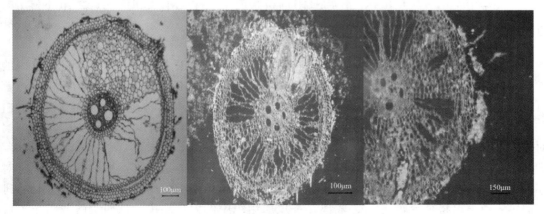

图 5-8　陆生环境下芦苇根系解剖结构

(3)芦苇对盐胁迫环境的适应性

由于沿海地区水体盐度较高，芦苇常常会遭遇生长环境中水淹与高盐的协同胁迫。在盐胁迫条件下，芦苇可通过增强细胞膜的平衡稳定和膜功能，以及加快吸水速率，促进幼苗体内生理生化代谢，增强其生长和生物量积累能力，最终提高了耐盐性；同时，芦苇可通过调控渗透压的有关物质和降低超氧化物阴离子产生速率以降低盐分对植物生长的毒害作用(王铁良等，2008)。可见，芦苇是运用生态措施改良沿海地区土壤盐渍化的较优植物，有待深入开发利用。

5.3.1.2 芦苇的生态功能

(1)抗风消浪

在沿海区域芦苇生长宽度达 300 m 以上，即可有效地减小风速和风浪浪高。这是由于芦苇生长密集、秆径粗壮、植株高大的生长特点，在减小流速的同时阻挡了风浪；加之其纵横交错根状茎形成的强大地下网络系统，以及根茎节上延伸出大量的不定根，使得整个根部生命力顽强，可有效起到固土作用，从而大大提高了沿海堤岸边坡的稳定性和抗冲刷能力。另一方面，芦苇可有效拦截泥沙并使其沉积，在促淤消浪的同时，还可逐渐扩大海滩面积，一定程度上可确保岸堤的安全。除此之外，芦苇根茎叶的茂密生长不仅增加了土壤的有机质含量，同时改善了土壤结构，从而增加了土壤的抗侵蚀能力(任璘婧等，2014)。

(2)净化水质

随着当前社会经济的快速发展，大量有毒物质随着河流排入海洋，严重污染了海岸的生态环境。我国又是一个水资源相对缺乏的国家，且水质污染严重、富营养化，以及水资源浪费等问题突出。如何合理开发利用和有效保护水资源，以及污水净化再利用等问题亟待有效解决。芦苇根际是一种特殊的生态环境，可以提供充足的营养物质给微生物群落，增强其生物活性，加速污水中有机质的分解。芦苇对污水中的氮素的去除主要通过微生物的硝化作用和反硝化作用，对磷素的去除主要是通过微生物的吸收同化作用共同完成的(Rickerl et al.，2000)。通常情况下，芦苇吸收富营养元素、污染物质等净化效果与其生物量积累量成正比。氟离子作为水体中常见的污染物，也容易被芦苇吸收降解。可见，芦苇在秋冬季节干枯后大量堆积，作为吸附剂材料能有效净化水质和体现资源循环利用的价值。

(3)吸附重金属

重金属对植物有强烈的毒害作用，但有些植物可通过改变根系所吸收重金属在体内的贮存形态及分配格局，以抵抗重金属毒害胁迫。芦苇对镉(Cd)污染具一定的耐性，芦苇可将吸收的 Cd 含量储存于根部，并通过体内代谢作用，与重金属迅速合成金属螯合蛋白和植物络合素，形成无毒化合物，从而大大降低了细胞质中 Cd 浓度，从而减轻该重金属对地上部分及根系的毒害作用，这对处理富含 Cd 的污水具有重要实践价值(江行玉等，2003)。与芦苇抗 Cd 污染的策略相似，芦苇有抑制铅(Pb)向地上部运输的同时，通过对体内 Pb 的螯合作用形成铅结合蛋白，从而降低其对组织细胞的伤害。苏芳莉等(2017)研究揭示了芦苇可将重金属铜(Cu)隔离在根皮层组织中的内皮层中，从而缓解或阻止了重金属元素向芦苇其他组织运移。

　　然而，芦苇抗金属污染的原理机制需要更多的研究去验证，同时增加芦苇对重金属吸收富集与抗性机制之间的关系研究，从而积极发挥芦苇在生态建设中重金属植物修复的作用，充分发挥其自然价值，为芦苇生态应用的推广提供科学依据。

　　综上可见，芦苇对沿海湿地环境适应性强，可很快形成芦苇群落，对生态护坡、保持水土、促淤消浪、净化水质效果显著，生态效益和经济效益明显，可作为逆境中恢复植被的优势种进行推广应用。然而，芦苇长期处于野生状态，人们对芦苇的认知和研究相对较迟，目前集中于生态治理方面。今后对于芦苇生态功能的研究仍有待加深，应不断从形态结构延伸至分子细胞学层面。芦苇为湿地先锋草本植物，环境条件对其影响是直接结果，不能忽视基因条件对其影响，应加强芦苇优良基因型的深入挖掘及研究。还有，芦苇因为其耐湿耐盐适应性强等特性，在沿海防护林体系中位于第一道防线(促淤造陆消浪林带)起着关键性的作用，可布设在潮上带和潮间带，以最大程度达到促淤、消浪、造陆和保堤的效果。因此，如何进一步提升芦苇在沿海防护林中的应用，这是未来很长一段时间内的研究重点和热点。

5.3.1.3　芦苇的培育繁殖

　　为利用芦苇种群优势，加速湿地退化生态系统的植被恢复，生产实践中可利用种苗培育进行有性繁殖，也可通过挖取芦苇根状茎进行无性繁殖。从整地、栽植及灌溉、病虫害防治等环节对芦苇人工栽植关键技术进行了归纳总结，认为栽培后 5~8 月是芦苇的速生期，应及时进行抚育管理(刘贤德等，2012)。为加速芦苇种质资源繁育过程，芦苇组培快繁时，采用浓度配比为 IBA 1.0 mg/L、6-BA 0.04 mg/L 的培养基有利于组织生根，待试管苗长到 6~7 cm 时移栽育苗。总之，我们应该采用科学合理的培育繁殖技术，促进芦苇在退化湿地生态系统植被恢复工作的广泛应用(周晓燕等，2015)。

5.3.2　米草属植物

　　米草属($Spartina$)隶属于禾本科($Gramineae$)虎尾草族，全球共有 17 个种，均为多年生盐沼植物，原产于美国沿岸、欧洲和非洲北部，多数生长于滨海盐沼和河口区域。米草属植物在其原产地盐沼中是常见的优势种，在被无意或有意引入其他地区后，7 种米草具有很强的入侵性。基于保滩护岸、促淤造陆及改良土壤等目的，我国共引入了 4 种米草，分别是大米草($S. anglica$)、互花米草($S. alterniflora$)、狐米草($S. patens$)、大绳草($S. cynosuriodes$)。大绳草和狐米草的生态位一般在潮上带，没有入侵性，其地上部分含盐量小，被作为牧草推广，分布区域和范围全部受人工控制。大米草主要生长在潮间带上部，植株矮小，分布稀疏，在我国海岸带区域退化严重，面积呈不断缩减的趋势。互花米草于 1979 年被引入我国，具有极强的耐盐、耐淹和繁殖能力，在我国海岸带快速蔓延，对大部分沿海滩涂湿地的生物多样性维持等生态安全构成严重威胁，成为我国沿海滩涂危害性最强的入侵植物。2003 年初，国家环保总局和中国科学院联合发布了首批入侵我国的 16 种外来入侵种名单，互花米草作为唯一的盐沼植物名列其中(谢宝华等，2018)。

5.3.2.1　大米草

　　大米草是一种多年生禾本科水生植物，原产英国南海岸，是欧洲海岸米草和美洲互花米草的自然杂交种，它具有耐盐、耐淹、耐贫瘠、根系发达、无性繁殖力强和适应性广等特点，主要分布在欧洲、美洲、亚洲、大洋洲温带和亚热带地区的海涂。

关于大米草的最早记录，始于 1666 年 Merrett 对英国海岸米草的描述。我国是 20 世纪 60 年代初开始对大米草进行研究的，1963 年南京大学仲崇信教授率先从英国引种大米草在江苏省海涂试种并获得成功，1964 年引种于浙江省沿海各县、市，1980 年引种到福建省，之后逐渐被其他沿海省（自治区、直辖市）引种繁殖并取得成功。随后南京大学米草及海滩开发研究所成立，目的是进一步推动全国大米草的发展。1983 年，在全国生态规划会议上，审定了用大米草改造 333 hm² 沼泽地及江苏省滨海县废河口保滩护堤等工程，主要进行大米草在保滩护堤方面的效果研究。1992 年大米草被引入贵州省，主要用于对生活污水处理方面的研究（张敏等，2003）。

然而，随着 1979 年互花米草的引入及其在海岸带大面积的扩张，自 20 世纪 90 年代以来，大米草在中国海岸带分布面积有所减少，植株矮化，有性繁殖率低下，表现出了严重的自然衰退，但在欧洲及其他许多地方它仍属入侵性很强的物种。在自然盐沼生态系统中，互花米草有极高的繁殖系数及强大的造淤能力，能够在我国海岸迅速扩张与繁殖，并且使得海岸的淤积程度不断加深。土层深度越来越大，已逐渐超过了大米草的最佳淤积状态。据研究，黏土相对于混合土更有利于大米草种群的生长，且淤积株高 1/2 为大米草种群较适宜的淤积深度（刘琳等，2016）。还有，随着湿地土壤的各项养分指标、通透性及保水性明显下降，土壤生态化学性质发生明显的变化。这在一定程度上抑制了大米草种群的生长及繁殖。此外，在我国海岸带，大米草由于花粉活力降低、花粉管伸长受阻导致有性繁殖能力低下，其种子实生苗比例较低。大米草种群生长主要依赖克隆苗，因此克隆苗对土壤质地及淤积深度的响应，以及其他环境因素的协同作用如淹水时间、淹水梯度等，最终可能引起其种群的自然衰退。

大米草曾经在我国海滩生态环境中发挥了重要作用，不但对促淤造陆、防止海涂侵蚀、保护海岸，吸收、转化和降低水中营养物和有毒污染物含量，提高水质等方面起着极其重要的作用，而且为野生动物提供了栖息、繁衍、迁徙和越冬的场所，总体上表现出了显著的生态效益。但也因为其较强的繁殖能力，一度被认为是生态入侵植物，特别是影响了沿海滩涂的水产养殖。从目前来看，大米草最适宜生长的环境是在潮间带，只要生长环境有较大变化就会有效遏制其繁殖及生长能力。例如，在潮上带一旦围垦，大米草即会自行消失。

有学者认为可以通过采取适当的工程措施及生物措施促淤，合理改变土壤质地（如改变黏土与砂土的比例关系）及控制土层深度过度减少或增加淤积深度来控制大米草种群的衰退或者暴发，以此来有效管理我国海岸带大米草的合理分布（刘琳等，2016）。有关大米草功过的客观评价，还有待于国内外专家的进一步深入研究。

5.3.2.2　互花米草

1979 年，我国又从美国引进南方高秆型的互花米草，株高 1.5~2.5 m，最高可达 3 m，根系发达，在抗风消浪、保滩护岸、促淤造陆等方面的能力尤甚。本种原产北美洲中纬度海岸潮间带，北自加拿大魁北克沿大西洋海岸直达美国佛罗里达州及得克萨斯州均有分布（唐廷贵等，2003）。引进我国的互花米草在南京大学植物园试种成功后，于 1980 年移植到福建罗源湾，待种子成熟后再在沿海各地滩涂上多点引种。现今，在天津、山东、江苏、上海、浙江、福建、广东、广西和海南等多个沿海省(自治区、直辖市)均有分布，其暴发规模远大于世界上其他地区。互花米草在中国东南沿海各地的暴发已成为近年来我国有关生物入侵问题中争论的焦点。

目前，互花米草已在我国沿海不少地区快速扩散，形成了单一外来入侵优势群落，侵占面积逐年扩大(Liu *et al.*，2017)。据推测，互花米草适宜分布区占我国沿海区域的85%，其中高度适宜分布区占18%，中度适宜分布区占34%，低度适宜分布区占33%，不适宜分布区仅为15%(张丹华等，2019)。互花米草种群的快速扩展给当地自然生态系统、生物多样性、资源环境和生态安全等带来一系列负面影响。例如，目前黄河口著名景观"红地毯"(碱蓬)有近50%被互花米草占据了。针对互花米草入侵带来的一系列后果，国内采取了各种手段来控制其生长蔓延，如人工刈割、挖掘、火烧、使用除草剂及生物替代等，但效果都不是很好。

我国引进互花米草种植至今，从以前的积极作用已被现在的负面影响所取代，成为全国性的"害草"，但它在保堤、促淤、造陆方面确实发挥了积极作用。目前，有关互花米草这一生物入侵的生态后果及其评价的研究仍有较多报道，旨在更为科学地管理和合理利用海岸带湿地资源，以实现海岸带可持续发展(谢宝华等，2018)。

复习思考题

1. 简要说说红树林植物的广义与狭义概念的区别。
2. 红树林植物对沿海逆境的适应策略是什么？
3. 简述我国红树林海岸面临主要问题及对策。
4. 简述柽柳林海岸的生态学意义。
5. 简述芦苇在沿海防护林体系中的重要性。
6. 如何理解我国引种米草属植物的现实意义？并对其进行科学评价。

第6章

沿海基干林带的营造

【本章提要】

本章在充分认识我国沿海基干林带体系建设状况、问题及对策的基础上，对造林树种选择、造林密度、合理整地、合理混交及科学造林等方面在沿海基干林带营造的基本理论及实践技术体系进行总结，这对我国现阶段大力推进沿海防护林体系建设具有极为重要的现实意义。

沿海基干林带(coastal backbone forest belt of protection)是指位于高潮水位以上，沿海岸线由人工栽植或天然形成的乔、灌木树种构成具有一定宽度的防护林带。沿海基干林带的走向应与海岸线一致，是在沿海消浪林带(沿海防护林体系"第一道防线")建设的基础上向陆地方向延伸而来，属于沿海防护林体系中的"第二道防线"，对进一步防御和减轻登陆台风引起的海潮、暴雨和泥石流、土壤沙化和盐碱化、水土流失等危害，以及提升沿海防护林体系整体防护功能具有重要作用。因此，沿海基干林带是沿海防护林体系的核心，是确保沿海地区人民生存和经济发展的生命线。为增强海岸基干林带的防灾减灾功能，我们常在海岸基干林带的海岸内侧陆地营建纵深防护林，作为沿海防护林体系的"第三道防线"。

我国现有沿海基干林带长度约为 $1.2×10^4$ km、面积 $22.1×10^4$ hm²，其中灾损基干林带面积大约 $5.3×10^4$ hm²、老化基干林带 $8.2×10^4$ hm²。根据《全国沿海防护林体系建设工程规划(2016—2025年)》的建设目标：规划人工造林面积 $8.4×10^4$ m²，灾损基干林带修复面积 $5.2×10^4$ hm²，老化基干林带更新面积 $8.1×10^4$ hm²。也就是对达不到上述标准宽度的林带、断带缺口地段以及新围垦区范围进行加宽、填空补缺或重新造林，对规划建设范围内的农地、鱼塘，要通过政府引导，采取征地或租地造林方式优先安排实施退塘(耕)造林，逐步建成多树种混交、林分结构稳定的海岸防护林带。逐步将基干林带建设成多树种混交、林分结构稳定的海岸防护林带，以提升基干林带的建设质量。因此，本章内容主要针对沿海基干林带造林地环境特点及立地条件，对其造林技术体系的树种选择、密度配置、整地方法等重要环节分别进行论述。

6.1　造林树种选择

当前沿海基干林带的树种结构还不够合理，多以杨树、相思树、松类和木麻黄等单一树种的纯林为主，且多数林分已进入过熟年龄阶段，导致基干林带整体防护功能相对较低。例如，自 20 世纪 80 年代以来，我国东南沿海大面积滨海沙地的海岸防护林造林树种多以木麻黄为主，且大多数为木麻黄人工纯林。这种林分结构单一，生物多样性和稳定性相对较差，而且防护效果会逐年减弱。因此，人们已经意识到应该努力加强沿海防护林的建设，特别是在树种选择上应该加大力度。为做好沿海防护林体系树种选择，应遵循适地适树与因地制宜相结合、外来树种与乡土树种并重、生态防护型与景观经济型兼顾 3 种途径。

6.1.1　适地适树与因地制宜相结合

适地适树，根据造林目的和造林地的立地条件，选择最能适宜该造林地生长又能发挥最佳效益的树种来造林。通常情况下，对于立地条件比较好的造林地，往往适宜造林的树种种类非常丰富，很多树种都可以在这样的立地条件下生长良好，发挥其最佳效益，因此选择适宜的造林树种相对比较容易。然而，对于那些立地条件恶劣，原有树种生长较差，甚至没有树木覆盖的困难造林区域，则需要我们科学选择造林树种，使这些地方先绿化再提高，最终达到预期的造林目的，发挥最佳的效益。有关不同气候带沙质、泥质和岩质等海岸适生树种的选择参见第 4 章 4.1 节详细介绍。

其实，"地"和"树"是矛盾统一体的两个对立面，"地"和"树"之间既不可能有绝对的融洽和适应，也不可能达到永久的平衡（翟明普等，2016）。这是因为选择适宜树种进行造林之后，随着造林树种所形成林分的不断发育，进而影响了林内环境条件、林下植被、凋落物层和微生物群落等特性，使得原来"地"的土壤结构、水分、养分条件等环境生态因子会随着植被的恢复得到一定程度的改善；同时，这些不断得以改善的环境因子也为植被的次生演替提供了良好的立地条件，从而对退化生态系统的恢复和重建具良好促进作用的条件逐渐发生改变。特别是沿海造林区域的立地条件较差，很容易因为植被的变化而发生较大改变。因此，掌握植被恢复过程与环境生态因子之间的互作关系，对指导脆弱生态系统的改善与重建具重要指导意义。

可见，适地适树是因地制宜原则在造林树种选择上的体现，是造林工作的一项基本原则。因地制宜就是要求我们根据林地不断变化的实际情况，相应地改变营林策略，及时调整林分树种结构，不断创新性完善其造林技术，这样才能保证沿海基干林带的可持续发展。

6.1.2　外来树种与乡土树种并重

沿海基干林带造林树种首先要面临强风、盐碱、淡水缺乏和土壤贫瘠等逆境条件，这就要求我们选择的造林树种应具备生长快、根系深广发达、树形高大、树干坚韧、树冠繁

表 6-1　我国沿海基干林带的主要外来树种

树种	学名	原产地	现栽植地	特点
木麻黄	*Casuarina equisetifolia*	澳大利亚和太平洋岛屿	广西、广东、福建、海南和台湾等地	耐干旱、抗风沙和耐盐碱等
湿地松	*Pinus elliottii*	美国东南部暖带潮湿的低海拔地区	浙江、江苏、福建、广东、广西和台湾等地	耐水湿
黑松	*Pinus thunbergii*	原产日本及朝鲜南部海岸地区	山东、江苏及浙江沿海地区	抗风、耐贫瘠
池杉	*Taxodium ascendens*	原产北美东南部	江苏、浙江等地	耐水湿
落羽杉	*Taxodium distichum*	原产北美东南部	广州、浙江、上海、江苏等地	耐水湿
大叶相思	*Acacia auriculiformis*	原产澳大利亚北部及新西兰	广东、广西、福建和海南等地	耐干旱、耐贫瘠，萌生力极强

茂、寿命长、防护效能高等特点。由于我国沿海防护林建设起步较晚，主要是通过引进国外一些适合生长于沿海区域的树种，快速营造基干林带。例如，木麻黄、湿地松、黑松等（表 6-1）。

　　为了更为广泛地运用引种树种，常常需要进行驯化。例如，我国自 20 世纪 50 年代从国外引进木麻黄，目前已拥有人工林 $30×10^4$ hm²（仲崇禄等，2005）。短枝木麻黄（*Casuarina equisetifolia*）、细枝木麻黄（*C. cunninghamiana*）、粗枝木麻黄（*C. glauca*）和山地木麻黄（*C. junghuhniana*）是我国人工栽培面积较为广泛的 4 个种。木麻黄植物对我国沿海陆地生态系统的恢复、沿海自然灾害的防御、贫瘠沿海沙地和严重退化的南方山区丘陵地区的土壤改良等均有重要作用，特别在沿海前沿沙质地带仍是无可替代的树种。浙江省自 20 世纪 60 年代开始向台州、宁波、舟山沿海地区引种，短枝木麻黄已经成为浙江省海岸线的重要防护林树种。然而，木麻黄生长适温在 22.1～26.9 ℃，耐寒性较差。引种的木麻黄常遭受较严重冻害，给沿海防护林建设造成较大损失。低温冻害已成为了扩大木麻黄种植范围和推进沿海防护林建设的主要制约因素。因此，研究木麻黄的耐寒机制和性能，提高木麻黄的耐寒适应性，推进木麻黄耐寒品种的选育，是当前沿海防护林工程建设中迫切需要解决的瓶颈问题。

　　植物引种（plant introduction）是指把某种植物或特定品系迁移至其原分布区以外的地区进行种植，以满足人们生产、生活需求的过程。根据引种的难易程度可以分为简单引种和驯化引种。①简单引种，是指植物本身的适应性广，或者是原分布区与引入地区的自然条件差异较小，以致不改变遗传性也能适应新的环境条件，并能正常开花结实。②驯化引种，是指植物本身的适应性很窄，或者是原分布区与引入地区的自然条件差异很大，以致于必须采用杂交、诱变及选择等措施来改变植物的遗传性才能适应新的环境条件，并正常开花结实。例如，尾巨桉是尾叶桉（*E. urophylla*）与巨桉（*E. grandis*）的杂交品种，其生长速度更快。

　　因此，植物驯化（plant domestication）是指人们把野生植物引入栽培之后，导致一个新物种或群体分化起源的协同进化过程。植物驯化对人类的生存具有至关重要的作用。早在距今约 1.2 万年前（中石器时代晚期至新石器时代早期），人类就有意识地将有些野生植物进行人为培植，作为食物和纤维的主要来源（郑殿升等，2012；Purugganan，2019）。达尔文将驯化的物种作为进化的早期模型，强调了它们的变异和选择在物种分化中的关键作用。在过去的数十年里，植物遗传学、基因组学和古植物学的不断发展，给古老的正统观念带来了挑战，也给植物驯化和多样化带来了新的视角。一般来说，驯化是一个漫长的过程，无意识（自然）选择起着突出的作用，种间杂交可能是植物物种多样性和范围扩大的重要机制，以及多个物种间的相似基因是驯化分类群间平行/收敛表型进化的基础。深入了解农林作物物种的进化起源和多样化，可以帮助我们开发新品种，甚至可能是新物种，以可持续的方式应对当前和未来的环境挑战（Purugganan，2019）。

然而，目前沿海基干带造林树种仍显得十分单一，在新的主导树种上未取得实质性突破，树种问题严重制约了沿海防护林体系建设的发展，迫切需要选择乡土适应性强，耐盐碱，抗风力强，耐水淹，同时要求生长迅速的树种，而且还要兼顾生态景观效果。要从规模上完善泥质、沙质及岩质等海岸类型的基干林带，增加物种多样性，丰富林种、树种，建设结构稳定、物种多样性高的复层基干林带生态系统，植被材料的多样性是其中的基础。

近年来，人们越来越认识到从乡土树种选择适宜的造林树种对完善沿海基干林带的建设至关重要。高智慧等（1994）研究表明，香樟（*Cinnamomum camphora*）和柏木在浙江省普陀区基岩海岸生长良好，年生长量均大于黑松，林分生产力较高。上海浦东沿海于 20 世纪 80 年代中期开始营造水杉（*Metasequoia glyptostroboides*）纯林作为沿海基干林带，近年来逐渐间伐抚育后种植构树、槐树和海州常山（*Clerodendrum trichotomum*）等树种构建异龄复层林（成向荣等，2011）。顾沈华等（2010）综合嘉兴市 17 个主要树种的胁地、防风、抗风能力评价结果，除了推荐池杉、落羽杉等外来树种之外，还研究得出水杉、银杏、山杜英（*Elaeocarpus sylvestris*）等乡土树种可以作为沿海防护林基干林带树种。渤海泥质海岸则以白榆、刺槐、白蜡（*Fraxinus chinensis*）、群众杨（*Populus popularis*）等树种营造的防护林作为典型基干林带（刘平等，2019）。

6.1.3 生态防护型与景观经济型兼顾

纵观我国沿海防护林建设的历史，防风固沙都被摆在第一的位置上，随着社会环境的发展及科研实力的增强，沿海基干林带也要求应该具备改良土壤、保护堤岸、防御自然灾害以及改善生态环境的功能（周生贤，2005）。江苏北部沿海 4 种防护林模式的研究表明，单位面积地上部分生物量年平均增长量以杨树林最大，水杉林、柳杉林次之，刺槐林最低；林分生长量大小顺序：杨树>水杉>柳杉>刺槐；4 种模式防护林对各林地土壤的改良表现出林龄大的较林龄小的强，刺槐为豆科乔木树种，对土壤性状的改良效应明显较水杉和杨树强（万福绪等，2004）。为了营造结构稳定的长效防护林，应选择自然更生能力强的树种如琼海棠、苦楝、马占相思（*Acacia mangium*）、刺槐等，这些树种具有萌芽或天然下种能力，能长期保持防护功能，不需要进行人工更新。此外，一些乡土树种如莲叶桐、潺槁木姜子（*Litsea glutinosa*）等，具有抗风能力强、寿命长、自然更新能力强等多种优良特性，都是营造海防林的适宜树种。

为了提升实现沿海基干林带的综合效益，在一些立地条件好的沿海地区，也可以适当兼顾基干林带的景观、科教服务价值及经济效益。因此，根据沿海基干林带防护功能侧重点的差异，我们可以把它划分为 3 个生态型：生态防护型、生态经济型和生态景观型，并选择不同的造林树种（表 6-2）。对于大规模常规造林，大力提倡营造 2 个树种以上的混交林，以增强林分功能（陈永忠，2009）。

表 6-2　不同生态型基干林带造林树种的选择

生态型	树种特点	常见树种
生态防护型	高抗风性、低种苗成本	杨树、木麻黄、台湾相思等
生态经济型	既有防护效益，又有经济效益	椰子树、腰果（*Anacardium occidentale*）、杨桃（*Averrhoa carambola*）等
生态景观型	观赏价值高	凤凰木（*Delonix regia*）、酸豆、盆架树（*Alstonia rostrata*）、假苹婆（*Sterculia lanceolata*）、木棉、榕树、非洲楝等

6.2　造林密度

造林密度设计是森林培育中一个十分重要的技术环节，对林分各生长时期的保留密度具有决定性的影响，进而影响到林分的生长发育、林地的生产力水平、定向培育的目的材种和经营者的经济收益。因此，要充分挖掘沿海基干林带防护功能、社会价值等综合效益，必须及时为其创造良好生长空间，做好密度控制及其调整措施的合理性显得非常重要。

6.2.1　造林密度的概念与作用

6.2.1.1　造林密度的定义

造林密度（planting density）是指单位面积造林地上栽植株数或播种点（穴）数。作为人工林的初始密度，造林密度与林分密度和经营密度有一定的联系与区别。林分密度（stand density）是指单位面积林地上林木的数量；经营密度（management density），也称为保留密度，是指为使营林效率最大化而确定的最终合理密度。应该注意的是，造林密度不是一个简单的数字概念，而是保证沿海基干林带达到高效、优质、稳定林分的一项重要技术措施，人工造林中必须予以高度重视，做到统筹兼顾，按照目标和实际效能，选择适宜的密度造林，往往会达到事半功倍的效果。

6.2.1.2　造林密度的作用

一般情况下，造林密度过大，林木间相互挤压抑制了树冠生长，极易造成树冠枯损和窄小，林木营养面积小，林木生长不良。反之，密度过小时，林分树冠大且长，整体树冠体积大，营养面积大，制造的营养物质多，林木生长虽快，但林分郁闭较慢，造成幼林抚育成本较高；而且，随着林分林龄的增大，立木之间的竞争关系也将随之发生改变。

（1）造林密度对林木树高生长的影响

有关造林密度对林木树高生长的影响情况，目前普遍认为：无论处于任何条件下，密度对树高生长的作用，比对其他生长指标的作用要弱，在相当宽的一个中等密度范围内，密度对高生长几乎不起作用。例如，有研究表明马尾松林在幼林阶段，不同密度处理间的树高生长差异不大。进入中龄林后，林分平均高有随密度增大而增大的趋势，但方差分析的结果表明其差异并未达到显著水平，这说明造林密度对马尾松林分的树高生长无明显影响（温佐吾等，2000）。

然而，不同树种因其喜光性、分枝特性及顶端优势等生物学特性的不同，对密度有不同的反应。只有一些较耐阴的树种以及侧枝粗壮、顶端优势不旺的树种，才有可能在一定的密度范围内，表现出密度加大有促进高生长的作用。还有，不同立地条件，尤其是不同的土壤水分条件，可能使树木对密度有不同的反应。

（2）造林密度对林木胸径生长的影响

在一定的树木间开始有竞争作用的密度以上，造林密度与林木胸径直径生长呈反比。通过研究造林密度对河北邢台地区速生毛白杨杂种无性系 S86 人工林胸径的影响，结果表明，造林密度对胸径生长的效应最大，主要是由于胸径生长强烈受制于由密度决定的单株营养空间的大小。5 年生 S86 无性系林分造林密度越大，林分平均胸径越小；高密度林分（2 500 株/hm²）与低密度林分（417 株/hm²）平均胸径相差 5.68 cm（王利宝等，2012）。广西东门林场栽植的 12 年生尾巨桉林分也表现出：随着造林密度的增加，大、中径材立木株数的比例越小（陈少雄等，2008）。

（3）造林密度对林木干材质量的影响

密植可以提高材质，如干形圆满通直、形数大、侧枝细、自然整枝好、节疤小、材质好，出材率高。但是，如果林分过密，干材过于纤细，树冠过于狭窄，既不符合用材要求，又不符合健康要求，特别是抗风防护效果差。以马尾松为例，其幼龄时期生长比较缓慢，侧枝扩展不快，造林地立地条件一般较差，初植密度要适当大一些，这样不仅可以培养通直圆满的干形，而且可以促进林分早日郁闭，可以通过合理修枝、抚育间伐提供小径材和薪材。不同造林密度对台湾杉木（*Cunninghamia lanceolata* var. *konishii*）人工林林分生长形质的影响表现：随着造林密度的增大，台湾杉木林分树干圆满度、高径比、枝下高、胸高形数等形质指标均呈现逐渐升高的变化，表现出促进效应。综合 8 年生台湾杉木生长形质以及林分分化情况，造林密度 2 700 株/hm² 的台湾杉木总体生长表现最好，有利于台湾杉木大中径材的培育，并适时间伐、抚育（欧建德，2018）。总的来说，在人工林培育过程中，适中的造林密度可提高树干直度和圆满度，又能促进适当的天然整枝，培育无节和少节良材，并能增加大径材的出材率。

（4）造林密度对林分生物产量的影响

沈国舫（2001）认为，由于林木平均单株生物量和株数密度互为消长，林分生物量取决于特定时期起主导作用的因素，到达一定林龄阶段时，林分生物量与密度无关。这也符合最终收获量一定法则，即在一定密度范围内，任何密度的林分其最终生物产量一致。林开敏等（1996）通过对 29 年生杉木人工林的造林密度生长效应规律的研究发现，林分平均单株材积随密度增大而减小，林分现存蓄积量随密度增大而减小，但未达到显著水平。随着林分继续生长的发育，不同造林密度的林分蓄积量将趋于一致。

（5）造林密度对根系生长及林分稳定性的影响

林木根系的发育与全树生长状况及全林的稳定性有很大关系。当林木根系发育受阻时，树木易遭风倒、雪压及病虫害侵袭的危害，林分不稳定；而根系生长过快，则会加速邻株林木根系对地下资源的竞争，如化感作用，从而也会导致林分稳定性较差。贾亚运等（2016）对造林密度为 2 400~4 400 株/hm² 的 8 年生杉木人工林调查发现，造林密度为 2 400 株/hm² 的林分根幅最大，杉木林分根幅随密度的增大而减小；垂直根系分布的深度随林分密度的增大而越来越深；造林密度为 2 400 株/hm² 的林分单株根量最大，随着密度的增大，单株根量逐渐减少；对不同造林密度的林分进行根系密度调查，结果表明，根系密度中粗根密度随林分密度的增大呈递增趋势，而细根密度却先增大后减小，3 400 株/hm² 的林分细根根系密度最大，之后随着密度的增大细根密度逐渐减小。张艳杰（2011）研究表明：在造林密度 2 500~20 408 株/hm² 的范围内，20 年生马尾松人工林根系总生物量随林分密度的增大逐渐减少，这表明对根系的生长及其生物量的积累而言，林分的密度效应比较明显。

6.2.2 基干林带造林密度的设计原则

我们在考虑沿海基干林带造林密度时必须统筹兼顾树种特性、立地条件、防护功能和经营水平等诸多因素。通常情况下，确定沿海基干林带造林密度应该遵循的原则：一定树种在一定的立地条件和培育技术条件下，根据经营目的，能取得最大生态效益、社会效益和经济效益的造林密度，即为应采用的合理造林密度，这个密度应当在由生物学和生态学规律所控制的合理密度范围之内，而其具体取值又应当以能取得最大效益来测算。

6.2.2.1 造林密度和经营目的的关系

沿海基干林带以防风固沙、水土保持为主要经营目的，兼顾景观、科教和经济等综合效益，一般认为采用较大造林密度使林分迅速郁闭为好，以控制就地起沙。造林密度越大，单位面积上株数越多，则相邻植株的树冠互相衔接所需年限越短，郁闭越早；相反，密度小则郁闭慢。林分的郁闭是人工林发展过程中一个主要转折阶段，它标志着成林开始，初步形成森林。

对于基干林带新造林分提早郁闭的优缺点表现：①优点：减少抚育管理费用，增强对外界逆境的抗性，林分生长稳定。从生态需要的角度看，要想及早发挥生态效益，应该提早考虑郁闭。②缺点：由于生长空间，包括地上、地下资源的限制引起种内竞争，林木过早分化和自然稀疏，或过早要求进行人工疏伐，从生物学角度或是经济角度均不可取的。林武星等（2004）对福建东山县赤山林场不同造林密度的 7 年生木麻黄林分进行调查研究，发现造林密度 1 667 株/hm² 的木麻黄林分的速生性最强，但抗风能力明显较弱；而造林密度 2 500 株/hm² 的木麻黄林分表现出优良的抗风能力和丰产性。因此，建议福建沿海沙地木麻黄基干带的造林密度应控制在 1 667~2 500 株/hm²。不同造林密度木麻黄防护林的生长及抗性状况见表 6-3。

6.2.2.2 造林密度与造林树种的关系

不同树种因其喜光性、分枝特性及顶端优势等生物学特性的不同，对造林密度有不同的反应。通常情况下，喜光而速生的树种宜稀，如杨树、落叶松等；耐阴而初期生长较慢的宜密，如云杉、侧柏等。干形通直而自然整树良好的宜稀，如檫树（*Sassafras tzumu*）、杉木等；反之宜密，如马尾松、福建青冈（*Cyclobalanopsis chungii*）等。树冠宽阔且根系庞

表 6-3　福建东山不同造林密度的 7 年生木麻黄林分及抗性状况

造林密度 （株/hm²）	平均树高 （m）	平均胸径 （cm）	平均单株材积 （m³）	平均冠幅 （m）	高径比	风害率 （%）
1 667	9.2	9.1	0.031	4.4	101	12.3
2 500	9.0	8.6	0.027	3.6	104	11.4
3 333	8.9	8.2	0.025	3.5	109	14.3
5 000	8.6	7.7	0.021	2.9	112	16.6
6 667	8.4	7.1	0.018	2.4	118	18.6
8 333	8.2	6.6	0.015	2.0	123	20.2
10 000	8.0	6.3	0.014	1.7	128	21.4

注：风害率(%)是指台风对木麻黄林分的影响程度，即台风侵袭之后受损的木麻黄株数占林分总株数的百分比。引自林武星等，2004。

大的宜稀，如毛白杨、团花（*Neolamarckia cadamba*）等；反之宜密，如紫果云杉（*Picea purpurea*）、箭杆杨（*Populus nigra* var. *thevestina*）等。张忠东（2007）根据山东沿海防护林体系建设工程区的立地条件特点，以及当地林业经营水平和林分主体防护功能的差异，列出了不同主要树种的造林密度（表 6-4）。

表 6-4　山东沿海防护林主要树种造林密度

树种	造林密度 （株或丛/hm²）	树种	造林密度 （株或丛/hm²）
油松、黑松	2 500~4 000	华山松（*Pinus armandii*）、赤松	1 200~1 800
侧柏、柏木	3 000~3 500	刺槐	2 000~2 500
绒毛白蜡	1 000~1 500	杨树类、柳树类	600~1 600
枫香、元宝枫（*Acer truncatum*）、五角枫、黄连木	630~1 200	沙枣	1 000~2 000
麻栎、栓皮栎、板栗	630~1 200	落叶松	200~500
沙柳、黄荆（*Vitex negundo*）、柽柳	1 240~5 000	枣树	350~500
沙棘、紫穗槐、山皂角、花椒（*Zanthoxylum bungeanum*）、枸杞、黄栌、单叶蔓荆、白刺、胡枝子	1 650~3 300	香椿、臭椿	750~1 000
日本花柏（*Chamaecyparis pisifera*）、日本扁柏	2 500~3 500	榆树	800~1 600
柿树、核桃	600~1 000	水杉、池杉	1 500~2 500
火炬松、湿地松、马尾松	1 500~2 000	苦楝	750~1 000

注：引自张忠东，2007。

6.2.2.3　造林密度与立地条件的关系

一般情况下，沿海地区基干林带造林地的立地条件比较差，要求适当加密，这样成活株数多，有利提早郁闭。虽然随着造林密度的增加，林分会越早郁闭，以致林分过早分化和自然稀疏。当苗木郁闭后，就能加强幼林对不良环境因素的抗性，减缓杂草的竞争，保持林分的稳定性，并能增强对林地环境的防护作用。因此，在营造基干林带时，应该更多考虑的是林分的防护效果，需要适当密植。例如，厚荚相思以其耐干旱、瘠薄和良好的固氮特性在闽南沿海丘陵山地的恶劣环境中表现出良好的生长优势，虽然低密度林分有利于单株立木的生长，但中低密度(1 665~2 505 株/hm²)条件下，林地土壤容重较小、孔隙度和持水量较大，土壤更加疏松；且土壤有机质、速效钾等营养物质也高，土壤肥力状况明显得以改善(林达恒，2016)。

6.2.2.4 造林密度与培育技术的关系

在营造沿海基干林带过程中，其培育技术越细致、越集约，林木的速生性就越明显，形成的林分结构也较为合理，林分质量较好，越没必要密植。另一方面，随着林分培育技术水平的提高，其涉及的林地清理费、整地挖穴费、购买苗木及栽植费、幼林抚育费用等开支则会大大增加，为节约造林成本，应适当降低造林密度。

6.2.3 基干林带种植点的配置

种植点配置(spacing of planting spots)是指一定密度植株在造林地上的间距及其排列方式。根据林种特点、树种特点、经营管理方式确定种植点配置的方式。种植点配置方式一般分为两大类：行状配置(均匀)和群状配置(不均匀)。

6.2.3.1 行状配置

行状配置是造林地上单株(穴)分散有序地排列为行状的一种方式。根据株行距的差异，行状配置可分为正方形、长方形、品字形、正三角形等方式(图6-1)。总体而言，行状配置方式可促进林木充分利用林地空间，树冠和根系发育较为均匀，可获得速生、丰产，且便于机械化造林和抚育施工。但不同株行距形成的某一种行状配置方式仍具有独特作用，其主要优缺点及适用范围见表6-5。

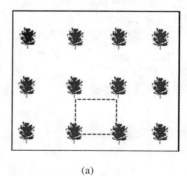 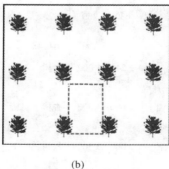 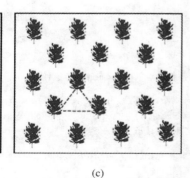

(a)　　　　　　　　　(b)　　　　　　　　　(c)

图 6-1 不同行状配置方式的示意图

(a)正方形配置　(b)长方形配置　(c)品字形(正三角形)配置

当行距明显大于株距时[图6-1(b)]，还要考虑行的走向问题。在山区，行的方向有水平行和顺坡行之区别。水平行有利于蓄水保墒、保持水土；顺坡行有利于通风透光及排水。对于沿海基干林带造林，一般要求行向与害风方向垂直。

表 6-5　不同行状配置方式优缺点的比较

行状配置方式	种植点排列方法	优点	缺点	适用范围
正方形	行距等于株距，种植点位于正方形的 4 个顶点	林木分布比较均匀，能充分利用时间，树木发育好，便于抚育管理	种植点定位精准度要求较高	常用于沙质、泥质沿海基干林带，以及用材林、经济林
长方形	行距大于株距，种植点位于长方形的 4 个顶点	有利于行内提前郁闭，便于行间进行机械化中耕除草，在林区还有利于在行间更新天然阔叶树	均匀度上不如正方形，易引起树体偏冠、树干椭圆形等问题	常用于沙质、泥质沿海基干林带，以及用材林、经济林等
品字形（正三角形）	相邻两行各株相对的位置错开排列成品字形，行距与株距相等或不相等均可，种植点位于品字形的 3 个顶点；当各相邻植株的株距都相等，为正三角形配置方式	有利于防风固沙及保持水土，也有利于树冠发育更均匀	种植点定位精准度要求较高、实施技术较复杂	常用于山地和沙区的水土保持林、防风固沙林、经济林等

注：引自翟明普等，2016。

6.2.3.2　群状配置

群状配置也称簇式配置、植生组配置，植株在造林地上呈不均匀的群丛状分布，表现出群内植株密集、群间隔距离很大的特点。这样，群内植株就能很早达到郁闭，有利于抵御外界不良环境因子的危害，如风害、杂草竞争、日灼、干旱、极端温度等。因此，这种配置方式适于沿海基干林带、次生林改造或立地条件较差的地方营造生态防护林。

群状配置可采用大穴密播、多穴簇播和块状密植等多种方法。群的大小要从环境需要出发，一般为 3~20 余株。群的排列可以是规整的，也可随地形及天然植被变化而作为规则的排列（图 6-2）。

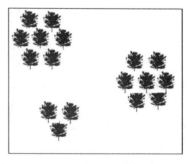

图 6-2　群状配置示意

6.3　合理整地

整地是植树造林的一项重要技术措施，目的是为了疏松土壤，消灭杂草，破坏病虫害生存环境，增加土壤的蓄水能力及光照强度，改善小气候，为幼树生长发育创造良好的环境条件，以提高造林成活率和保存率。通过开垦翻土、疏松土壤和增加土壤空隙，就能更多地吸收雨水，并切断了土壤的毛细管作用，降低土壤水分蒸发，使土壤保持湿润，有利于幼树生根成活和生长；同时还可以减少杂草的竞争，加快凋落物分解，提高土壤肥力，便于栽植和抚育工作的开展，使幼树生长有一个较好的立地环境。但是，沿海地区由于风大，如果进行劈山炼山，原有的植被不作适当保留，幼树失去适当的庇护，就容易受到大风的吹击，对生根成活和生长均不利。所以在沿海地区一般对植被不进行全面刈割，更不应将炼山作为沿海地区的造林整地方法，而应根据造林地的环境条件，采取合理的整地技术措施。

6.3.1 岩质海岸基干林带造林整地

沿海岛屿和近海岸的丘陵山地造林，为保留适当的植被，以起到挡风保护作用，防止新造幼林遭受海风强烈吹击，影响成活和生长，一般以采用块状整地的方法为好，即根据造林密度，在栽植点的一定范围内除草翻土。块状整地的特点就是灵活、省工、成本低，不易引起水土流失，也可应用于其他各种造林地。常用的块状整地方法：穴状、鱼鳞坑、块状等。不同块状整地方式的特点及适用范围见表 6-6。

表 6-6 不同块状整地方式的特点及适用范围

块状整地方式	方法要点	适用范围
穴状	圆形、穴面与原坡面持平或向内倾斜。挖穴直径 40~60 cm	任何地点
鱼鳞坑	为近似于半月形的坑穴，穴面低于原坡面。一般长径 0.7~1.5 m，短径 0.6~1.0 m，深 30~50 cm。外侧有土埂，新月形，高 20~25 cm	水土流失比较严重，土层浅薄而且缺水的荒山和丘陵地
块状	为正方形或矩形的坑穴。穴面与坡面持平或向里倾斜。边长 40~50 cm，或更大，深 30 cm，外侧有埂或无	各种山地

据报道，岩质海岸湿地松的造林主要采用挖穴造林、适当密植、掌握时机、深栽紧打等技术措施。其中，无论带状整地或者块状整地，都必须挖穴造林。其目的不仅是提高造林成活率，同时为了防止水土流失，成片的栽植穴成鱼鳞坑状，可起蓄水保土作用。栽植穴的上口面积 ≥0.4 m²、深 0.3 m。栽植穴挖好后，如不马上造林，则要在清除穴内石块、树根等杂物后，回土穴内，这样保持穴内土壤湿度，可提高造林成活率，促进树苗发根生长（蒋妙定等，1996）。

通过对沿海基岩整地方式对针、阔不同造林树种生长情况的研究，陈顺伟等（2001）在浙江省三门县沥涌镇草头村牛山设置样地，该地海拔 10~30 m，属港湾岩质海岸，呈半岛状+面临猫头洋，岩岸直插入海。试验结果表明，相对较大穴尺寸（60 cm×60 cm×40 cm）虽对南酸枣和湿地松成活率及其 3 年生幼树生长部分指标得以提高，但影响不显著。相反地，不同技术措施则对这 2 个树种的成活率及其生长产生不同程度的影响，其中截干处理可显著或极显著地提高落叶阔叶树类树种的成活率和其树高或胸径生长，采用 ABT 生根粉蘸根处理也可显著地提高此类树种的成活率和其树高生长；而对于针叶树类，选用容器苗、磷肥蘸根等技术措施均可确保造林保存率，达 90% 以上。

6.3.2 沙质海岸基干林带造林整地

对于土壤比较干燥的造林地，以及比较坚实的沙滩，为了使幼树根系能够接触到下层比较湿润的土壤，可采用挖穴整地的方法。即根据造林株行距，在种植点一定范围内（一般 0.7 m×0.7 m）先刨开表层干燥的土壤（深度 10~20 cm），然后再开垦翻土。采用这种整地方法，栽植点较低，雨天可积蓄较多的雨水，提高幼树的抗旱能力，并可通过抚育培土，

表 6-7　沙质海岸不同整地方式的特点及适用范围

整地方法	方法要点
穴状整地	整地规格可据造林苗木大小确定。一般为 (0.5~1.0) m×(0.5~1.0) m×(0.5~1.0) m
带状整地	带宽 1.0 m、深 0.6~1.0 m，带长因地而宜
条田整地	对地势较低、地下水位较高的沿海风沙地，应实行条田整地。一般条田面宽 50 m、长 100 m 左右；条田沟深 1.5 m 以上，支沟深 3 m 以上

使幼树根系扎土深，提高树木的抗风能力。常见有穴状整地、带状整地和条田整地，见表 6-7。

无植被覆盖的海岸沙滩，沙质比较疏松的，只要在造林前先挖好穴（或加客土）就行，不需提前整地挖穴，以免造成流沙移动。张水松等（2000）研究报道：在基干林带前沿风口干旱沙地采用深挖整地、放客土、拌泥浆、提早造林季节、大苗深栽等抗旱造林配套技术以及旱季培土抚育保墒、浇水保苗和筑沙堤设风障防潮防风工程措施相结合的方法造林，木麻黄保存率提高到 80%~90%。该试验地位于福建省东山县赤山林场大帽山工区海岸风口沙地，濒乌礁湾，地处南亚热带。土壤为潮积或风积砂土，沙层厚，肥力低，干季 20 cm 以上土层含水率<1%、40 m 以上土层含水率<2%，造林地与潮水线相连，地势开阔，地形平坦，大风天气常有流沙。植被稀少，偶见有少量厚藤（*Ipomoea pescaprae*）、单叶蔓荆、海边月见草（*Oenothera drummondii*）等。通过在风口干旱沙地设计开沟、深穴、浅穴等不同整地方式，在造林翌年 1 月调查，其保存率和生长情况见表 6-8。可以看出，在风口干旱沙地木麻黄造林时，实行深挖整地和深栽造林对提高保存率和促进生长有良好效果，并可减少遭受风害的比例。

表 6-8　不同沙质海岸整地方式和栽植深度木麻黄生长情况

整地方式	栽植深度（cm）	保存率（%）	树高（m）	地径（cm）	平均冠幅（cm）	风害情况（%）
开沟（50 cm × 50 cm）	30~40	72.2	1.39	1.3	75.0	26.7
深穴（50 cm × 50 cm× 50 cm）	30~40	67.9	1.30	1.3	72.5	29.0
浅穴（20 cm × 20 cm× 20 cm）	20	55.2	1.00	1.2	64.0	31.2

注：树高、地径和平均冠幅是指造林幼苗的生长量。风害情况是指林分中受到严重危害、2/3 主侧枝干枯的林木株数的占比(%)。

6.3.3　泥质海岸基干林带造林整地

针对泥质海岸的特点，许基全等（2016）提出了筑堤围涂、开挖河渠、合理规划、适地适树、引种驯化、壮苗培育、合理整地、适时造林、适当浅栽、抚育管护等 10 项造林措施。泥质海岸通过人工开沟、自然播种、植苗、插条等方法，在光板盐碱地上营造柽柳林，生长表现良好，已摸索出一整套重盐碱地造林新方法（皮宝柱，1999）。泥质海岸造林整地应在雨季前完成。一般可采用全面整地、开沟整地、大穴整地、小畦整地等，对低洼盐碱地和重盐碱地，宜采用台、条田整地。沿海黏涂盐碱地，不论是春季造林或是雨季造林，均要求在冬季以前完成整地，以促进土壤风化。

以台湾地区泥质海岸低湿海岸林的改造措施为例，近年来，台湾地区西南沿海下陷日益严重，新增了约 $5.3 \times 10^4 \ hm^2$ 的盐渍地。为避免海水倒灌等自然灾害的危害，极有必要在这些盐渍地上进行基干林带的造林。这就需要先以开沟筑堤整地，以改善土壤的排水性，并利用自然降雨来淋洗土壤中过多的盐分，为新造林木提供存活生长环境。所选用树种除需具耐水浸能力外，地势较低处的湿性沼泽仍以红树类或其伴生树种植栽为主；但在地势稍高、会遭海水倒灌区的干性砂土地带，选用树种则以白千层（*Melaleuca leucadendron*）、海杧果、木麻黄等常绿乔木为主，并配合选用苦楝、榄仁（*Terminalia catappa*）等落叶性乔木，或是露兜树、草海桐（*Scaevola sericea*）、银毛树（*Messerschmidia argentea*）等小乔木，以及选用马鞍藤（*Ipomoea pescaprae*）定沙植物与榄李等盐生植物混合栽植。

泥质海岸常见整地方式的特点及适用范围见表6-9。

表6-9 不同泥质海岸造林整地方式的特点及适用范围

整地方式	方法要点	优缺点	适用范围
全面整地	对造林地通过劈山炼山后进行全面开垦翻土，一般翻土深度要求达到25 cm以上	全垦整地对于消灭杂草，提高土壤的积蓄和保持水分等方面比局部整地强。但花费工夫大，也容易造成土壤冲刷，必须做好水土保持工作。在水土容易流失的地方，应隔一定的距离留一条保护带	在平坦的沿海平原滩涂，则可采用机械化整地。在幼林郁闭前可实行林粮、林菜、林药间作
带状开垦整地	带的方向最好同主风方向相垂直，可以使幼树减轻风害。山地方向和等高线平行，平原南北向	改善立地作用强，预防水土流失效果好	平坦的山地或平原
垄（畦）状整地	一般以行为垄，将表层土壤开垦翻土后作成垄状或畦状，垄高30~50 cm，宽度应根据行距而定。有条件的地方可以采用机械化翻土作垄	有利于淋盐养淡及排水，可提高栽植点的高度，有利于降低地下水位。利用这种整地方法可以在寸草不生的万年荒涂上造林获得成功	适用于沿海滩涂盐碱地和地下水位较高的地方
丘状整地（也叫作墩）	墩高20~30 cm，直径0.7~1.0 m即可，结合作墩施足基肥。根据栽植的株行距，采用测量拉线的方法先定出定植点，再以栽植点为圆心，挖掘周围疏松的表层土壤作成馒头形的小丘（土墩）	墩的高度与大小，一般要根据树种、地下水位及栽植的株行距来确定。地下水位高，树冠阔大，株行距大的，土墩要求作的高大一些；地下水位不高，排水良好，株行距较小的，土墩相对可以小一些	在浙江沿海平原地区发展柑橘、文旦等果树，一般采用此种整地方式
高台	正方形、矩形或圆形的平台。台面高于原地面。边长或直径30~50 cm，台高25~30 cm。台面外侧有排水沟	有利于淋盐养淡与排水	适用于水湿地、盐碱地

6.4 合理混交

混交林（mixed stand）是指在同一块造林地上，选择有不同生物学特性的两个或两个以上树种进行混交造林所形成的林分。在建设沿海基干林带的过程中，应采取多树种混交种植的方式进行防护林带的建设，才能促进林带抗风性能、耐盐碱和抗虫害等效能的稳步提高。因此，必须选择不同生物学特性的树种进行合理的科学配置，才能确保防护基干林带群落结构长期稳定，从而达到提升林带抵御自然灾害能力的目的。

6.4.1　营造混交林的优越性

（1）充分利用造林地土壤水肥条件和林内生长空间

通过选择不同生物学特性的树种进行合理混交具有明显的优越性。例如，喜光与耐阴的树种混交可提高林内光能的利用效率；深根与浅根树种组成的混交林，其林分根系在土壤空间上分布合理，有效减小了邻株根系之间对有限水分、养分资源的竞争强度；不同养分偏好型"喜铵态氮+喜硝态氮"可充分利用土壤中的氮肥资源。

（2）明显改善林地的立地条件

森林地力的自我维持和提高主要取决于林分凋落叶的数量、质量及分解速率。长期以来，我国人工造林树种以落叶松、杉木、马尾松等针叶树种为主，造成林分凋落物数量较少，且难以分解，极大地限制了林分生态系统的养分循环速率。混交林所形成的复杂林分结构及针阔树种组成不仅有效增加了枯枝落叶的凋落量，还可以很大程度地通过改善林地水、热、光等条件，提高土壤微生物种群及功能多样性，促进对凋落物的分解与回归，这对于林分长期生产力的维持有很大意义。

（3）发挥林地生产力的最大潜力，培育出优质木材和多种林产品

混交林中的辅助树种抑制了主要树种侧枝生长和加强自然整枝，有利于形成良好的干形。混交林是由两个或两个以上树种组成的，林产品的种类也较多。例如，油桐与杉木混交，除了可获得木材外，还可获得油桐籽，可作重要的工业油料。还有，当速生树种与慢生树种进行合理混交时，例如，杉木+楠木，楠木作为珍贵阔叶树种的培养周期需要更长，而杉木在 25 a 左右即可采伐收获，这样楠木的后期生长则拥有了更为宽松的生长及营养空间，最后该混交林总的经济收益可得到很大的提升。

（4）提升生态及社会效益尤为显著

混交林的林冠结构复杂多变、层次较多，截水能力远远大于纯林，林下形成的凋落物层有效减少了地表径流和表土的流失，涵养水源和保持水土能力很强。混交林这种复杂的林分结构接近于天然林，可为多种动物、微生物创造了良好的生存、栖息和繁衍的条件，大大提高了林内及土壤环境的生物多样性。当具有不同叶形、冠形、树干及花色等特点的树种搭配混交时，还可以形成丰富森林景观，明显提升森林的美学、游憩和康养等社会功能。例如，枫香、乌桕及水杉等树种与常绿树种混交，可把"秋霜红叶"衬托得更加艳丽。

（5）增强对外界不良环境的抵抗力，林分比较稳定

由多个树种组成的混交林系统，食物链较长，营养结构多样，且不同树种在空间上具有相互物理阻隔的作用，一定程度上保护森林不易大规模发生病虫害。当与枝叶着火点较高的树种（如木荷）进行混交时，还会大大降低发生森林火灾的风险。还有，混交林的枝叶互相交错，而且根系较纯林发达，其抗风害和抗雪压能力也特别强大。因此，实行混交造林是保证某些树种在沿海地区造林能取得成功的重要条件之一。

6.4.2 混交林中的树种分类

混交林中根据各树种在林分中的作用和重要性不同，可分为主要树种、伴生树种和灌木树种 3 类。

6.4.2.1 主要树种

主要树种是造林的目的树种，是林分的主要组成部分，也是将来经济收益的主要对象或者在防护、美化等生态、社会效益方面起主要作用的树种。在同一林分中，主要树种可以是单个，也可以是多个，但不宜超过 3 个，因为多个树种组成的混交林较难经营管理。从数量来看，同一林分中主要树种的株数不一定最多。

6.4.2.2 伴生树种

伴生树种是在一定时期内与主要树种伴生，并为其生长创造有利条件的乔木树种。伴生树种不是培育的目的树种，而是次要树种，它在林分中一般不占优势，多为中小乔木。伴生树种主要通过改良土壤、辅佐及护土等作用来促进主要树种生长的。①改良土壤的作用是利用树种的枯落物和某些树种的生物固氮能力，提高土壤肥力，改良土壤的理化性质。②辅佐作用是伴生树种围绕在主要树种周围，造成侧方庇荫，促进主要树种树干长得通直和自然整枝良好。③护土作用是伴生树种利用浓密的树冠，发达的根系，减少林地水分蒸发，防止杂草滋生，避免土壤冲刷和地表径流。伴生树种在林分中为第二林层，通常要求是耐阴树种。

6.4.2.3 灌木树种

灌木树种是乔灌混交林中的次要树种，在一定时期与主要树种生长在一起，发挥其覆盖林地、抑制杂草生长、防止土壤侵蚀和改良土壤等作用，促进主要树种生长。

6.4.3 混交类型

混交类型是根据树种在混交林中的地位、生物学特性及生长型等，人为搭配形成的树种组合形成。具体可分为以下 4 个类型。

6.4.3.1 主要树种与主要树种混交型

即两个或两个以上目的树种进行混交。其目的树种多为乔木树种，因此，这种混交类型常称为乔木混交类型。如果造林成功的话，可充分发挥混交林的优越性，不仅可以充分利用造林地土壤水肥条件和林内生长空间，获得多种木材经济收益，还可发挥其他重要效能。例如，木麻黄与桉树的混交林中，这两个树种高生长基本相仿，都占居第一林层。但两者种间关系甚好，这是因为桉树根系较深，而木麻黄根系较浅且有丰富的菌根；同时，桉树树冠上部浓密、下部稀疏，而木麻黄树冠尖塔形，上部较窄、下部较阔大浓密，使得两者的混交搭配表现出互利的种间关系，有利于林分的长期稳定。

选择良好的造林地可长期维持这种混交类型的高产、高效和稳定性，但必须选择合理的混交方法和混交比例，并及时通过抚育及时调整种间关系。

6.4.3.2 主要树种与伴生树种混交型

这种林分常称作主伴混交型，多形成复层林相，其中主要树种占居第一林层，伴生树种组成第二林层。伴生树种多为耐阴的中等乔木树种，如女贞、珊瑚树等。与上述乔木混交类型相比，主伴混交型林分的生产率虽然较低，但种间关系较为缓和，也较易调节，稳定性较强。但如果树种搭配不当或混交方法不合理，容易引起伴生树种生长不良，或过早衰亡的情况。

6.4.3.3　主要树种与灌木树种混交型

这种乔灌混交类型的种间关系更为缓和，林分稳定，易于调节。在造林初期的一定时期内，灌木可以为主要树种的生长创造有利条件；随着林分的郁闭，灌木树种的生长环境逐渐变差，直至衰弱或枯死，这时可以伐去灌木树种为主要树种留出生长空间，也可以对妨碍主要树种生长的灌木进行平茬处理，使之重新萌发。总之，灌木树种只是林分培育过程中的次要树种，可以根据主要树种的生长状况予以调整。

这种混交型多用于立地条件较差的沿海沙滩、盐碱地等植被稀少的造林地，可提高林地保持水土和涵养水源的能力。一般来说，立地条件越差的地方，可适当增加同一林分中灌木树种的比重。

6.4.3.4　综合混交型

该混交林型中具备主要树种、伴生树种和灌木树种三者，兼有主伴混交型和乔灌混交型的特点，可以形成复层林，防护效益特别显著，一般可用于立地条件较好的造林地。通过封山育林或人促天然更新方式处理下形成的混交林多为这种类型。

6.4.4　基干林带混交林的营造

6.4.4.1　混交树种的选择

在沿海基干林带混交林的营造过程中，要根据造林地立地条件及环境特点，首先确定主要树种，在此基础上再选择伴生树种或灌木树种。在选择混交树种时，要尽量使其与主要树种在生长特性和生态要求等方面协调一致，使其兴利避害，达到合理混交的目的。由于沿海基干林带属于公益性的林带，因此在建设的过程中，选择不同寿命的树种进行混交种植，不仅可以降低建设后期的管理投入，同时也提升了林带自身的更新更力，为整个林带的稳定和更新奠定了良好的基础。在林带建设的过程中所选择的短寿命树种应该选择速生性特点较为突出的柳树、白花泡桐（*Paulownia fortunei*）和刺槐等树种，同时根据不同树木的更新和生长周期，科学合理地配置各种树种，才能确保在经过数年的建设之后，速生性的短寿命树种在经过疏伐之后，为长寿命树种的生长留出更多生长空间。

（1）沙质海岸基干林带混交林造林树种选择

木麻黄+湿地松混交林是我国东南沿海沙质海岸防护林中一种主要林分类型，两树种都为强喜光，对光资源有着强烈需求；木麻黄地上部分生长较快，而湿地松根系发达，在地下竞争中占有优势。通过对 8 年生木麻黄+湿地松混交林生长的生长效益（如蓄积量、生物量等指标）、防护效益（如降风率、风害率等指标）和地力维护效益状况（如土壤有机质质量分数、土壤有效养分质量分数等指标）分别进行研究，发现以 3 行木麻黄与 3 行湿地松带状混交所构成的沙质海岸基干林带的综合效益明显较高，可为该两个树种混交林营造提供依据（林武星等，2013）。由于滨海沙地多为风积砂土与潮积砂土，水肥条件差。因此，也常常选择相思、巨尾桉和一些耐干旱的竹种等树种在沿海沙地上种植或与木麻黄混交。郑晶晶等（2015）研究认为木麻黄与花吊丝竹（*Dendrocalamus minor* var. *amoenus*）混交可明显提升林分的凋落物持水量，以达到保持水土、涵养水源的目的。

油松、刺槐、杨树等树种是我国北方沙质海岸的优良基干林带造林树种。以渤海沙质海岸为例，通过对辽宁葫芦岛市绥中县沙质海岸 6 种典型防护林(油松纯林、油松刺槐混交林、杨树纯林、刺槐近熟林、刺槐中龄林、刺槐幼龄林)林分的地力维护效益进行比较研究，研究表明，虽然刺槐纯林对土壤的改良效果最好，明显提高了土壤含水量、全氮和有效磷含量，但油松+刺槐混交林的草本植物多样性效果最好，大大提升了林内草本植物的种类、多样性及均匀度，有助于长期维持林分生态系统的稳定性，研究结果对我国北方沙质海岸防护林体系中基干林带的建设具有重要意义(邢献予等，2016)。

(2)泥质海岸基干林带混交林造林树种选择

泥质海岸的立地条件相对较好，通常按照综合混交型的要求来选择混交树种。在实施第一冠层基干林带建设的过程中，应选择湿地松、樟子松、臭椿、中山杉(*Taxodium zhongshansha*)、墨西哥落羽杉(*Taxodium mucronatum*)、美洲黑杨(*Populus deltoides*)、弗吉尼亚栎(*Quercus virginiana*)等高大乔木作为主要树种；而作为基干林带中层位置的伴生树种则以香樟、无患子(*Sapindus mukorossi*)、女贞、夹竹桃、苦楝等常绿或落叶中等乔木树种为主；位于林带下冠层的灌木树种应该尽可能选择木槿、田菁(*Sesbania cannabina*)、蚊母草(*Veronica peregrina*)、海滨木槿、布迪椰子(*Butia capitata*)、柽柳、红叶石楠(*Photinia × fraseri dress*)等低矮植物，进而形成合理的林带结构。

渤海泥质海岸带是我国盐碱化程度较重的地区之一，土壤盐渍化程度高，质地黏重，对植物毒害作用强。营建海岸防护林能够有效地改良土壤，改善当地脆弱的生态环境。刘平等(2018)通过选择渤海泥质海岸 6 种典型防护林为研究对象，分别为：白榆纯林、刺槐纯林、白蜡纯林、群众杨纯林、辽宁杨(*Populus×liaoningensis*)纯林、辽宁杨+刺槐混交林，并以当地自然植被灌草地为对照，进行不同林分土壤过氧化氢酶、碱性磷酸酶、脲酶、蔗糖酶活性季节动态及与土壤养分含量关系的研究。该试验地位于辽宁省西南部、渤海辽东湾畔凌海市建业乡建业村，该市海岸线长 83.7 km，地势平坦，多风，土壤盐碱化程度较高。研究表明：参试所有人工防护林对泥质海岸土壤盐碱土均具有一定的改良作用。其中，辽宁杨+刺槐混交林林下土壤酶活性较低，但还是显著改善了林地土壤理化性质，增加了土壤有机碳、全氮、全磷含量，防护效益明显。

6.4.4.2　混交比例

在混交林中，各树种所占的组成比例叫做混交比例。混交比例不是恒定的，而是随着林分生长而变化。竞争能力强的树种，在混交林中的比例不断加大，而竞争能力弱的树种，比例相对减少。

在营造过程中，要确定一个合理的混交比例。在确定混交林比例时，应该有利于主要树种在整个生长过程中的生长发育。一般要求主要树种在整个生长空间中占优势，因而比例要适当大一些，在 50%~70% 较为适宜。总而言之，混交比例应该以有利于主要树种生长为前提。

6.4.4.3　混交方法

混交方法是指进行混交的各个树种在林地上的排列形式，是混交林营造成败的关键技术措施之一。常用的混交方法有行间混交、株间混交、带状混交、块状混交、星状混交和植生组混交等，其主要特点及适用范围见表6-10。其中，沙质和泥质海岸基干林带的建设通常采用行间混交，而沿海地区的低山丘陵和岛屿等岩质海岸造林，大多数采用不规则的块状混交和星状混交。

总之，要使营造混交林获得预期的目的，必须正确选择造林树种，确定合理的混交类型和混交方法，并通过合理间伐和适度打枝等技术措施来调节树种间的关系。

表 6-10　不同混交方法的主要特点及适用范围

混交方法	措施	特点	适用范围
行间混交	不同树种呈单行或双行间隔种植	种间矛盾容易调节，林分较稳定，施工方便	应用较广
株间混交	在同一种植行内将主要树种与混交树种单株或双株间隔种植	能充分发挥树种间的混交作用	一般适用于乔、灌木混交型
带状混交	一个树种连续 3 行以上构成一条带，再换别的树种种植一带，如此交替种植	相邻树木种间矛盾比较尖锐，需及时通过抚育间伐对某一树种边沿的种植进行调节，使其保持长期混交	适合于乔木树种与乔木树种的混交
块状混交	把某一树种栽植成规则或不规则的块状与另一树种的块状依次配置进行混交的方式	施工较为方便，种间关系融洽，混交优越性明显	适合于乔木树种与乔木树种的混交，或低效林分的改造
星状混交	将混交比重较小的某一树种点状分散地种植于林分之中	种间关系较为融洽，可最大限度地利用造林地上原有自然植被	应用较广

6.5　科学造林

造林方法是指造林施工的具体方法。根据造林方法不同，可分为播种造林、植苗造林和分殖造林。根据有关规定，沿海防护林体系的人工造林成活率≥85%为合格；成活率在41%~84%之间，需要补植；成活率≤40%，需要重新造林。其中，沿海基干林带的保存率≥80%为合格；纵深防护林的保存率≥85%为合格。

6.5.1　基干林带播种造林

播种造林（sowing afforestation）是把种子直接播种到林地而培育森林的一种造林的方法，又称直播造林。这是一种较为传统的造林方法，目前逐渐被其他造林方法所替代，但在土层浅薄、坡度陡峭、岩石裸露的岩质海岸宜林地特别需要采用播种造林。种子质量要求良好，播种前需采用消毒、拌种、浸种、催芽、包衣等措施进行处理，以加速种子发芽，缩短留土时间，预防动物取食及病虫害的发生。

6.5.1.1　播种造林的特点

（1）优点

有利于形成自然、匀称、完整的根系分布，幼树对环境的适应能力强，多株幼树（苗）形成群体，可淘劣留优，技术简单，节约劳力，成本低。

（2）缺点

由于种子发芽要求较好的立地条件，因此，干旱、高温、寒冷、霜冻、风沙、灌木杂草茂盛的地方不易成功，且易遭受鸟兽危害。如果加大用种量，又将限制其应用范围，且后期抚育费用增多。

6.5.1.2 播种造林方法

目前主要有人工播种造林和飞机播种造林（简称飞播）这2种方法。

①根据种子在造林地上的排列方式，人工播种造林又可以分为撒播、条播、穴播和块播，其优缺点和适用条件见表6-11。

表 6-11 不同人工播种造林方法的主要特点及适用范围

播种方法	措施	特点	适用范围
撒播	均匀地撒播种子到造林地的方法	一般不整地、播种后不覆土，种子在裸露条件下发芽；工效高，成本低。但作业粗放，种子易被植物截留、风吹或水流冲走、鸟兽啄食，发芽的幼苗根系很难穿透透地被层	劳力缺乏、交通不便的地区，皆伐迹地、火烧迹地，急需绿化的地方适用中小粒树种
条播	按一定的行距播种，可播种成单行或双行，连续或间断	可进行机械化作业，但播后要覆土镇压，种子消耗量比较大	迹地更新，次生林改造；主要为灌木树种和部分乔木树种
穴播	按一定的行、穴距播种的方法。根据树种的种粒大小，每穴可播种1粒或多粒	操作简单、灵活、用工量少，播后覆土镇压	适用各种立地条件。大、中、小粒径的种子都适用
块播	在大块状整地上，密集或分散地播种大量种子的方法。块状面积一般在1 m² 以上	可形成植生组，但施工比较复杂	已有阔叶树种的天然更新迹地引入针叶树种，或者沙地造林

②对于人烟稀少、交通不便、劳力缺乏的大面积沿海荒山荒地或岛屿造林，宜采用飞机撒播裸种或包衣种子的造林方法。飞播造林成功的关键是掌握播种的时机、播区的条件、种子质量。飞播一般适合于松类等小粒种子的播种造林，播后封山育林5~6 a，面积保存率可达85%以上。

6.5.1.3 播种造林关键技术

一般情况下，播下的种子需要覆土，其厚度应根据种粒大小、造林季节、土壤质地、水分状况等因素而定。大粒种子覆土5~8 cm，中粒种子覆土2~5 cm，小粒种子覆土1~2 cm。秋季播种覆土厚，春季薄；土壤湿度大宜薄，湿度小宜厚；沙质土宜厚，黏质土宜薄。注意种子要放置均匀。

6.5.2 基干林带植苗造林

植苗造林（seedling afforestation）又叫植树造林或栽植林，是利用苗圃地培育好的苗木或挖掘野生苗栽植于林地的一种造林方法。

6.5.2.1 植苗造林的特点

（1）优点

植株具完整根系，对不良环境的抵抗能力较强，在水土流失严重、干旱的地方造林成功率高。幼林初期生长较快，林分郁闭早。用种量小。因此，这种造林方法较为普遍。

（2）缺点

育苗工序庞杂，起苗时苗木根系易受损伤，需要缓苗期且影响成活率。造林成本费用较高。

6.5.2.2　植苗造林方法

根据造林苗木根系带土特点，主要可分为裸根苗造林和土球苗造林。裸根苗植苗造林多在春秋季进行，土球苗造林时间要求不大严格。由于用于包裹苗木根系的土球较重，且体积较大，不易出圃、运输和上山造林，目前在沿海瘠薄荒山、风沙地造林大多采用容器苗或轻型基质袋苗造林。为保证造林的成功率和存活率，造林前应通过苗冠或根系处理，以保持苗木体内水分平衡，严防定植前失水干枯。其主要处理方式有：①苗冠处理：截干、去梢、剪除枝叶、喷洒蒸腾抑制剂等。②根系处理：修根、浸水、蘸泥浆、蘸保水剂、激素蘸根、接种菌根菌等。必要时还可以采用假植对即将造林苗木进行临时性保护。

根据不同基干林带造林地的立地条件和环境特点，其栽植技术要点有所不同。

（1）泥质海岸造林

①植苗造林要浅栽平埋，栽后覆土使苗木原土痕与地面基本持平，树坑周围筑埝。栽植后随即浇水，地表稍干时立即松土。

②在重盐碱地区应采用造林穴内压沙（在台田表土 10~15 cm 以下埋 5 cm 河沙）、压秸秆或杂草（埋于台田表土 5~10 cm 以下）、覆地膜、覆草等措施。

（2）沙质海岸造林

①在海岸粗沙地和地下水位较低的固定沙地，采用客土或施肥造林。可于植树穴内加客土（以黏土为好）或有机肥 15~20 kg，客土置换量不少于栽植穴容积的 1/5，且要保证充分混匀。

②在风沙、干旱地区采取根基覆盖（覆膜、覆草等）、施用吸水剂或保水剂、适当深栽（栽植深度为原根基处以上 10~15 cm）等措施。

③在流动沙地或沙丘的风口处，设置沙障。用草本植物、作物秸秆或树枝等材料在迎风坡中下部每隔 10 m 设立一排高 0.5 m 的沙障。

④在立地条件差的造林地，对萌芽能力强的树种可先栽植修枝或截干处理后的苗木。

（3）岩质海岸造林

①适当深栽，栽后将穴内土壤压紧踏实。

②落叶阔叶树栽植截干苗，采用 ABT 生根粉蘸根造林；针叶树采用磷肥蘸根造林。

6.5.3　基干林带分殖造林

分殖造林（clonal afforestation）利用树木的部分营养器官作为造林材料直接造林的方法。目前可用于分殖造林的营养器官主要有茎干、枝、根、地下茎等，其造林材料以能够迅速产生大量不定根的树种为主，如杨树、柽柳、竹类等。

6.5.3.1　分殖造林的特点

（1）优点

能保持母本的遗传特性，造林初期生长速度快，造林技术简单、省工、省力。

（2）缺点

多代繁殖林木早衰，寿命缩短，要求立地条件较好，受母树繁殖材料来源的限制。

6.5.3.2 分殖造林方法

根据造林营养器官来源的不同，可分为插条造林、插干造林、分根造林和地下茎造林等方法。

（1）插条造林

利用树木的一段枝条作为插穗，直接插于林地的一种造林方法。

插穗应从中、壮龄健康母树上采集，最好是基干部或根部萌发的穗条；萌芽力较弱的针叶树种应选择梢部带有顶芽的枝条。插穗一般长 30~70 cm，粗度 12 cm 左右，下口切成马蹄形。

枝条的适宜年龄随造林树种生物学物性的差异而不同：1~2 年生，紫穗槐、小叶杨（*Populus simonii*）、花棒（*Hedysarum scoparium*）、柽柳、苦槛蓝；2~3 年生，垂柳（*Salix babylonica*）、旱柳。

扦插前可对插穗进行浸水处理；在干旱地区可深插，与地面平或低于地面；在湿润地区、地下水位较高的地区、含盐量较高的地区插穗要露出地面 3~5 cm；常绿阔叶树种插植深度为插穗长度的 1/3~1/2，落叶树种的插穗应露出地面 5~10 cm；秋季插穗造林插穗不露出地面。以上各种方法应选择在水分条件较好的时候进行插植造林。

（2）插干造林

将幼树树干或粗壮树枝作为造林材料直接插于林地的一种造林方法。适用于杨、柳等易生根的树种。

用于插干的营养器官一般要求直径 3~5 cm，长度 3~5 m，2~4 年生。进行插干造林时，一般插植深度 1 m 左右。沿海沙地干旱地区要求深插，以尽量靠近地下水位。

（3）分根造林

树木落叶至发芽前，刨去粗根截成插穗插植于林地的一种造林方法。适用于萌芽、生根力强的树种：白花泡桐、漆树、楸树（*Catalpa bungei*）、刺槐、香椿、文冠果（*Xanthoceras sorbifolium*）等。

用于分根造林的插穗一般要求直径 1~2 cm 以上的根系，长度 15~20 cm。进行分根造林时，将插穗垂直或倾斜插植于土壤中，上端微露，封土堆。

（4）地下茎造林

适用于竹类的一种造林方法。竹类除了寒冷和酷热天气外，都可以进行插植。进行地下茎造林时，从成年竹林中挖去 2~5 年生鞭芽饱满的竹鞭进行造林。竹鞭截成 1 m 长，平埋，覆土 10 cm 左右。

6.5.3.3 分殖造林的季节和时间

与植苗造林基本相同。多在春秋季进行；常绿树种可随采随插，落叶树种可随采随插或贮藏后插植造林。

复习思考题

1. 介绍沿海基干林带造林树种选择的基本途径。

2. 简述基干林带造林密度的重要性及设计原则。

3. 简述不同海岸类型基干林带整地技术要点的差异之处。

4. 试述沿海基干林带营造混交林的优越性及主要模式。

5. 简要介绍基干林带不同造林方法的主要特点及适用范围。

第7章

沿海纵深防护林的营造

【本章提要】

本章主要分为沿海防护林网造林技术与沿海成片林及其他林带的林分配套建设两个部分，着重从沿海农田防护林网、四旁绿化、沿海水源涵养林、水土保持林、以沿海城市森林为代表的特殊用途林和成片商品林的建设出发，全面了解我国海岸纵深防护林建设基本情况，归纳总结在沿海地区营造纵深防护林的具体要求及实践措施，为我国沿海防护林完整体系的建设提供依据。

沿海纵深防护林（coastal longitudinal-inland protective forest）是指紧靠沿海基干林带的陆地区域，通过人工营造和自然恢复等方式形成的各种防护林复合体。沿海纵深防护林带是沿海防护林体系中的"第三道防线"，当强台风或强风暴潮或超强台风、超强风暴潮来袭时，在沿海消浪林带（第一道防线）和沿海基干林带（第二道防线）正面抵御的基础上，纵深防护林能够发挥进一步抵御或缓冲的作用，保护沿海地区工农业生产和人民生命财产安全。纵深防护林建设是以保护现有森林资源为基础，以加强宜林荒山荒地造林绿化、城乡绿化美化、道路河流通道绿化、农田林网建设为主线，以推进低效防护林改造为重点，以控制水土流失、涵养水源、防风固沙、保护农田、减少水旱灾害等为主要目的，主要包括水源涵养林、水土保持林、农田防护林、防风固沙林、护路护岸林、村镇防护林等小林种。

根据有关规定，当前最重要的是通过加强纵深防护林的建设，调整沿海防护林组成结构，完善体系，提升功能，逐步建立起片、带、网、点相结合，多层次、多树种、多林种、多功能、多效益、稳定的森林生态系统，切实改善沿海地区生态环境。这就要求我们从沿海岸基干林带后侧延伸到工程规划范围内的广大区域，进行科学布局，以沿海乡（镇）、村屯为"点"进行绿化美化；道路为"线"建设护路林，平原农区建设高标准"带"状农田防护林；广大工程区域为"面"，对宜林荒山地进行造林绿化。坚持以防护林建设为主，同时与经济林、用材林、生态景观林等多林种有机结合，最终形成一道坚固的绿色屏障（叶功富等，2013）。为此，本章就沿海纵深防护林相关建设内容的造林技术体系进行归纳与总结，为提升沿海防护林体系整体功能提供理论与实践支撑。

7.1　沿海防护林网造林技术

在沿海小块平原区发展网格状纵深防护林是沿海防护林体系建设的重要内容之一。人们应当根据当地的自然条件、灾害情况，充分利用沟、渠等基本水利工程，以及交通道路建设和村镇建设规划同步构建。特别是，我国南方沿海水网平原地区，一般可沿江、河、渠、堤、路及村庄农舍来规划设计营造农田林网和四旁绿化，既不占或少占耕地，又可起到较好的防护作用。

7.1.1　沿海农田防护林网营造

农田防护林网位于基干林带内侧，是沿海防护林体系的重要组成部分。其主要功能是降低风速、减少水分蒸发量、保护林网内农林经济作物少受或免受风害而获得高产、高效、优质作物，是改善生态环境、支撑农业稳步发展的基础生态工程。然而，农田林网形成的防护林建设占用了土地，与沿海平原地区人多地少相矛盾。为达到占用最少土地而较快地获得最佳防护效果的目的，我们在调整优化农业产业结构的同时，应该坚持"因害设防、因地制宜"的原则，不断调整优化农田防护林结构，优化林种、树种结构，建设高标准农田防护林网。这就要求我们在考虑当地的气象条件(风向风速、大气层结)、下垫面(地表粗糙度、地形起伏状况等)以及保护的作物对象(生长高度和抗风性)等因素的基础上，需要加强从营建农田防护林网的树种选择和林带宽度、走向、疏透度和带间距等林网结构方面进行造林技术方案的优化设计与科学实施。

7.1.1.1　沿海农田林网造林树种选择

通过合理选择造林树种，在同一土地经营单位上把林木与农作物相结合栽植，完善防护林网，可形成一个高产、高效、优质的沿海农林复合生态系统。一般情况下，我们在选择沿海农田防护林网造林树种时，除了坚持适地适树原则之外，还应该从以下 4 点予以考虑：

①选择具有干形通直、高大、深根性、抗风力强、耐水湿和抗病能力强且寿命较长等明显生物学特性的高大乔木为主要造林树种，主要用于主林带造林，以确保最远的有效防护距离。例如，小叶杨、樟子松、水杉、木麻黄和桉树等。

②选择浅根系的小乔木或灌木树种与大乔木相互搭配，以增强林带的防风性能，利用不同深度土层的营养，可用于副林带或主林带背风内侧造林。例如，胡枝子、紫穗槐、黄槿、夹竹桃和柽柳等。

③选用树种在满足防风功能同时，应具有较高观赏价值。例如，樟树、银杏、榕树、椰子树、木棉和麻竹等。

④同一树种应该选择优良品系，并且注意林木的生长发育规律。例如，木麻黄具喜热、耐旱、耐贫瘠、耐盐碱、抗风等生态特性，可以认定其仍然是华南沿海平原风沙区农田防护林建设的优良树种。但是，木麻黄不同品种在不同立地条件的生态功能差别较大。

聂森等(2012)对48个木麻黄无性系的生长和抗逆性进行了对比试验,分别筛选出了速生型、抗虫型和抗风型等不同无性系用于生产推广。

7.1.1.2　沿海农田林网结构组成的设计与优化

林网最基本的防护效应是降低风速,其防风效应的物理机制在于:低层气流在行进中遇到林带时只能有一部分空气通过,构成林网的"林带"对气流起到了阻碍作用,使之转变成无规则的乱流能量、热量、摇曳林带枝条的机械能等,从而减弱平均风速;另一部分气流遇林带后被迫抬升,使部分气流速度加大而改变了林带后动能的空间分布,使得低层空气动能减小,这是林带后平均风速大大减弱的主要原因。

为营造的沿海农田防护林网具有占地少、胁地轻、稳定性强、防护周期长、防护效益高等优点,应从林带的高度、宽度、透风系数、疏透度、走向及间距等方面进行考虑与精心设计。

(1)林带的高度

林带高度主要是指林带中主要树种成龄时可达到的高度,一般用 H 表示。林带越高所产生的防护效应也越大。滨海平原农田防护林带树种若指定为木麻黄,它的成林高度可达 $10 \sim 15$ m,按照林带前后水平风速测试,林带前树高 10 倍($-10H$)处就产生降风效应,林带后树高 15 倍($+15H$)以内降风明显,后一林带前的降风效应叠加到前一林带后的防风效应中,且多条林带对风能的削弱最终使林网整体做为粗糙度较大的下垫面的作用来降低近地层风速。

由于林带防护距离绝对值的增大与树高的增加成正比,而相对值则变化不大。据观测,随着林带的不断长高,林带后风速降低最大值的出现点也在不断后移,这表明林带的防护距离绝对值在增大。因此,组成农田防护林带应尽量选用树体高大的树种。林默爱(2005)通过对福建平潭岛木麻黄构成的农田防护林网的林带的降风效应进行了实地测试,该试验根据平潭岛主风向的特点,主林带走向设计为西北西—东南东($112.5° \sim 292.5°$),与主风向垂直,林带宽5 m。林带前后空旷地分别超过500 m和300 m,树高 $4.5 \sim 7.5$ m,透风系数 $0.48 \sim 0.53$,观测得到林带前后不同距离的风速资料见表7-1。从表中可见,林带前($-10H$)的位置就发生了降风效应,不同风速平均下降了5%,随之风速持续下降,直至穿过林带($+25H$)处,不同风速平均下降18%。其中,林带后 $+6H$ 的风速只有旷野的51%,下降效应最为明显。

表 7-1　木麻黄防护林带前后不同树高倍数处水平风速分布情况

风速(m/s)	旷野	$-10H$	$-6H$	$-3H$	$+3H$	$+6H$	$+10H$	$+15H$	$+25H$
$0 \sim 2$	100	98	99	98	98	97	98	99	100
$2 \sim 4$	100	96	95	90	67	60	72	78	87
$4 \sim 6$	100	95	93	92	66	52	63	70	85
$6 \sim 8$	100	94	92	89	65	49	57	66	80
$8 \sim 10$	100	94	88	83	57	45	57	63	78
>10	100	95	91	87	60	48	60	65	81
平均	100	95	92	88	64	51	61	68	82

注:风偏角0°,观测高度2 m, H 为树高,-为林带前,+为林带后。引自林默爱,2005。

（2）林带的宽度

林带宽度是指林带本身所占据的株行距，两侧各加 1.5~2.0 m 的距离。林带过宽、或过窄，其防护作用均不理想。过宽的林带占地多、胁地重、疏透度差、林木分化严重、生长不稳定，其生态效益和经济效益也不好。

林带胁地是普遍存在的现象，其主要表现是林带树木会使靠林缘两侧附近的农作物发良不育而造成减产。产生林带胁地的主要原因是：①林带树木根系向两侧延伸，与林缘附近农作物一同竞争公共区域的土壤水肥资源。②林带树冠高大，影响了林缘附近农作物的光照时间及光照强度，形成了光资源的竞争。孙国吉等（2003）研究杨树造林的农田防护林带对小麦产量影响认为，林带附近的小麦蒸腾强度偏低、产量明显下降，其胁地范围大致为 $+(0.7~1.0)H$；由于林带胁地范围内杨树与小麦存在明显的水分竞争，可通过开挖断根沟以防止林带的胁地影响，林网内小麦平均可增产 5%~15%。

林带宽度的大小直接影响到林带的透风系数。只要达到最佳透风系数，就能产生良好的防护效应，这在林带设计时必须给予充分考虑。据观测，在林带透风系数相近且结构特征、天气条件及地体因子等条件相同的情况下 10 行和 5 行的两条林带防风效应是相近的。这表明：林带宽度对防风效应影响不大，只要在取得最适透风系数时，不论种植几行其结果都相近。因此，在规划设计林带宽度时，应致力于最经济的占用土地面积和维持最适透风性所需要的最少行数，这在人多地少的滨海平原区，意义尤其重大。一般认为这个行数限度是 15 行（约 30 m）。

（3）林带的透风系数

透风系数又称通风系数、透风度。透风系数是指当风向垂直林带时，林带背风林缘 1 m 处林带高度范围内的平均风速与空旷地区相同高度范围内的平均风速之比。该参数是用来衡量林带结构优劣的重要指标之一。不论从林带的实体观测，还是根据有关的理论研究或风洞模型试验，通常认为透风系数 0.5~0.6，且上下疏密分布均匀的林带防风效应最好，这种结构的林带，在树高 15 倍（$+15H$）范围以内，2 m 高度处平均风速可降低 32%~50%，风降最大值出现在林带后树高 6 倍（$+6H$）处。这种防风效能随风速增大而增大的林带具有显著的生态效益，因为它可在弱风时不因林带的存在而明显影响林网内空气的流通，又可在风力增大时"自动地"增强防风能力，能更有效地抗御风害。

由于透风系数不是林带本身结构的指标，且测定方法尚未统一，在生产上的直接应用受限，因此，在沿海防护林研究工作中透风系数常与疏透度结合使用。

（4）林带的疏透度

疏透度，也称为透光度，是指林带的透光程度，也可用来判断林带结构的透风状况。通常情况下，疏透度（%）是林带林缘垂直面上透光孔隙的投影面积（m^2）与该垂直面上总面积（m^2）之比。很多学者按疏透度的大小来区别林带结构类型（表 7-2）。

（5）林带的走向

考虑到滨海平原区风力大而且干旱，而农田防护林网通过改变空气动力学特征，主要从三方面来改善作物的生产条件：降低地面蒸发量，改变农田水分条件；减少风蚀，防止土壤沙化和因细沙风蚀造成肥力损失；减少强风（台风和冬季大风）和强风引起的风沙流对作物的直接损伤。因此，各地设计主林带的走向应与主害风风向垂直。

表 7-2　林带结构类型与疏透度的关系

林带结构	林带纵断面通风孔的特点	疏透度（%）	
		树干	树冠
紧密型	整个断面没有通风孔	0~10	0~10
疏透型	整个断面通风孔数量中等	15~35	15~35
通风型	树干部分通风孔大，树冠部分没有通风孔	>60	0~10

注：引自朱金兆等，2010。

　　然而，在进行沿海农田防护林设计时，由于被护物和林地条件的限制，实际上很难与主害风风向相垂直，无法达到这一理想状态。因此，林带走向常常与主害风风向呈一定的偏角（图 7-1）。

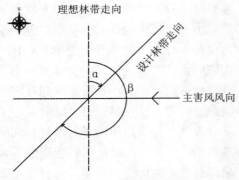

图 7-1　林带偏角、交角及其走向示意

　　①林带的偏角　指实际设计的林带与理想林带走向的夹角（α）。据报道，当偏角≤45°时，林带的防风效果虽然降低但不甚明显，但当偏角＞45°时，则效果有明显的降低。因此，林带的允许偏角常以 45°为限（朱金兆等，2010）。

　　②林带的交角　指林带与主害风风向的夹角。

　　③林带走向　指林带配置的方向，以林带两端指向的方位角，即林带和子午线的交角表示，分别用 α、β 表示。如图 7-1 所示，该设计的林带走向为 45°~225°。

　　④次害风　指频率较大且与主害风风向交角＞45°的害风。

　　(6)林带的间距

　　在农田防护林网的规划设计中，林带间距是一个重要的设计参数，包括了主林带间距、副林带间距。其中副林带走向要求与主林带的走向相互垂直。

　　①主林带间距　据研究，主林带间距为林网成熟林平均树高的 10~15 倍范围为好。按平均 100 m 的林带间距设计，则风力较强的区域应为 70~100 m，风力较小的山地风影区间距拉大为 100~150 m。

　　②副林带间距　除了要根据次害风的危害程度外，还必须充分考虑发挥农业机械化作业效率和尽量少占耕地。通常情况下，林网可采用正方形网格配置，副林带间距与主体间距相同。在次害风危害不大地区，可以不设副林带或增加副林带间距，使林网呈长方形网格状。

　　总之，林网结构组成以降低风速、尽量减少林网内空气的乱流和涡流为原则，有学者建议沿海防护林网应形成的网格大小 2~4 hm²；主林带宽度 8 m，由 4 行树或 3 乔 1 灌组成，呈混交疏透结构；副林带宽度 4 m，由 2 行树或 1 乔 1 灌组成（高智慧等，2013）。

7.1.1.3　沿海农田林网造林技术要点

　　(1)选用优质造林材料，适时栽植

　　选择木质化程度高、根系完整、无病虫害的壮苗为试验材料，注重树种多样化，且为优良品系或基因型，并根据造林树种的生物学特性，适时栽植。实践证明，沿海地区秋末冬初或春季均可栽植。例如，池杉、落羽杉等树种宜在新芽萌动前的 2~3 月植苗造林；桉树可在 3~5 月用容器苗造林；竹子可在 2~3 月进行分殖造林。

（2）合理密植，科学管护

确定造林密度应根据树种特性和防护林设计要求，初植密度不宜过大。一般采用带状整地或块状整地，带状整地宽度一般为 50~60 cm，深度 10~25 cm；块状整地的规格根据造林树种特性、苗木大小、杂草和灌木情况等确定。及时做好林地及幼林抚育措施，防止病虫害大面积发生，维持沿海农田林网的防护功能、森林景观及林副产品等综合效益。

7.1.2　沿海四旁绿化

四旁绿化又称为四旁植树，是指在村旁、宅旁、水旁和路旁周围种植树木，进行绿化改造。沿海四旁绿化作为纵深防护林的一部分，是整个沿海防护林体系中重要的组成部分（张纪林等，1998）。四旁绿化不但要以绿起来为目的，而且要求达到绿和美的统一，既要绿化，又要达到美化；既要有较好的生态效益，也要有较好的社会效益和一定的经济效益。沿海是我国发达人口密集的地区，同样也是遭受台风、风暴潮最频繁的地区，近几年来自然灾害造成的直接经济损失每年高达 135 亿元（周生贤，2005）；城镇化发展快速，温室气体的排放、$PM_{2.5}$ 超标、水质遭受破坏、土壤重金属超标、水土流失严重、生活垃圾和工业垃圾随意堆放等一系列的问题日益突出。

因此，做好沿海地区的四旁绿化，不仅可以起到护路、护岸、护渠、护堤的作用，而且可以改善生态、美化环境。尤其是经济比较发达的沿海平原地区，亦和城市一样面临着生态环境日益恶化的现实问题。有一定规模的乡镇企业和农村集镇，更需要有一个优美、舒适的工作和生活环境（林德城等，2019）。根据我国第八次森林资源连续清查结果，我国四旁树总株数 100.94 亿株，胸径小于 5 cm 幼树占了所有四旁树的 66.7%，四旁树经折算后占地 618.29×10^4 hm^2，四旁树覆盖率 0.65%，蓄积量超过 4×10^8 m^3，我国人均拥有四旁树 7.5 株，蓄积量仅有 0.3 m^3。

7.1.2.1　沿海四旁造林现存问题

目前我国沿海四旁造林仍存在以下几个方面的问题：

（1）造林树种组成单一

四旁造林的树种整体上看起来较多，但局部地带立地条件差、树种组成单一、结构简单。例如，南方乡村四旁主要种植杉木、香樟、桂花（*Osmanthus fragrans*）等树种居多，北方平原则主要是以杨树为主要的四旁绿化树种（王永吉，2017）。单一的树种组成导致森林生态系统稳定性差，防护功能先天不足，林带退化严重，残次林相较多，带来的生态和经济效益低（翁友恒，2007）。

（2）造林技术研究力量单薄

通过中国知网数据库（CNKI）收集 1950—2014 年的我国沿海防护林论文（总计 1 273 篇）进行计量分析，结果表明：近些年关于沿海防护林的相关文献有所增加，但是核心期刊论文和标准、专利的数量明显偏低，分别仅占 22% 和 14%。其中，专门针对沿海地区的四旁绿化的科学研究文献数量更少（仅有 96 篇），且涉及的科研单位较少（颉洪涛等，2017）。目前有关四旁绿化的内容多为以防护林建设为研究主体中的一个组成部分，很少单独去做更精细的研究，以致对该内容技术指导研究不足。

（3）全民重视程度不够

沿海城郊宅旁村镇居民重视远远不够，常常乱砍滥伐，只顾眼前利益，却未能从长远发展眼光来对待这一问题。例如，在修建公路、工程建设采石挖土、修建新房等过程中均需要伐除一些树木。长此以往下去，沿海绿色屏障会越来越小，人民的生命财产安全不能完全得到保障。另外，一部分地方政府不够重视，为应对上级领导检查，急于表面工作，但实际上未能按照规程进行植树造林，导致整体四旁树种的生态效益未能得到显著提升，且浪费人力、物力和财力。

（4）城乡四旁树发展不平衡

沿海乡村四旁造林不如城市规划，发达程度越高，土地利用率越高。因此，乡村闲置土地相比城市的多，从而更有利于四旁绿化的长期发展；另外，林农对四旁树经济和生态效益认识不够深入，采伐不符合标准导致林分质量下降。目前乡镇农村四旁造林常用于保护农田，但是营造效果不佳，苗木品质良莠不齐，树种组成结构简单，易造成病虫害，整体上达不到防护效果、还减少土地利用的效率。

7.1.2.2　沿海四旁造林发展对策

（1）四旁造林的树种选择

四旁造林树种选择可以根据栽植的作用、土地资源概况、民俗风情等情况进行造林。遵循适地适树原则，树种选择宜：①选择具抗性高、适应性强、病虫害少的乡土树种，优先使用珍贵濒危树种；②城市通道应选择树干通直、冠大荫浓、生长健壮的较高大乔木为主要树种，结合道路绿化的优良乔灌树种；③村镇四旁绿化美化而且更注重农田防护林水平的树种选择应该符合区域地理人文环境，展现地域自然景观，稳定植物景观的形成；④沿海风口地区应选择具有抗风抗旱能力强、耐瘠薄的种类；⑤在立地质量较好的四旁栽植地段应选择珍稀树种，以提升整体地区造林效果的综合质量。

（2）挖掘沿海岸四旁绿化的造林用地

加强沿海四旁绿化，把构建森林城市和森林村庄为目标，从而更加完善沿海防护林体系。沿海防护林建设的防护效应主要有调节气候，改善海岸环境；增加土壤肥力，抵御土壤被大风侵蚀，保护堤岸；增加粮食作物产量等多种有效功能。因此，在沿海村庄四旁绿化过程中，可结合堤岸外滩涂地的红树林、柽柳林、芦苇等消浪防风固沙强的植被，在村庄周围构建绿色的防护农田林网，形成完整的防护林建设体系，以达到完美的森林村庄需求。

沿海森林城市建设中城区可供绿化的地方较为零散，四旁空地的面积不如村庄大。可以通过进行建筑废弃工地等进行改造，规划新建公园、街旁小游园及广场绿地，完善分布格局，增加公园绿地面积，满足市民休闲绿地需求；选择乡土植物在小区、学校、企业、医院、机关单位等可以通过见缝插绿、屋顶外墙多方位立体绿化，搭建别具特色的单位附属绿地；城市防护绿化主要是道路防护绿化，包括铁路、高速公路和城市道路的防护林，在道路两侧营建防风、防止水土流失、保护路基、隔绝噪声的防护林，在进入城区的主干道的道路旁等交通节点可以进行景观设计，体现城市发展的主要特色。

（3）增强法律法规支持力度

近些年来针对惩治乱砍滥伐、毁林开垦等破坏树木的违法行为的法律法规逐渐增多，

表 7-3　我国有关森林保护的法律法规部分条例

法律、法规	颁布时间	相关规定
中华人民共和国森林法	2019 年 12 月 28 日修订	第四十二条　国家统筹城乡造林绿化，开展大规模国土绿化行动，绿化美化城乡，推动森林城市建设，促进乡村振兴，建设美丽家园。 第四十三条　各级人民政府应当组织各行各业和城乡居民造林绿化
中华人民共和国海洋环境保护法	2017 年 11 月 5 日	第二十七条　沿海地方各级人民政府应当结合当地自然环境的特点，建设海岸防护设施、沿海防护林、沿海城镇园林和绿地，对海岸侵蚀和海水入侵地区进行综合治理。禁止毁坏海岸防护设施、沿海防护林、沿海城镇园林和绿地
中华人民共和国水土保持法	2010 年 12 月 25 日修订	第十八条　水土流失严重、生态脆弱的地区，应当限制或者禁止可能造成水土流失的生产建设活动，严格保护植物、沙壳、结皮、地衣等。在侵蚀沟的沟坡和沟岸、河流的两岸以及湖泊和水库的周边，土地所有权人、使用权人或者有关管理单位应当营造植物保护带。禁止开垦、开发植物保护带
沿海国家特殊保护林带管理规定	1996 年 11 月 13 日	第七条　在沿海国家特殊保护林带内，禁止从事砍柴、放牧、修坟、采石、采砂、采土、采矿及其他毁林行为，禁止非法修筑建筑物和其他工程设施。 第十一条　沿海国家特殊保护林带内的林地不得占用、征用

如《中华人民共和国森林法实施条例》《中华人民共和国海洋环境保护法》等，但在今后很长的一段时间内，应该加强这些法律法规的执行强度，做到违法必究、执法必严。表 7-3 摘录部分有关四旁绿化的相关法律条文。

(4)建立和完善林业生态补偿及评价机制

党的十九大报告指出人与自然和谐相处，作为新时代中国特色社会主义的基本方略之一，建设生态文明提高到了一个新的层面。通过建立和完善良好的林业生态补偿制度，调动沿海人民群众对保护树木和植树的积极性，能更好有利于推动沿海城市与乡镇四旁绿化的要求(吴强等，2016)，进而增强沿海抵御台风、风暴潮等自然灾害的能力，完善功能、扩大乡镇四旁绿化的规模、动员乡镇居民参与，最终形成一个良好的沿海四旁植树的氛围。

(5)党和政府及民间协同配合

从政府层面上，各级党委政府需要落实到位，高度重视沿海村庄四旁绿化。坚持改革创新，落实规划保障。政府积极制定政策，大力宣传绿化的重要性以及对区域经济发展推动作用，落实绿化的资金保障，这样就能通过生态补偿机制等途径充分调动林农和基层干部参与沿海四旁绿化的积极性(刘延春等，2006)。政府等有关部门还可经常对以往绿化工作进行考核评比，检查过去的绿化情况，奖励绿化成效较好的当地管理者，保护现有的绿化成果。

从民间群众的角度上，群众与党密切联系，如省(自治区、直辖市)地方电视台可以组织当地领导进行访谈互动，讨论与植树绿化相关的话题，组织义务植树(杨幼平，2014)。一些高校企业单位等人才通过研究学习，把最新的科技带到基层，科学合理规划，将绿化落实到位，帮助当地百姓解决一些实际问题。广大的人民群众可以通过各种电视宣传活动和如今兴起的自媒体(如政府微博、微信公众号等)了解我国对生态的新政策，自觉地投入到沿海绿化建设当中，为构建美丽和谐的中国添砖加瓦。

（6）加强科技研发及推广力度

当前有关四旁绿化所投入的科研力量薄弱，国家政府应该投入更多的资金来进行沿海四旁绿化研究，从而及时解决当前所遇到的瓶颈问题，以科学地引导人们进行积极的造林工作。未来四旁造林的研究重点可以结合分子和基因生物学先进理论与技术，从更微观的层面去探寻更多更为合适的造林树种选育与繁殖，这对沿海四旁绿化的健康发展具极大推动作用。

7.2　沿海林分配套建设

沿海林分配套建设是构建"稳定、高效"沿海防护林体系的重要组成部分，同时也是充分发挥林业"三大效益"的"带、网、片、点"相结合的完整的沿海综合防护林生态体系。在低山丘陵中上部坡度较大、土层较薄地块营造水土保持林，在山丘下部坡度较小、土层较厚地块和条件较好的荒滩地，大力营造用材林、经济林；在风景名胜区和森林旅游区主要搞好风景林和生态林建设；在山顶和山脊上，采取封造结合方法培育水源涵养林；在河流、干道两侧进行通道绿化，营造丰产用材林或经济林；在城镇和村庄周围，加强环城防护林及其他林带等绿化建设（叶功富等，2013）。

7.2.1　沿海水源涵养林和水土保持林

我国沿海地区丘陵山地和海洋岛屿，由于坡度普遍较大，土壤比较干燥及易降暴雨等原因，水土流失比较严重。据估算，该区域平均每年每平方千米水土流失约为 3 000 t。另外，沿海地区人口密度大，人为活动频繁，经济较为繁荣，导致淡水资源的需求量极大；且多数海岛上居民的饮用水来源也十分有限。因此，在设计和营造丘陵山区防护林体系时，必须考虑对山、水、田、林、路进行综合治理，在减缓水土流失程度的同时，做好涵养水源工作，切实贯彻工程措施与生物措施相结合，以生物措施为主的原则。

营造沿海水源涵养林和水土保持林的造林措施就是应用植物学、生态学、水土保持学、植被水文学等学科原理，从生态系统的整体性、群落结构的稳定性、资源利用的有效与可持续性出发，利用植物覆盖地表、固定土壤的能力，部分或全部替代工程措施所具备的功能，达到既能防治水土流失，又能美化生态环境以及节约和保护资源的目的（左长清，2007）。

7.2.1.1　沿海森林植被保水固土原理

（1）地上部的降雨截留及固土功能

沿海山地土壤因其风化壳结构松散及降水量丰富等自然特征，土壤抗侵蚀能力低。当地表缺乏植被覆盖时，这种侵蚀尤为严重，通过种植植物部分替代水泥、石砾、木（竹）桩等建筑材料，以保持生态环境的自然特性和人类对景观的需求，也不改变原有资源的自然属性，可达到涵养水源及保持水土的目的（左长清，2007）。该造林措施的作用途径主要有以下几个方面：

①降雨截留作用　植物主要通过茎叶实现降雨截留作用，如图 7-2 所示，林分上空的降雨（R_0）一部分降雨直接被茎叶吸收存贮（R_1），一部分流经茎叶形成二次降雨（R_2），还

有一部分经树干顺流至地表（R_3），这样就降低了到达地面的降雨强度和有效雨量，从而减弱了雨水对坡面的侵蚀。各部分降水关系参见公式：$R_0 = R_1 + R_2 + R_3$。

一般采用截留率（%）来描述降雨截留作用的大小。截留率是指雨水截留量与同期降水量的比值，即（$R_0 - R_2$）$/R_0 \times 100\%$，或（$R_1 + R_3$）$/R_0 \times 100\%$。它主要受降水量、植被密度、植物种类等因素的影响。在植被密度越高或林冠层越茂密、降水量越少的情况下，截留率越大，甚至可达 100%；在降雨强度很大，或降雨持续时间很长，但林冠截留量已饱和的情况下，则截留率趋于 0（周晓峰等，2001）。因此，在沿海造林设计和施工中，必须因地制宜，在降水量大的区域尽量栽种拦截能力强的植物。

②消弱溅蚀作用　降雨滴落在植物茎叶、凋落物上时发生飞溅，从而大大减弱了下落雨滴直接击打土体的动能，雨滴动能越大，撞击土体的分裂力越大，被溅出的土粒数量也越多。这种土壤侵蚀作用也称为溅蚀，是水蚀的一种重要形式。当雨滴击打裸露的坡面时，土粒能被溅至 0.6 m 高及 1.6 m 之远。溅起的土粒落在坡面时，土粒总是向坡下方移动的多，一场暴雨能将裸露地的土壤飞溅达 24 kg/m²，造成严重的水土流失（王磊，2011）。因此，造林所形成的植被茎、枝、叶及凋落物等地上部将能够大大消耗雨滴的动能，并且能将大雨滴分散为小雨滴，再次降低雨滴动能，不同截留层雨水的动能大小表现为：$R_6 < R_2 < R_0$，$R_6' < R_3 < R_0$。当沿海森林植被凋落层丰厚时，其截留的降水量越多，即（$R_5 + R_5'$）越大，可以明显削弱甚至消除雨滴的溅蚀。

③抑制地表径流作用　地表径流是沿海山地坡面土壤区域之土体冲蚀的主要动力，这种作用力的强弱取决于径流流速。因此，通过沿海造林栽植植物，尤其是低矮灌草植物因其分蘖多，呈丛状分布，不仅能够阻截径流，还能使径流在草丛间迂回流动，改变径流形态，从而有效地减弱径流的流速，减轻其对土体的冲蚀。此外，木本植物的根基、枯枝落叶等明显增加了地表粗糙度，可有效阻碍地表水流（$R_4 + R_4'$），延缓地表径流形成时间，减弱径流的流速，同时大大增加了水流向土壤的渗透量（$R_6 + R_6'$），最终明显抑制了地表径流。

④抵抗风蚀作用　沿海森林植被可有效降低风速，削弱其能量，减轻风对表层土壤的侵蚀，水土保持效益明显。植被对土壤风蚀的影响可反映在地表粗糙度及风蚀强度的变化上，其影响作用取决于森林植被层的特征，包括林分类型、林分密度、林下植被盖度、植物抗风强度等特性。风蚀气候因子的动态变化、植被覆盖地面的时空变化及风蚀强弱程度三者之间具有良好的相关性。当植被覆盖度<20%时，风蚀率会大幅度地增加；<27.15%时，不同植被防风蚀的作用效果表现为，灌木>多年生牧草>作物（赵彩霞等，2005）。可见，加速森林植被恢复是沿海风蚀地区最有力的水土流失治理措施。

⑤其他作用　沿海造林覆盖地表的植物还可以起到防止人畜践踏、扶垛效应、拱顶效应等作用。沿坡地等高线建植植物篱，是重要的水土保持植物措施，也是当前坡地复合经营的重要形式之一，可有效防止人畜对土壤的践踏。扶垛效应和拱顶效应是坡面上植物斜向支撑作用下的土壤流失治理表现形式。扶垛效应是指乔、灌植物利用根桩部挡住了坡上方不稳定的土壤，从而起到稳固坡面的作用。而没有被相邻林木根桩拦截的浅层土壤会沿着相邻根桩之间的空隙下滑，并在树干中间逐渐停留下来，形成具一定厚度的拱幅，从而挡住了后续下滑的土壤，产生拱顶效应。这种效应主要由树干的直径、两树的间距、坡度和土壤侵蚀强度等因子决定（骆华松等，2002）。

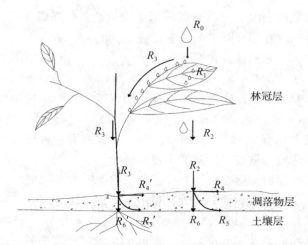

图 7-2 沿海森林植被地上部的降水截留及固土作用(赖华燕和卢佳奥 绘)

（2）根系的保水及固土功能

针对沿海地区土壤发育特点及自然环境条件，人们主要利用森林植物根系来改善土体结构，增强土体抗蚀性，防治水土流失。森林所有植物均是保持生态环境中水分的重要载体。在水分—根系—植物—大气连续体中，根系起着重要桥梁作用，一方面依靠根压作用及蒸腾作用与大气相连结，一方面利用水分梯度促进了土壤中矿质溶液的质流、土壤黏粒和微生物等物质的运移及富集现象，从而影响整个生态系统，特别是水分变化及物质转移速率。因此，根系对维持生态环境平衡具十分重要的作用。根系通过与接触的土壤黏粒、胶体、有机质、矿质及微生物等充分结合形成有机复合体而发挥这些作用。这种结合方式促成了植物根系特有的固土特性，增强了植物与土壤之间互惠互利的密切关系。一般情况下，植物根系数量越多，分布越广，根系与土壤接触面积越大，其固土性能越强（程洪等，2006）。下面主要从植物根系生物化学作用、锚固作用和加筋作用来解释植物根系保持水土生态功能的作用机制。

①根系的生物化学作用 森林乔木层树木根系体积庞大、生物量约占全株的 20% 左右。相比之下，草本植物的根系生物量较小，且分布很浅，但有一些草本植物的根系也异常发达，如香根草根系一般可延伸至土层 2~3 m 处，甚至超过 5 m，还有类芦（*Neyraudia reynaudiana*）、狼尾草（*Pennisetum alopecuroides*）等根系也十分发达（罗旭辉等，2013）。在森林植物根系的生长发育过程中，其细根不断地生长、死亡，并迅速分解，每年死亡的细根量往往等于甚至大于地面的枯枝落叶量。这些死亡细根的有机质、木质素、蛋白质等分解产物，以及活根周围所产生的糖类、有机酸等根际分泌物，都是土粒之间团聚的胶结物质，极大地促进了土壤团聚体的形成，从而增强了土壤的固持能力（李秋芳等，2012）。同时，林木活根对土壤穿插、挤压所产生的裂隙，以及死亡根系分解所遗留的空穴，大大增加了土壤的非毛管孔隙度，有利于土壤的保水功能。

②根系的锚固作用 锚固理论通常指岩土工程中，将锚杆、土钉打入深层稳定的岩土体中，以防止浅层松动、不稳定土体的离层滑落。植物一部分粗壮根系本身具备较大的强度和刚度，可以穿过土体松散风化层，锚固到深处较稳定的岩土层上，并通过主根和侧根

与周边土体的摩擦作用把根系与周边土体联合起来，起到锚固作用(王磊，2011)。

　　沿海造林立地条件往往较差，土层瘠薄，坡度较大，表层土壤易滑动、流失。植物根系的锚固作用有时非常微小，这与林地坡度、土层厚度及土层潜在滑移面的位置等因素有密切关系。如图 7-3 所示，森林植被根系所能延伸到岩土层的深度对其发挥锚固作用大小有着决定性的影响。

　　如图 7-3(a)所示，当山地坡面表土层较薄，植物根系不能扎入基岩，因此根系对边坡浅层土体的稳定所起的锚固作用不大。

　　如图 7-3(b)所示，当山地坡面表土层较薄，但基岩有裂隙，根系可伸入基岩，根系的锚固作用明显，对边坡的稳定起很大作用。

　　如图 7-3(c)所示，当山地坡面表土层较厚，接近基岩处有一过渡土层，其密度与抗剪强度随深度增加，根系可伸进过渡土层加固边坡。

　　如图 7-3(d)所示，当山地坡面表土层深厚，超过植物根系的延伸长度，根系不能穿过潜在滑移面，因此根系对坡面的锚固作用很小。

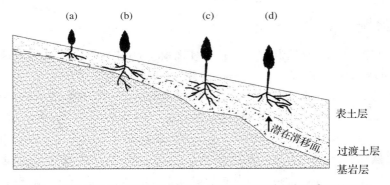

图 7-3　森林植被根系所能延伸到岩土层的深度对其锚固作用的影响

　　③根系的加筋作用　森林植被根系的加筋理论是借鉴岩土工程中的加筋土理论而设计，并在沿海地区造林过程中运用实践的。由于土体具有一定的抗压和抗剪强度，而其抗拉强度很低，在土内掺入适量的加强筋，可以改善土的强度和变形特征，形成加筋土。因此，植物根系就像一种天然的加筋材料，而根系—土体复合体就类似"加筋土"。根系在土体中呈网状、异质不规则的分布状态，且随着土层深度的增加，土体中含根量逐渐减少。当林地坡面上的土体复合体承受荷载时，土体和根系将共同承受外荷载，共同发生变形，由于土体和根系的物理结构特性相差很大，根系的变形远小于土体的变形，根系和土体之间为了变形协调，必将产生摩擦阻力来约束限制土体的变形，从而有效减弱了土体滑移的动能，达到保持水土的生态功能。例如，百喜草(*Paspalum notatum*)根系长度 65~80 cm，可延伸至土层深度 100 cm 以上，但 50% 以上的根系集中在表土层 3 cm，其根系加筋作用就特别显著(王磊，2011)。

7.2.1.2　主要造林技术

(1)树种选择

营造水源涵养林和水土保持林的树种，应选择适合当地气候、土壤条件的生长迅速，寿命长，根系发达，树冠繁茂，较耐干旱、瘠薄且能促进排水和固结土壤的树种。例如，山东龙口市丘陵山区沿海水土保持林建设中，在树种的选择上以黑松、日本落叶松、侧柏、紫穗槐、栎类、刺槐等为主；在偏薄土层，以黑松、紫穗槐为主，构成乔灌混交林。

（2）造林措施

在造林密度上及配置方式上，应根据立地条件，选择主要树种和辅助树种，组成混交林；因地制宜，设计合理的造林密度。还要考虑整地方法及规格要求，造林季节和造林方法，抚育管理措施等。例如，闽南长泰县纵深防护林造林技术措施研究报告中，选择条状或块状整地前应进行局部劈草清杂、挖杂灌等进行林地清理，特别提倡保留造林地周围的天然阔叶林分。

（3）造林时间

植苗造林选择容器苗为宜，在春季雨后的阴天或雨天进行造林，特殊情况下可延长至5月。荒山荒岛等困难立地可选择飞播造林。

7.2.2 沿海城市森林

城市森林与国防林、自然保护区和科学实验林等小林种都属于特种用途林的一部分。当今我国经济建设加快，但第二、三产业的蓬勃发展给城市环境带来压力。我国三大沿海工业区中，多数城市空气质量出现 $PM_{2.5}$、O_3 或 NO_2 污染的情况（表7-4），其中京津冀地区尤为严重，全年有超过 160 d 的空气污染物超标。但树木在一定程度上可以减少空气中的多种污染物。因此，有专家学者提出"建设环境友好型社会，构建生态城市"的观点。由此促进人与自然和谐相处，从而实现社会经济的可持续发展。所谓"生态城市"是指在现代科技的基础上，建设人与自然共生、共存、共荣的生态系统。而在生态城市的建设中，具较高美学价值的城市森林发挥着巨大作用，是新型城市构建中不可或缺的一部分（张子扬等，2019）。我国沿海城市承载着全国 42% 的人口，却创造了 60% 以上的国民生产总值。可见，如何实现沿海城市的生态建设显得尤为重要。下文着重论述沿海城市森林组成和功能，并总结归纳了沿海城市森林的构建及营造方法，提出对沿海城市森林研究的展望。

表7-4 我国沿海地区城市空气质量不同指标占全年总天数的百分比

地区	优良天数（%）	平均优良天数（%）	轻度污染（%）	中度污染（%）	重度污染（%）	严重污染（%）
京津冀	38.0~79.7	56.0	25.9	10.0	6.1	2.0
长三角	48.2~94.2	74.8	19.9	4.4	0.9	0.1
珠三角	77.3~94.8	84.5	12.5	2.4	0.6	—

注：数据来源于中国生态环境状况公报，2007。

7.2.2.1 沿海城市森林功能

国内外专家认为沿海城市森林包括处在沿海城市周边的自然保护区、风景名胜区、防护林带以及城市内的公园和绿色通道等具有较高观赏价值的植物群落（Epting 等，2018）。为与沿海城市环境协调，沿海城市森林具有显著的生态、社会功能。

（1）生态功能

沿海城市森林具有调节环境的生态功能。第一，沿海城市森林能减少水分蒸发，而林内凋落物可拦截地表径流与改良土壤吸水性，这些可以增加水分下渗，补充地下水资源。第二，行道树和草坪均能降低气温和提高湿度，影响小气候，缓解城市热岛效应。第三，沿海城市森林能有效抵御台风。研究显示，树体上部的树冠和枝叶将上层气流分离，造成近地层气流切变与动能损失，进而降低风速（潘勇军等，2014），并且可以降低台风引起的浪潮高度，保护海岸城市安全。此外，城市森林具有较高固碳和污染物净化效益，且复层林相对于单层林净化效益高；一些树种可分泌具杀菌功能的挥发性化合物以改善空气质量，净化城市环境。

（2）社会功能

沿海城市森林具有很高的审美价值。审美是精神上的享受，不同的地域环境往往会形成各具特色的风景，从而形成特有的文化内涵。海南三亚的椰树将城市和大海结合，构成一幅热带海滨图景；厦门的凤凰木象征着这座城市的红火繁荣；上海的梧桐营造一个浪漫的都市情调；还有青岛的雪松、天津的白蜡、大连的槐树等，无不是植物在城市森林中发挥的作用，传递着文化的方向。

然而，随着城市化的加剧，人们对周边的环境越来越重视，人们对生活质量提高和回归自然的渴求日益迫切。良好的风景游憩环境是满足人们日常休憩，恢复精力和体力的需要，已成为现代城市"稳定、协调、宜居、文明"的重要标志。有学者对林内人体舒适度、空气负离子和生物活性有机挥发物等方面进行研究，致力于找出舒适的森林空气环境，消除城市快节奏工作生活环境给居民带来身体与精神上的疲劳。目前有关城市森林休憩功能的提升问题已成研究热点。

7.2.2.2　沿海城市森林的构建

城市森林关于美的理念有自然和人工的分别，典型的中国传统园林就强调自然美，而西方的庄园更讲究规则的人工美。如今我国城市森林的建设拭图将这两种美的理念并存。沿海城市森林属于城市森林范畴，因而城市森林构建理论同样适用，不同之处在于其需要迎合沿海自然环境特点。

从大尺度来构建城市森林，可分为郁闭型、稀疏型和空旷型；按照树种组成划分为针叶树和阔叶树风景林；从景观层面来说，分为城市背景型森林景观区、远山型森林景观区和道路原野型森林景观区。小尺度上，风景林处在城市中不同的位置，需要更加突出特定作用：属于自然保护区更强调在生态系统上的完整性；在风景名胜区、公园则会更突出观赏作用；而城市的防护林带则要求有效的防护作用。

沿海城市森林建设规划时，按照与沿海主城区的远近，还可以分为建成区、近郊区和远郊区三个层次。①建成区城市森林建设可与公园、公共绿地建设相结合，也可利用建成区内的山丘坡地和比较成片的空旷地，营造有特色的风景林。②近郊区的城市森林建设规划可与发展当地的名、特、优经济林品种结合起来，大多数果树有赏花观果价值。③远郊区的城市森林建设规划要与森林公园建设和风景名胜区的绿化规划结合起来，使之成为吸引外来游人和城市居民假日观光浏览的好去处。

7.2.2.3　沿海城市森林的营造

营造沿海城市森林，通常包含立地划分、树种选择、空间配置、群落构建、抚育管理和效益监测等环节。

（1）立地划分与空间配置

近年来，有学者提出在空间配置上，可以围绕其林相、季相、时态、林位和林龄等特征而展开（郑彦妮，2008）。积极借助 RS 和 GIS 等地理信息技术，特别是计算机技术运用，对沿海城市森林和生态网络系统、沿海城市生态环境敏感性进行构建与综合评价。杨宝仪等（2015）通过建立群落色彩要素与林分特征的相关性来研究生态风景林。由于现代信息技术更新速度极快，今后在沿海城市森林的构建及发展过程中应该密切关注各类信息技术的最新进展并加以利用。

（2）树种选择与群落构建

在树种选择环节上，乡土树种的应用越来越受到重视，甚至认为乡土树种是生态风景林的基础。当植物覆盖率达 50%，可有效控制热岛效应，让人感觉舒适。风景园林树种是指适宜作为沿海地区城镇街道、庭院绿化的以改善和美化环境为主要用途的各种观赏树种。要求树形美观，叶面光滑清洁，花果期长，防火性能好，耐烟尘，无恶臭，不污染环境，耐修剪，易造型，不易感染病虫害。由于东南沿海地区风灾频发，沿海城市森林选择的树种需要具备较强的抗风能力。研究表明城市森林乔木带主要降低高层的风速，而灌木林带主要降低近地的风速。不同城市森林带对沙粒的沉积效果不同；从林木个体形态特征对阻力和透风系数研究，发现树高、应力波速、冠幅和生长应变值与受风害的程度呈正相关（吴志华等，2010）。目前已研究筛选出具有较强抗风能力和较高观赏性的树种，例如，木麻黄、洋白蜡（*Fraxinus pennsylvanica*）、墨西哥落羽杉、女贞、马尾松、非洲楝和蝴蝶树（*Heritiera parvifolia*）等。

（3）抚育管理和效益监测

沿海城市土地利用紧张，如何提高城市森林综合效益的最大化是一大问题。除了要用高效益的树种外，复层结构的林分是提高效益的有效手段。从景观生态的观点，沿海城市内外分布的自然保护区、风景名胜区、防护林带、公园等斑块以绿色通道作为廊道能提高整个城市的生态效益；还可与城市规划相衔接，进而体现人文特色。

城市森林发挥着巨大的生态效益和社会效益，因此对现代沿海城市的建设至关重要。在理论研究上，沿海城市森林又提供给各种理论和技术交叉发挥的空间，如景观生态学与城市生态学理论。可见，如何丰富沿海城市森林的研究就显得尤为重要。叶功富等（2003）从群落生物量和能量方向切入风景林的研究，以开拓沿海城市森林的研究方向。李玥等（2010）对林下土壤的研究，得出养分、微生物及酶的相关关系；刘洁等（2016）研究发现，枫香树各个器官碳储量大小关系和最优碳汇量拟合方程；孙东等（2011）揭示林冠开度、林下直射光、林下散射光和林下总光照对林下植物分布的作用。可见，关于沿海城市森林的研究方向较散，且研究内容不集中，建议今后加强对沿海城市森林进行系统的研究。

表 7-5 中，选择秦皇岛海滨国家森林公园规划、浙江杭州西湖风景名胜区宝石山风景林和海南海岸热带风景林的建设等为例，对不同沿海区域风景林规划与营造特点进行简要介绍。

表 7-5　不同沿海区域城市森林规划与营造特点

典型例子	规划特点
秦皇岛海滨国家森林公园规划	① 护岸规划：护岸多为自然护岸，但线条僵硬、坡度较陡且植被状况较差，规划对原有驳岸进行整治、清理，减缓局部陡坡，并在水陆过渡带营造富有层次变化的植物群落（乔木—灌木—湿生植物—水生植物）。同时采用天然石材、柳条等加固新增生态岛的缓坡护岸，近水处种植芦苇、菖蒲等； ② 植被规划：规划调整陆生植被结构，提升园地植物多样性，通过人为恢复和监测控制，做到生态植被建设与生态管理措施并举； ③ 鸟类保护规划：在规划中分别形成林地、浅滩沼泽、灌丛、开阔水域、水中生态岛等不同栖息地类型，为各种鸟类栖息提供相适应的环境
浙江杭州西湖风景名胜区宝石山风景林	① 沿海风景名胜区的风景林不仅改善生态环境，调节气候，保持水土，还是我国进行国防教育和爱国主义教育的重要场所，例如，在风景林中配置的纪念林、生态保育林等。一般可通过改造原现有林分乔木层、灌木、草地等形式来实现对风景林的建设规划； ②在进行对名胜区风景林改造时，人工处理不当会造成种间关系失衡，群落的退化，树种病虫害等现象。例如，杭州西湖宝石山风景林，白栎林老化现象日益严重。在对此进行规划时，选用块（带）状改造，以择伐伐去长势衰弱或受病虫严重危害的树木，在林地中形成块（带）状空隙，不至于剧烈改变环境条件，而使改造失败
海南海岸热带风景林的建设	作为沿海岛屿风景林建设规划的典型，在海南海岸热带风景林的建设中，依据原生乡土植物种质资源，植物的生物生态学特性以及三亚、海口南北风景林建设实践经验，作出建设构想： ①潮间水域部分是潮汐、盐碱、淤泥、缺氧等特殊的沼泽生境，这种独特的生境，正是红树林植物最适宜生长的地方； ②陆域部分，根据不同的地形、现状植被、区位关系确定优势种，构建各具特色的生态、林相景观带

7.2.3　沿海经济林

经济林是我国五大林种之一，是可以较快地实现生态、社会和经济三种效益有机结合，兼具经济效益显著、投资周期短、见效速度快等特点。对于沿海防护林体系工程建设而言，经济林是从木料或其他林产品的生产里面能够直接地得到经济效益作其主要经营目的的森林。苹果、柑橘、柚子、枇杷、龙眼、荔枝、香蕉、椰子、橡胶等品种的主产区主要集中在沿海地区。因此，做好沿海地区纵深防护林中经济片林发展规划，对发展高产、优质、高效的沿海防护林体系建设具有重要意义。

经济林的发展规模及所占林业用地面积的比例不应受限制，气候、土壤条件适宜，产品优、效益好、加工和销售需要量大的品种，可以大力发展，并可向基地化、专业化方向发展。例如，福建省漳州经济林建设，按照市场导向和产业结构调整的要求，积极引进优良品种，大力发展名、特、优、稀经济林。目前，该区域经济林建设初具规模，基地布局日趋合理，建立了万亩龙眼、万亩芦柑、万亩蜜柚、万亩"八仙茶"示范片，引进推广早熟荔枝、晚熟芦柑、优质龙眼（水南一号）、美国李、脐橙等，构成了特色的果树经济林带；经济林品种结构得到优化调整，经济效益不断提高。

7.2.3.1　造林树种选择

经济林品种的选择要因地制宜，适地、适技术、适发展、适加工、适销售、适品种。如山东潍坊沿海滩涂区多耐盐碱的落叶阔叶树种，主要分布于寿光、寒亭、昌邑 3 个市（区）的北部地区，主要的经济林有苹果、柿子、梨、桃、山楂、杏（*Armeniaca vulgaris*）、葡萄（*Vitis vinifera*）、樱桃、板栗、枣、银杏等。相比较而言，我国南方主要以柑橘、柚子、

表 7-6 沿海经济林的造林树种及其特点

林种	作用	主要造林树种
竹类	竹类为地下茎植物，根系发达，是优良的水土保持和保护堤岸的树种。竹秆坚韧，抗风力强，适宜在沿海地区栽培。大多数的竹种可营造竹、笋两用林，经济价值高，而且成林成材早，长期生产力较为稳定	毛竹、麻竹（*Dendrocalamus latiflorus*）、绿竹
果材两用树种	果实经济价值高，材质也较好	银杏、荔枝、文冠果
油料树种	果实或种子含油量丰富	油茶、椰子树、乌桕
果树	果实营养价值高、产量高	杨梅、龙眼、柑橘
特用经济树种	树叶或树皮、果实、枝条等营养器官可当作饲料、工业原料、食品饮料或其他材料	黑荆树、橡胶树、山楂

枇杷等树种为主。表 7-6 中列出了沿海经济林造林过程中经常选择的树种。

7.2.3.2 主要造林技术

在沿海地区发展经济片林，必须把握好以下几项关键性技术：①筑堤围涂，防止海潮倒灌；②开挖河、渠、沟，做好排咸蓄淡工作；③做好规划，道路等基础设施，要合理规划；④抬土做墩，提高种植点高度，有利于淋盐养淡，改良土壤；⑤营造好防护林，改善海涂地的自然生态条件；⑥选择优良品种，培育优良嫁接苗，建设有特色的柑橘基地；⑦合理密植，适时栽植，做好培育管理工作。

7.2.4 沿海用材林

对沿海平原地区和沿海岛屿，林业用地比较少，发展大面积的用材林不符合实际。但是，也正是由于一些沿海平原地区和沿海岛屿，由于森林资源贫乏，用材奇缺，适当规划营造一定面积的用材林，解决群众生产或生活上急需用材，显得更有必要。用材林在国民经济中占有重要地位，直接影响着我国生态环境以及林产品加工业的发展，但是我国用材林供需矛盾突出，木材供给对外依存度近 50%。根据对自然资源潜力分析，东南沿海地区未来挖掘木材供给的潜力巨大。

7.2.4.1 沿海用材林的特点

沿海地区用材林的规模建设不可追求集中连片，应在充分考虑水土保持和水源涵养需要的前提下，适当规划营造用材片林。周洁敏等（2015）提出东南沿海区域，用材林发展重点在于提高森林质量，可适度发展花榈木（*Ormosia henryi*）、红花天料木（*Homalium hainanense*）、海南木莲（*Manglietia hainanensis*）等热带珍贵用材林，同时也可加快林化工业原料林发展。浙江沿海地区位于亚热带季风湿润气候区，涉及的行政区有舟山市、嘉兴市、杭州市、绍兴市、宁波市、台州市和温州市，北邻上海市，南接福建省；总体地势是西南高、东北低、内陆高，往沿海逐渐降低，由西南向东北延伸的山脉沉入东海之中，北部沿海为长江三角洲和钱塘江河口平原（包括萧绍甬平原和杭嘉湖平原），南部为低山丘陵海岸，平原和盆地分布其间。崔莉等（2011）通过浙江沿海森林资源现状及动态分析发现，浙江沿海陆域用材林面积大约 131×10^4 hm²，占林分总面积近 50%，所占比重较大；其面积大小分别是防护林、经济林、特用林和薪炭林的 1.3 倍、7.1 倍、13.1 倍和 166.3

倍(图 7-4)。

然而，沿海地区立地条件和抚育管理通常情况下比较差劣，加上当地居民过度打枝樵采，不合理采伐，以及树种选择不适宜等原因，以致于诸多沿海地区用材林林分低产。因此，沿海地区的用材林建设规划，要因地制宜，在荒山面积较大的地区，可以建设用材林基地。齐清(2006)应用层次分析法对山东胶南市进行林种结构优化，防护林、用材林、经济林、薪炭林、特用林

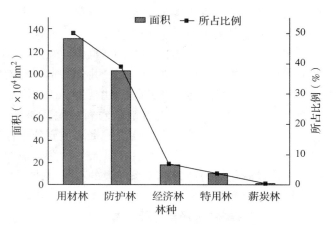

图 7-4 浙江省沿海陆域林种结构(引自崔莉等，2011)

五大林种优化后的理想比例分别为 51.93%、19.32%、16.81%、4.26% 和 7.69%。

7.2.4.2 造林树种选择与主要造林技术

一般情况下，用于营建用材林的树种最好具有以下某些特点：生长迅速，树干通直高、分枝高、冠幅小、材质好、出材率高、纹理通直、结构致密、不翘不裂、耐久用、易于加工，繁殖更新容易，不易感染病虫害或不易遭受森林火灾，轮伐期短。例如，杨树、桉树、木荷、杉木等重要用材树种。

与内陆相比，沿海造林环境整体上较差，因此用材林的营建以混交林为主。于雷等(2009)针对辽宁凌海市和大洼县泥质海岸地段大面积土壤盐碱化严重的现象，通过对该区域用材林型防护林模式进行优化之后发现，选择木材性质优良的大乔木树种辽宁杨、银中杨、中林 46 号杨、小胡杨、3930 杨、群众杨、绒毛白蜡等营建杨树品种混交林，或与刺槐混交，一定程度上可获得效益较好的用材林。

7.2.5 沿海薪炭林

薪炭材是传统的能源之一，是继石油、煤和天然气之后的第四大能源，其能量来源于森林和林地所承载的绿色生物质。通常情况下，树木被采伐加工后，会有很大一部分的剩余物可用作燃料，例如，伐桩、枝条、树根、树叶，还有刨花、木屑等加工废料。在没有矿物燃料之前，这些资源具有热值较高、燃烧灰渣量较小等特点，一度受到国内外人们的喜爱。为此，我国人工营造薪炭林专门用于薪柴生产的热情曾经十分高涨。但随着现代多种能源的开发利用，薪炭林的面积呈逐年下降的趋势。根据第八次全国森林资源清查(2009—2013 年)结果，全国森林面积 2.08×10^8 hm^2，按照五大林种划分，薪炭林 177×10^4 hm^2，占 0.86%。

7.2.5.1 沿海薪炭林的特点

与内陆山区相比，沿海地区因山秃树少，农村生活用柴短缺，为维持基本生活用能，农作物秸秆被大量烧掉而不能还田，耕地土壤变劣；多种林木植被被砍伐破坏，造成水土流失严重，致使生态环境恶化，形成恶性循环。为解决生活烧柴，每年有大批劳力外出砍柴打草。如福建霞浦县沿海地区，人口密集，山多林少，群众烧柴十分紧缺。地处海隅的

福建东山县，自然灾害频繁，立地条件较差，直至 1990 年以前，全县农村能源仍十分紧缺，薪材消耗量大大超过了生长量。

薪炭林具有许多优点，因具有可再生性和广泛的适应性可永续利用，单位面积生物产量很高，薪材燃烧产生的热值较高，并且基本不污染环境。薪炭林还可改善环境、美化环境。我国沿海防护林体系的建设，就是为了改善沿海地区的自然、经济、社会环境。在今后相当长的一段时间内，沿海地区农村，尤其是地处交通不便的丘陵、山区和海岛的农村，仍将以薪炭林能源为主。薪炭林资源主要分布在福建、浙江和广东等省份；其次是辽宁、山东和广西也有一些薪炭林；其余的沿海省份拥有薪炭林面积很小。总而言之，沿海薪炭林建设既是沿海防护林体系建设的有机组成部分，同时也是有效解决沿海地区农村能源紧缺的且有效的根本措施，应该给予高度的重视。

7.2.5.2　造林树种选择与主要造林技术

薪炭林的造林树种要求生长快，枝叶茂密，单位面积生物量大，萌蘖性强，容易繁殖与更新，燃烧值高。应该采取密植、短轮伐期的集约经营方式。建议在经营规模上，由一家一户自给自足分散经营方式逐步向规模产业化发展方向转变。同时，要求管理部门转变职能及观念，利用政策法规、宣传导向等方式加强宏观调控管理；组织科技力量深入研究薪炭林营造技术，在树种选择、造林密度、抚育管理、经营决策等方面给薪炭林经营者以科学高效的理论及实践指导。

复习思考题

1. 简述沿海森林植被蓄水及固土作用途径。
2. 沿海农田防护林网结构组成的主要因子包括哪些？
3. 概括介绍珍贵用材树种在四旁绿化中的重要性。
4. 营造沿海城市森林的关键技术是什么？
5. 试介绍沿海经济林的造林树种及其特点
6. 试述沿海地区发展用材林的必要性。
7. 简要介绍沿海薪炭林的主要造林技术。

第 **8** 章
沿海防护林抚育管理与更新改造

【本章提要】

本章主要从沿海防护林幼林和成林抚育，沿海低效防护林的成因、改造的基本原则及其方式等方面相关理论及主要技术体系进行阐述，着重分析了沿海防护林的天然更新、人工促进天然更新、人工更新等林分更新措施及其成功经验，为我国沿海防护林体系经营管理提供理论与实践总结。

沿海防护林的经营管理应遵循可持续发展理论，以维持生态平衡为基础，从过去传统的"单一生态防护"转变为"综合生态利用"，以达沿海地区林业可持续发展的战略目标。也就是说，应通过合理经营，改善森林资源结构，提高林地生产力和利用率，建立具有一定空间结构，以发挥生态功能为主体的稳定、高效、可持续发展的多层次、多功能的沿海防护林体系，这一体系具有结构有序、功能健全、系统稳定、高效持续的特点。

国内对防护林经营管理的研究主要依据经营目标、林分起源、树种组成、林分生长与结构、立地条件等进行合理经营，主要包括：幼林补植、封山育林、林分结构调整与优化、低产林分改造、病虫害防治，防护林的成熟与更新、防护林立地类型划分与质量评价、次生林的超短期轮伐和伐后抚育等研究（杨毛坡等，1993；康立新等，1994）。沿海防护林作为防护林的重要组成，发展历史不长，有关其可持续发展的经营管理体系内容及方法还处于不断完善之中。针对泥质海岸的特点，许基全等（2016）提出了筑堤围涂、开挖河渠、合理规划、适地适树、引种驯化、壮苗培育、合理整地、适时造林、适当浅栽、抚育管护10项造林措施。黑松人工林抚育间伐能显著促进林木生长，林分蓄积量提高12%～28%，以间伐强度为20%和25%的效果较好；间伐使林分结构改善，林内幼苗、幼树的生长也明显优于不间伐林分（钟鼎谋等，1996）。总之，本章主要从沿海防护林抚育管理、改造和更新等相关基础理论及具体的方法措施进行归纳与总结，旨在为维持高效沿海防护林林分综合效能的稳定发挥，以及提升低效低质沿海防护林林分的生态功能提供理论及实践依据。

8.1 沿海防护林抚育管理

沿海地区造林立地环境条件恶劣，导致新造防护林的投资和经营风险都很大，而且新造林分发挥防护效能需要一定的时间和过程。因此，我们对新造林分必须在幼龄、中龄等不同发育阶段进行适时抚育，使之在较短时间内提高防护效能。这是沿海防护林体系工程建设中重要的组成部分，对于实现林地持续利用和沿海防护林的可持续发展具重要促进作用。

8.1.1 幼林抚育

幼林抚育管理工作，通常是指造林后至幼林郁闭前这一阶段对造林地进行管护的各种技术措施。目的在于提高造林成活率和为幼林生长创造优越的环境条件，为林木速生丰产打好基础。沿海防护林成林前，特别是郁闭度不高的时期应该主要通过除草、松土、施肥和灌溉等手段，提高沿海防护林幼林对抗干旱、冻害和杂草危害等能力，加快沿海防护林幼林的生长速度，提早郁闭、促进早成林。

8.1.1.1 松土、除草

松土的目的是改善土壤表层物理结构，以达到透气保水的效果，进而增强土壤微生物活力，加速对有机物的分解，提高土壤有效性养分。除草是人为清除杂草、灌木等影响造林树种幼苗生长的其他植物，在促进幼树生长的同时，还能有效维护了林内卫生状况，一定程度上破坏了病虫害的生存及繁殖环境，降低了火灾发生的可能性。除草一般有 2 种形式：①化学除草，即利用除草剂对林间杂草、杂灌进行喷洒的具体措施；②物理除草，即采用机械或者人工方式将林间的杂草、杂灌进行清除，包括全铲、盘铲、带铲等具体方法。

泥质海岸造林地每次灌水后应及时松土。但不同树种松土和除草的时间和要求应该有所区别。黑松幼苗期苗木生长嫩弱，不宜过早松土，需要等到苗木稍大些，根系伸长、苗体稳固之后再进行松土作业；而除草则要及时，在针叶长出后，接近雨季、杂草繁茂，本着杂草"除小、除早、除了"的原则，可用小锄松土除草，人工除草 4~6 次，无草、土壤不板结为宜，确保苗木生长空间水、肥、光的充分利用(吴建军，2016)。

具体的除杂工作要根据杂灌的长势而定，一般保证杂灌的高度不超过林木幼苗高度，确保林木幼苗能接受到充足的光照。桉树栽植后的前 6 个月幼苗长势弱，容易受到林间杂草、灌木等的影响，特别是对于在初春造林的桉树幼林，此种影响显著，因而一定要在桉树造林后做好除草、除灌(吴福元，2018)。在杉木植苗造林后 1~3 a 内，每年都需要对幼林进行 2 次及以上的除草抚育，最佳时期是 2~3 月和 7~9 月。由于造林初期的杉木幼树根系相对不深，需要进行 7~10 cm 的浅锄，在树龄不断增加过程中，将锄深增加到 10~15 cm。在树冠区域下方进行浅耕，向外逐渐深耕。针对低山丘陵林区的立地条件，应在秋冬时节进行深翻抚育。

8.1.1.2 浇水、施肥

为促进苗木生长和提高苗木质量，除了及时灌溉浇水之外，还应根据造林幼林生长状态与林地土壤供肥能力，及时进行追肥，可选择点施、沟施或撒施等较适宜的追肥方式。据报道，岩质海岸造林的 4 年生相思树林分，连续 2 a 抚育施肥比不抚育不施肥的林分，平均树高和胸径生长量分别提高 2.0 倍和 1.8 倍(表 8-1)。唐行等(1999)以广东海丰沿海基干林带的木麻黄幼林为例，根据不同木麻黄林分的长势情况，划分了 5 种不同的抚育类型进行分析比较(表 8-2)。

表 8-1　不同抚育施肥措施对福清沿海岩岸更新相思树幼龄林分林木生长的影响

抚育措施	造林密度（株/hm²）	林龄(a)	平均树高（m）	平均胸径（cm）
不抚育不施肥	3 330	4	1.52	2.2
造林后抚育施肥 1 次	3 330	4	2.65	3.4
造林后抚育施肥 2 次	3 330	4	3.05	4.0

注：引自肖金辉，2008。

表 8-2　广东海丰沿海基干林带几种木麻黄幼林抚育类型的比较

抚育类型	林分状况	主要措施
抚育补植型	林分保存率在 41%～85%，保存苗木分布不均匀	补植，对幼林进行松土、抚育，同时有条件的结合施肥，确保造林苗木成活率达 95% 以上
松土、扩穴施肥型	长势不旺，但保存率 85% 以上	松土、扩穴，追肥量每公顷复合肥 750 kg 或 P 肥 750 kg，N 肥 375 kg 的混合肥
松土、扩穴抚育型	长势旺盛，且保存率 85% 以上	松土、扩穴、施肥
封管抚育	长势旺盛，郁闭度 0.35 以上	封山管护，加强防火防虫，有条件的进行劈青
特殊抚育型	流动沙丘地幼林	流动沙丘地立地条件较差，应根据具体情况实施科学合理的抚育措施

注：引自唐行等，1999。

8.1.1.3　其他幼树抚育措施

风沙危害严重地区的沿海防护林宜控制修枝。对萌芽能力较强的树种，因干旱、冻害、机械损伤以及病虫危害而生长不良的，应及时平茬复壮，注意平茬切口要光滑，有利于平茬后幼树新芽健壮整齐，以促进防护林造林树种幼苗主干迅速地生长。混交林可采用修枝、平茬、间伐等措施调节各树种之间的关系，保证其正常生长。条件适宜的地段可实行农林间作，以耕代抚。红树林的幼龄林分应适时清除危害幼树生长的附生生物，禁止放养家禽、放牧、捕渔、挖掘海滩动植物等活动，保护红树林植物幼苗，防止土壤、水体污染，有条件的地方可以施肥。柽柳幼林以封禁保护为主，造林 3 a 内应禁止入内割草、搂叶、放牧等活动，以保证林木正常生长。

8.1.2　成林抚育

沿海防护林成林后的抚育工作相对于造林初始幼林期的抚育工作简易。其中，间伐是最重要的成林抚育措施，可有效地缓解林木的郁闭状况，促进林木更健康的生长，以实现防护林建设的综合效益。沿海防护林的抚育对象一般包括：①造林密度大，竞争激烈，郁闭时出现挤压现象，林下立木或植株受光困难的林分；②组成结构不符合防护要求的林分；③林相残破、防护效益差的林分；④遭受病虫害、火灾及雪压、风折等自然灾害的林分。

8.1.2.1 沿海防护林成林初期的抚育重点

成林初期沿海防护林林分还未完全郁闭，这是成林的一个关键阶段。我们需要对不同树种之间的竞争情况进行人工干扰，通常采取的措施有修枝、间伐和压灌等手段，对种间的竞争激烈程度进行调节，主要是保证主要树种的正常生长。

在林分刚刚进入郁闭阶段，这时灌木或辅佐树种的生长往往相对较为旺盛，应及时对这些抑制主要树种生长的植物进行平茬或修枝处理。灌木的平茬位置一般位于其树高的1 m处，而对辅佐树种的修枝强度一般不宜超过林干高度的1/2。当林带林龄进入10~12 a时，应当对沿海防护林枯梢木、病腐木进行清理。

8.1.2.2 沿海防护林成林期的抚育重点

沿海防护林进入成林阶段之后，不同树种或同一树种不同个体之间的竞争程度会越发激烈。所以这个时期的抚育工作重点是通过疏伐的方式来维持沿海防护林组成结构的稳定性。通常情况下，一次疏伐强度占林分总株数的15%~20%。对于坡度大于25°的沿海防护林，原则上只进行卫生伐，目的是伐除有害林木。而立地条件较好的沿海风景林，可按森林美学的原则进行景观伐，改造或塑造新的景观，创造自然景观的异质性，维护生物多样性，提高游憩和观赏价值。

对于消浪林带红树林而言，由于风浪等造林环境相对恶劣，对新植红树林幼林影响较大，往往成活率和保存率不高，因此应适当密植。如秋茄、木榄、红海榄初植密度为10 000~20 000 株/hm²，株行距选择0.5 m×1 m或1 m×1 m；无瓣海桑初植密度为1 600~2 500 株/hm²，株行距选择在2 m×2 m或2 m×3 m。如果红树林植物生长环境条件优良，则可在造林5~6 a后采取疏伐的方式进行林分密度的适当调整。疏伐量视造林地状况而定，一般伐除株数不得超过20%的林木。

8.2　沿海防护林改造

当沿海防护林林分生态功能明显衰退时，即应该实施人为干预改造措施，以促进低效林分群落的正向演替或提高群落的生态健康水平。目前，有关低效林这一概念的内涵，不同学者的认识还存在较大差异。例如，有学者认为低效林是"由于受到了强烈地非自然因素的干扰破坏，林分系统功能呈逆向发展趋势，系统内各组成成分质量低劣，植被总盖度低，林下土壤结构受到严重侵蚀，使得整个林分系统几乎丧失自调机能，最终表现为保水保土能力极差，防护效益处于极端低劣水平状态的林分"。该定义的确立比较倾向于强调低效林对生态环境造成的消极影响。李铁民（2000）则认为天然次生林"受到外界因素的继续干扰破坏，次生林群落便发生逆行演替，由比较高级和相对稳定的阶段向比较低级和不稳定的方向退化，自然生态效益及社会经济效益低下，这种林分称为低质低效林"。该定义更倾向于用来分析和阐述低效林的成因。

与低产林相比，低效林和低产林都说明了林分效果，不同的是低效林还包含了保水蓄水的效果，而低产林和低价值林主要强调的是指经济效益方面的效果。实际上，有些低效林既是低效防护林，又是低产林。在行业标准中，低产林一般是指因未能适地适树或经营管理不当，或受自然、人为不良因素影响，造成林木生长慢、质量差，明显低于所在立地条件应有生产力的林分。例如，低产用材林，还有各种干鲜果及其他林副产品产量低下的经济林也称为低产林。总之，以生态防护功能为主要培育目标的森林，由于林分生态功能低下，通常称为低效防护林。

8.2.1　沿海低效防护林的成因

沿海地区森林植被发生逆向演替，进而形成大面积低效林分，即退化的沿海防护林森林生态系统，其形成受到多方面因素的共同作用，主要表现在以下五个方面：

8.2.1.1　人为干扰

随着沿海地区人口迅速增长，为了扩大耕作、生活用地，毁林开荒的现象时有发生，这就直接导致了森林资源日益匮乏，造成大面积的低效林。特别是在人口密度较高的次生林区，由于过度整枝与樵采等人为原因，造成林相破碎，林分结构不稳定，林下自然更新的优良种质资源枯竭，水土严重流失，林地质量下降，形成低效林。

8.2.1.2　目标定位不当

对沿海地区林地的利用，未能正确评价林地的生产潜力，经营方向确定不当，经营目标定位过高而导致沿海低效防护林。此种原因形成的林分，多发生在沿海立地条件较差的林地上，盲目不切实际地培育用材林或经济林。

8.2.1.3　造林技术落后

对林地造林条件认识不足，造成造林树种选择不当，或是种苗质量不佳、难以抵挡外界恶劣环境，或是树种配置不合理、个体之间矛盾严重，或者营造技术力量差、指导不到位等方面的问题，以致林分生长不好，形成沿海低效防护林。另外，有些造林单位或个人为了节约成本，达到迅速造林的目的，从而减少对造林的投资，最终造成大面积低效林的产生。

8.2.1.4　经营管理不善

粗放经营是沿海低效防护林的主要成因之一。造林后经营措施未达到要求，管理水平较差，尤其是林分抚育措施不到位，极易形成低效防护林。一些单位长期以来只栽不管或重栽轻管，认为树栽下去工作就完成了，如果不及时进行除草、灌溉、除萌、施肥等抚育工作，就会致使土壤板结、排水不畅、透气性差，根系就难以伸展，影响主干生长，形成小老树林分，防护功能低下。

8.2.1.5　森林病虫害

林分结构不良，树种组成单一，一些地区为了迅速进行大规模植树造林，于是全部种植纯林，造成林分结构简单、不稳定、抗逆性差，凋落物少，导致地力衰退严重，后劲不足。当优势树种或主要伴生树种遭受病虫严重危害之后，其林分结构和组成就很快失去了完整性，森林生态功能和经济生产能力大大降低，形成沿海低效林。

8.2.2　沿海低效林改造的重要原则

沿海低效林改造过程中应遵循各项基本原则，在同一个经营单元内，以不同树种的不同发育阶段为依托，在时间空间上相互交错、井然有序、形成整体，充分发挥沿海森林的特有功能并保持其永续性。

8.2.2.1　尊重自然力

沿海低效林改造应遵循近自然林业经营理念为最高准则，这是以充分尊重自然力和现有生境条件下的天然更新为前提的，是顺应自然条件下的人工对自然力的一种促进。原则上要求避免破坏性的集材整地和土地改良等作业方式，以保护和维持林地的生产力。

8.2.2.2　因地适树

林木更新时优先考虑天然更新，树种尽量自然下种。需要人工更新时，必须保证适地适树、适地适种源，尽可能利用乡土树种。必须引入外来树种时，应分阶段谨慎引入，避免外来物种入侵，不致于给周围生态环境造成威胁。

8.2.2.3　提高阔叶树的混变比例

与纯林相比，针阔混交林的生态、经济和社会效益明显较高。特别是增加阔叶树种的造林比例，可为沿海困难立地提供更多的枯枝落叶腐殖质肥料，增强林地肥力，有利于建立起更加稳定的植被群落，大大增强林分抗逆性。

8.2.3　沿海低效林改造方式

沿海低效防护林改造应综合考虑改造区域林种、树种及空间上的科学、合理的布局与配置，通过改造实施，达到调整、优化林分结构的效果。改造的作业面积应根据林分的实际情况和评判标准确定，但更新改造方式一次连片作业面积不得大于 20 hm²。

据有关规定，与内陆区域的低效林相似，沿海低效林改造应包含调查评价、作业设计、查验审批、施工与监理和检查验收等环节。通过实地调查与低效林评判后，针对不同的低效林类型、成因和经营培育方向，以小班或林带为经营单元，确定适宜的经营培育方向、改造方式及具体的技术措施。除森林经营、造林等方面的常规技术要求外，在设计和实施中还应根据改造类型、方式及环境，考虑其他技术措施。例如，树种调整重新配置的作业要求；水土严重流失区的集流蓄水、强化入渗的作业要求；水土严重流失区、风沙区的乔灌草配置技术、固土固沙技术的作业要求；病虫害发生区的林木及环境有害生物源处理技术的作业要求；长期水土流失，土地肥力贫瘠改良技术的作业要求；非木质林产品低效林的品种更换、嫁接、复壮等技术的作业要求(叶功富等，2000)。

沿海低效林改造在设计和实施过程中，有针对性的采取以下保护措施：①应注重生物多样性的保护，加强对国家级野生动、植物资源保护及其栖息地的保护，防止外来物种入侵而导致的生物污染；②尽量控制对现有植被的破坏，采取的作业措施应避免或减少新的水土流失和风沙危害，防止改造过程对自然环境的不利作用和影响；③严格控制病虫危害源的传播途径，进入改造区的种植材料要检疫，改造区的病虫危害木及残余物要及时进行隔离与处理，经检疫符合有关标准后方可流出改造区；④林地坡度大于 25°的沿海低效林，改造中宜采用带状、块状的林地清理方式，以尽量减少改造过程中的水土流失；⑤改造过程中不宜全面清林和炼山。主要的改造方式有以下几种。

8.2.3.1　补植

沿海地区的残次林、劣质林及低效灌木林可采用补植的改造方式，通过选择适宜生长的树种，促进混交林的形成。

通常根据林地林木分布现状，确定补植方法。根据补植的强度可分为：①均匀补植，适用于现有林木分布比较均匀的林地；②块状补植，适用于现有林木呈群团状分布、林中空地及林窗较多的林地；③林冠下补植，适用于耐阴树种；④竹节沟补植等方法。

补植株数应根据经营方向、现存密度和该类林分所处发育阶段合理密度而定。补植后密度应达到该类林分合理密度的 85% 以上。

8.2.3.2 封育

具有目标树种天然更新幼树的林分，或具备天然更新能力的阔叶树母树分布，通过封育可望达到改造沿海低效林分的目的。对于自然更新有障碍的林地可辅以人工促进更新措施，予以沿海低效林的改造。

8.2.3.3 综合改造

这种改造方式适用于沿海地区残次林、劣质林、低效灌木林、低效纯林、病虫危害林及经营不当林。可通过采取补植、封育、抚育、调整等多种方式和带状改造、育林择伐、群团状改造等措施，提高林分质量。

对于沿海地区一些条件特别恶劣的林地，林分改造过程往往还需要一些工程辅助措施。例如，海岸沙地在残酷的环境条件下，海岸林木生长极为困难，其低效林分改造需依靠生态演替的原则，逐步恢复并建立相对稳定的海岸森林群落。根据台湾地区自桃园起到云台山西海岸间的沙丘低效林的改造经验，整个林分改造过程包括了堆沙整地、定沙植草、育苗造林、防风篱保护、抚育疏伐、病虫害防治及防火等措施(李明仁，2010)。

(1) 架设堆沙篱

为防止移动性飞沙危害，传统上在海岸前缘架设堆沙篱逐步建立海岸人工沙丘。部分地区采用机械整地，工作效率较高。堆沙设置前，必须先详细探测风向、风速与上风侧飞沙量、沙丘形状及微地形变化等基本资料，以决定堆沙位置及堆沙篱间距、编篱密度、方向与高度等。通常情况下，①堆沙篱间距，在平均风度属疾风(6~9.9 m/s)、且拟设堆沙篱地点风沙量少时，其距离为堆沙篱高的 15 倍为宜，而 10 m/s 以上强风处则需减至 10倍。②堆沙篱方向须与主风向成直角，如地形未能与主风向成直角时，即顺海岸滩线平行设主篱 2 条(主篱间距为 10~20 m)为中心，另在与主风向直角处，左右侧建造翼篱相连接，并在其内侧堆沙篱。③堆沙篱高度以地面高 1 m 为原则，视其设置地点、风上侧沙量多少及地面凸凹情形而增减，目的使堆沙篱后的地表平坦。④在堆沙篱堆满后，在两主篱中间(5~10 m)需再设一条主篱；堆沙篱的编制，先以竹柱依照堆沙篱间的距离插妥，然后再风下侧编栅 2~3 列。使其堆满沙时，顺次向风上侧推进。⑤编篱密度须视风速强弱及飞沙量多少而定，密度普通为 50%~70%，翼篱密度与堆沙篱相同。

(2) 定沙、植草和造林

在堆沙篱架设完成后，且冬季季节风尚未来临前，应立即每 60 cm 插一列稻草，保持草头向风下、草尾向风上的直立状，并与主风向成直角，降低地表风速，防止沙丘移动。为稳定飞沙，栽植地被植物的活物工法为最经济有效。定沙植物如马鞍藤、猫鼠刺(*Spinifex littoreus*)、蔓荆、海埔姜等，其茎节延伸，每节生根，根系发达，叶面积缩小，甚至无叶，或被以厚腊质或绒毛，可增强吸水机能与防止水分蒸发，能抵抗飞沙掩埋与根部裸露等危害。造林地经整地之后，待雨季开始即可实施造林。

（3）防风篱保护

防风篱高度一般以 2 m 为原则，视设置地点、风上侧沙量多少及地面凸凹情形而增减，防风篱密度约 50%，使刚栽植的幼龄树能获得充分保护。在极端恶劣海岸林地，防风篱须与主风向成直角，如地形未能与主风向成直角时，需顺海岸滩线处平行设主篱 2 条为中心，在左右侧与主风向直角处，需建造翼篱连接形成四面型防风篱为宜。

（4）其他改造抚育措施

为改善现存沿海低效林的林分结构组成，在林分各生长阶段，应采取适宜的修枝、疏伐等密度控制要领，以促进现存林分的健康生长。沿海地区属强台风地带，且林木根系在沙地土壤束缚力较弱，若疏伐不当反而会诱导风害发生，也可能因过度疏伐而破坏原有林相，导致林地环境条件恶化。即使海岸最前沿仅有数列林分，若能从树冠到地面构成一道致密的保护网，亦会挥发极大的防风定沙作用。因此，在海岸林分最前线数十米的宽林带内，必须禁止疏伐或间伐，甚至避免任何修枝、剪草等人为措施，以维持该林分的防灾效果。此外，沿海防护林潜在病虫害的早期发现，及时防止危害扩大等措施也极其重要。由于交通日渐发达，大部分海岸林地多已成为人们喜爱的游憩地点，由此可能产生大量垃圾，同时有些游客无意识地破坏林木，不仅造成海岸林的维护管理极为困难，也常因人为疏忽引发森林火灾，这些情况均会对海岸林产生极大影响。

8.3　沿海防护林更新

森林更新（forest regeneration）是指在林冠下或采伐迹地、火烧迹地、林中空地上利用人工或自然力重新形成森林的过程（翟明普等，2016）。根据更新方法的差异，可分为伐前更新、伐后更新和伐中更新；根据实施方法的不同，可分为天然更新、人工促进天然更新和人工更新；根据树种起源，可分为有性更新和无性更新。及时进行森林更新是维持和扩大森林资源的主要途径，是调整现有森林结构、实现永续经营的基础。

由于沿海防护林体系组成林分防护功能及造林难度的特殊性，沿海消浪林带与特殊保护地区的沿海基干林带不允许进行任何更新采伐活动；重点保护地区和一般保护地区的沿海基干林带的更新采伐应经过主管部门批准后，进行科学、合理的更新。

因此，对于沿海防护林体系的森林更新任务而言，主要是对长势良好部分纵深防护林进行适时、适度的更新处理。根据《沿海防护林体系工程建设技术规程》有关要求，当沿海纵深防护林林分中主要造林树种平均年龄达到规定的最低更新年龄（同龄林），或大径级立木蓄积量比例达到 70%~80%（异龄林）；或者濒死木超过 30%，生长停滞、防护效益严重下降，或者病虫危害严重的林分可进行更新。主要以天然更新和人工促进天然更新为主，人工更新为辅。

8.3.1　天然更新

天然更新（natural regeneration）是指没有人力参与或通过一定的主伐方式，利用天然下种、伐根萌芽、地下茎萌芽、根系萌蘖等方式形成新的森林的过程。下列情况可采用天然更新：①择伐、渐伐迹地；②采伐后保留目的树种天然幼苗不少于 5 000 株/hm² 的迹地；③具有天然下种母树 60 株/hm² 以上，或萌蘖能力强的树根不少于 900 个/hm²，且分布均匀的迹地。

8.3.2　人工促进天然更新

人工促进天然更新(artificial promotion regeneration)，指以弥补天然更新过程的不足所采用的单项人工更新措施。如人工补播补植，或进行林下卫生清理以改善林木落种发芽及其幼树生长环境。下列情况可采用人工促进天然更新：①渐伐迹地；②采伐后保留目的树种天然幼苗少于 5 000 株/hm²，通过补植、补播可以成林的林地。

8.3.3　人工更新

人工更新(artificial reforestation)是指采用人工造林方式恢复森林的过程。不满足天然更新和人工促进天然更新条件的林地应进行人工更新。根据更新造林的位置，常用的有以下 4 种人工更新方式。

8.3.3.1　林冠下更新

对立地条件较差、林相不整齐的林带，通过砍伐枯死木、病腐木、生长不良树木和部分上层木等，调整林分郁闭度(保持 0.5 左右)后，再在林冠下造林。例如，木麻黄防护林抗风、耐旱和耐贫瘠等特点显著，一度被认为是沿海地区困难立地植被恢复和重建的希望。然而，其小枝富含单宁导致凋落物难以快速分解，严重延缓了林分生态系统养分循环速率，在一定程度上抑制了其他植物种子的萌芽和生长，从而减少了海岸林分的生物多样性和生境完整性；另一方面，木麻黄作为沿海防护林的先锋造林树种，林分向海的前沿林带在遭受强风、台风等侵袭之后难免造成林相破损。因此，如何通过木麻黄林冠下更新以有效提升其林分植被多样性和群落稳定性成为当前林业工作者的研究重点之一。刘宪钊等(2017)以海南文昌市不同郁闭程度的木麻黄纯林为对象，研究发现在木麻黄中等郁闭度(40%~55%)林冠下套种的非洲楝和鸭脚木(Schefflera octophylla)等树种的保存率均可超过90%，其地径生长量分别为 0.65 cm/a 和 1.06 cm/a，树高生长量分别为 0.40 m/a 和 0.87 m/a，更新造林效果良好。

台湾海岸一般为强风地带，西北部沿海沙丘地带，海岸林冬季常遭受严重的东北季风和风沙的危害；而西南沿海地区又因地层下陷，海岸林长时间遭受浸水危害，造成该地区林木带分布极为零碎，林带宽度大多数狭窄。特别是木麻黄人工林的株数密度逐年减少，且 20 年生以上林分即被视为老龄林，此种海岸林需要配合海岸林整地、人工植栽、疏伐抚育等技术进行更新作业。更新造林的材料有苗木栽植、枝干直插、种子直播、天然下种、干及根的萌芽等。总体上，以列状更新或是空隙更新为佳(李明仁，2010)。

林承超等(1995)对福建琅岐岛位于沙质滩地前沿的朴树群落特征的详细调查研究发现，该群落生态系统较为稳定，对沿海沙地恶劣环境具有一定的适应性，且主根较深，根系较为庞大，冠层生物量较大，具有明显的防风固沙能力，改善土壤理化性质的能力也较强，可成为木麻黄林冠下更新树种的选择之一。

8.3.3.2 隔行更新

对立地条件较差，但林相较整齐的林带，特别是前沿基干林带，宜通过隔1行伐1行或隔2行伐2行的方法降低郁闭度后，进行林内造林。当新造林木达到中龄林后，再伐除剩余林木进行造林。以黑松防护林为例，黑松是山东沿海防护林体系中的重要造林树种，其人工林面积占山东省沿海防护林面积70%以上。历史上山东沿海沙地经常风沙肆虐，当地群众饱受其苦。从20世纪50年代起，当地政府开始重视沿海防护林建设和发展，利用科研成果及实践经验大规模营造黑松基干防护林带，取得了非常显著的生态综合效益。但由于现有大面积黑松基干防护林带已进入成、过熟龄阶段，生长衰退明显、发生大规模病虫害的潜在危险严重，以及林地土壤质量不高等原因，采用合理的森林更新方式以有效维持黑松基干防护林带防护效能稳定持久的发挥具重要意义。

许景伟等（2003）以山东莱州市过西林场沙质海岸28年生黑松基干防护林为对象，对不同更新方式处理条件下新造黑松5年生幼林树高和地径平均生长量的差异均达显著水平（表8-3），其中隔1行伐1行的更新方式处理下，黑松幼树的平均树高和平均地径可达1.48 m、4.6 cm；隔2行伐2行的更新效果与之相近，两者的造林成活率均达90%以上，均可在生产实践中推广运用。

表8-3　不同隔行更新方式处理下山东莱州沙质海岸黑松基干防护林幼林生长量的比较

更新方式	平均树高（m）	平均地径（cm）	成活率（%）
隔1行伐1行	1.48	4.6	91.2
隔2行伐2行	1.37	4.2	90.6
隔1行伐3行	1.28	3.7	86.9
皆伐后全光照更新	1.18	3.1	80.5

8.3.3.3 带状（块状）更新

通常情况下，对立地条件较好、防护要求不高的纵深防护林，可将原有林分按一定空间和时间顺序进行带状（块状）伐除，在采伐迹地上造林。一次伐除株数或伐除面积不能超过林分总株数或总面积的1/3。但是一些基干林带林分的防护效能确实低下，也可以考虑进行带状或块状更新。

以岩质海岸基干林带的更新为例，福清市位于福建省中部沿海，境内海岸线长348 km，沿线跨越13个镇区，防护林面积2.86×10^4 hm^2，其中岩岸基干林带面积0.6×10^4 hm^2，大部分为20世纪五六十年代营造的黑松人工林，因长期受人为的砍樵、打枝以及松毛虫、松突圆蚧等危害，变成了低效林，平均高度不足1.2 m，林分郁闭度大多在0.2~0.3之间，林分防风固沙、保持水土的功能逐渐减弱。为尽快恢复森林植被，从2003年开始，福清市开展了沿海防护林岩岸黑松低效林更新改造工程，肖金辉（2008）总结得出，选择郁闭度在0.3以下，受松毛虫或松突圆蚧危害严重的，病腐木达40%以上的，林龄在25 a以上，没有培育前途的黑松林分进行更新改造5 a之后，其林分郁闭度可提高至0.5以上，林地土壤含水量增加2%，松毛虫与松突圆蚧危害大大减轻。

具体措施是：沿等高线走向，以带状采伐方式，采伐带宽1 m，间隔保留带宽1 m，在采伐带中，利用速生、抗风的厚荚相思或马占相思优良苗木进行更新改造，同时，结合科学的营林配套措施，即采用条状劈带、块状挖穴，造林密度 3 330 株/hm²，施基肥（每穴施 150 g 复合肥或钙镁磷 250 g），造林之后连续 2 a 进行抚育追肥（扶苗培土、施复合肥每穴 150 g），可保证更新林分成活率达 90% 以上，促进幼林生长，提前林分郁闭，是促进林木生长的重要措施。目前，林带林木普遍生长良好，保留带内黑松因生存环境的改善，病虫害减少，危害程度减轻，整体林分开始郁闭，恢复了水土保持与防风固沙效能，使岩质海岸的基干林带防护功能得到迅速恢复。

8.3.3.4　萌芽更新

对原有树木生长良好且萌芽能力较强、风沙危害较轻的沿海防护林林分，宜采用萌芽更新。桉树是适宜进行萌芽更新的树种，其广泛分布的广西、广东、海南和福建等沿海地区几乎每年都有数个台风登陆肆虐，严重威胁到沿海防护林体系中的桉树人工林。为确保桉树人工林萌芽更新造林的成功率，目前桉树种植企业多采取林中留 2 株/桩，林缘留 3 株/桩的留萌处理方式（仲应喜等，2017）。一般情况下，要求桉树伐根贴近地面，伐根最高不要超过 5 cm；待萌芽条萌出多条，长至 1 m 左右，及时截去多余萌条，并加以培土，覆盖萌芽基部。这样有利于提高萌株成活率，且不易被风吹折。注意伐根未萌芽前不得将伐根培土，以防伐根腐烂，影响萌芽，造成萌芽更新失败（李忠伟，2003）。

萌芽更新是森林无性更新的一种重要方式，由于萌生植株能通过其原有的强大根系，更有效地利用土壤中的养分，通常比实生植株生长快，具有更强的环境适应能力，能较快地再次占据林窗，提高林分郁闭程度。刺槐原产于北美，19 世纪末引入我国，由于其适应性强、用途广泛，在我国华北、华东、华中、西北，乃至华南和西南地区广泛栽培，成为重要的用材林树种和生态公益林树种，特别是在山东省有广泛种植。

根据山东省森林资源清查成果资料：2000 年刺槐占用材林面积的 21.66%，占防护林面积的 23.9%，占特种用材林面积的 19.29%，占薪炭林面积的 88.54%。我国 20 世纪 50~70 年代营造的大面积刺槐林于 90 年代后陆续采伐，并通过无性更新方式完成林分更新，现有刺槐林大部分是萌芽、萌蘖更新后的 2 代林，个别林分为无性更新 3 代林。实生刺槐林经过连续无性更新后形成的萌生林生长迟缓、干形不良，难以成材、成林，林地生产力和生态功能逐代下降。因此，有关刺槐无性更新问题是一个值得引起关注和研究的重要问题，仍需要不断的研究（耿兵等，2013）。

复习思考题

1. 试比较沿海防护林幼林抚育与成林抚育的异同点。
2. 简要介绍沿海低效防护林的成因及改造措施。
3. 沿海低效林改造的重要原则有哪些？
4. 沿海防护林人工更新的主要方式是什么？

第9章
沿海防护林综合效益评价与提升

【本章提要】

本章主要从生态效益、社会效益和经济效益三个方面来阐明沿海防护林综合效益组成特征，着重介绍了沿海防护林综合效益评价体系的概念、作用及构建方法，提出全面提升综合效益的相关策略，为我国沿海防护林体系可持续经营提供理论与实践指导。

沿海防护林体系工程是一项长期、宏伟的生态建设工程。目前我国沿海防护林体系普遍存在破坏严重、断带、宽度和密度不够、林木老化、树种单一、自我更新能力差等现实问题，综合表现在防护林整体建设力度不足、经营管理滞后和科技成果推广效果不佳等方面。随着沿海防护林二期工程建设的深入推进以及"双增"目标的落实，沿海防护林工程区内的森林资源总量将继续呈现增长的态势，其所产生的生态效益乃至经济效益和社会效益也将继续增加，为我国作出的贡献将会越来越大。因此，系统全面地对沿海防护林建设工程的综合效益进行价值计量，以直观地向社会公众、政府部门呈现我国沿海防护林当前的建设状况，这对唤醒并提升人们对沿海防护林的认知和重视具重要意义。本章在分析沿海防护林效益组成的基础上，对沿海防护林效益评价体系构建进行归纳总结，阐述其综合效益的提升策略，为沿海防护林体系的建设与推广提供借鉴。

9.1 沿海防护林综合效益组成

国外对沿海防护林生态综合效益研究起步较早。日本针对岛国特点，对海岸林的环境保护作用由防飞沙扩大到防风、防飞盐（从洋面登陆强风携带的盐分引起沿海植被生长发育不良乃致枯死）、防潮、防雾、防海岸侵蚀等各种防灾机能做了较为全面和系统的研究，出版了《森林防灾学》《日本海岸林》《森林的防风机能》等著作，而且近年来对沿海防护林的景观及保健功能也进行了深入研究。葡萄牙、意大利、前苏联等国也不同程度开展过沿海防护林生态效益的研究。我国的沿海防护林生态经济效益观测研究起步于 20 世纪 50 年代，主要以海南橡胶园防护林、广西红树林海岸、闽南木麻黄林、苏北沿海防护林带、长江三角洲和珠江三角洲农田林网等防护效益为对象开展了一系列研究。但总体看来还缺乏系统和全面的研究，而且已获得的资料定性程度高，量化参数少，深度不够（高岚等，2012）。

据据全国沿海防护林体系建设工程规划（2016—2025 年）的要求，沿海防护林综合效益包括生态效益、经济效益和社会效益等方面。沿海防护林体系工程建设实施后，将取得明显的生态效益、社会效益和经济效益，为改善沿海地区生态环境、抵御台风和风暴潮等自然灾害、保障人民群众生命财产安全以及增加就业机会等作出巨大贡献。

9.1.1 生态效益

沿海防护林是我国沿海地区的绿色生态屏障，以红树林和柽柳林为主的消浪林带在消浪促淤、防灾减灾、净化海洋环境等方面将发挥巨大的作用，其防洪减灾价值可等同于完成一项修筑海堤工程和维持海堤日常管理所需耗费的成本。

沿海基干林带的建设对于改善沿海地区的生态环境、抗击台风风暴潮自然灾害袭击、减轻其破坏程度等方面具有显著的作用，特别是对沿海地区海堤、农田、房屋、公路、通信、供电等基础设施具有重要的保护作用。沿海防护林体系通过改善和降低林带防护范围内的风速、改变气流性质，同时间接影响其他气候因子、土壤因子，发挥其防风固沙等功能，以达到改善林带防护范围内的生物生长环境、调节工程区小气候的作用。

通过沿海防护林体系建设工程的实施，工程区内水土流失面积已大幅减少，风沙量一定程度上得以有效遏制，森林固土、改土和保肥等作用也有所发挥；而且在涵养水源、调节水量、净化水质、固碳释氧、保护生物多样性等多个方面也发挥着重要的生态功能。

9.1.2 社会效益

我国沿海地区是对外开放和发展外向型经济的重要基地和窗口，沿海防护林体系工程特别是沿海基干林带建设提供的生态屏障和良好生态、人居环境，将在优化投资条件、吸引外来资本、提高生态承载能力等方面发挥巨大作用。

沿海防护林体系工程建设总体时间长、工程量大，需要大量的劳动力，是吸纳农村剩余劳动力的有效途径之一，有利于维护社会稳定；工程后期的管理、经营、管护、生物多样性保护、科学研究等将提供大量社会就业机会，也能缓解社会就业压力、创造社会就业价值。

沿海防护林体系工程建设过程中设立的各类示范区、保护区可作为高校、科研机构的教学科研基地，其文化、科研、科普宣传、国际合作等方面的社会效益十分显著。

9.1.3 经济效益

9.1.3.1 经济收益

沿海防护林体系建设的林区通过人工造林、封山育林等措施，增加森林面积、活立木蓄积量，不仅为工程区提供了良好的生态环境，也将大幅度提升木材储备价值，为国家经济建设提供大量木材，对缓解我国木材短缺、维护木材安全具有重要意义。

沿海防护林体系中林分还将提供鲜果、橡胶、药材等丰富的非木质林产品，能进一步增加沿海地区林农的经济收入；也将逐渐提高工程区林业产值在农业总产值的比重，突出林业的社会经济地位，对于调整经济产业结构、加快林业经济发展具有重要促进作用。

沿海防护林体系在改善沿海生态环境的同时，还可直接带动当地森林康养及旅游产业，促进第三产业的发展，实现林区经济效益的创收。

9.1.3.2 经济成本

随着我国经济社会的快速发展，国家综合实力不断增强，中央和沿海地方财政正在不断加大对沿海防护林建设的投入。罗细芳（2018）根据国家林业和草原局沿海防护林体系建设工程区各地的营造林、封山育林、低效林改造等国家标准及行业技术规程，结合各地实际情况及各区域不同造林模式，将沿海防护林体系工程建设内容的相关技术指标因子统一归为整地、苗木、栽植、抚育管护、材料5个基本构成类别，并细化具体技术要求，从而制定出符合沿海各地实际的技术经济指标，测算出全国沿海防护林体系工程建设相应的投资标准。表9-1中，该投资标准由沿海防护林体系工程建设直接费用、工程建设其他费用和预备费三大项构成，并进行了沿海防护林体系工程建设内容的经济成本估算。这为国家和地方政府制定工程的投资结构、资金筹措方案等提供决策依据，为工程实施单位分解投资、控制成本奠定基础，为主管部门审查工程初步设计、监督检查工程建设及核查竣工验收等方面提供相应标准，对全面落实现代林业发展过程中对沿海防护林建设的具体要求有着非常重大的理论与实践意义。

因此，在对沿海防护林经济效益进行估算时，在对其产生的直接经济收益进行统计的基础上，还应该根据沿海防护林体系工程建设的具体内容合理估算其建设成本。

表 9-1　沿海防护林体系工程建设内容的经济成本估算

项目	子项目	建设内容	工程建设所在区域	费用标准（元/hm^2）
1. 工程建设直接费用	1.1 基干林带和消浪林带建设	一级林带人工造林	红树林	71 250
			柽柳	23 250
		二、三级林带人工造林	环渤海湾地区	30 000
			长三角沿海地区	39 750
			东南沿海地区	45 750
			珠三角及西南沿海地区	45 750
		老化基干林带更新	环渤海湾地区	37 500
			长三角沿海地区	45 000
			东南沿海地区	51 000
			珠三角及西南沿海地区	51 000
	1.2 纵深防护林建设	纵深防护林人工造林	环渤海湾地区	13 500
			长三角沿海地区	17 250
			东南沿海地区	20 250
			珠三角及西南沿海地区	20 250
		农田防护林营造	环渤海湾地区	11 250
			长三角沿海地区	15 000
			东南沿海地区	15 000
			珠三角及西南沿海地区	15 000

（续）

项目	子项目	建设内容	工程建设所在区域	费用标准（元/hm²）
1. 工程建设直接费用	1.2 纵深防护林建设	道路、河渠绿化	环渤海湾地区	14 250
			长三角沿海地区	18 000
			东南沿海地区	21 000
			珠三角及西南沿海地区	21 000
		乡村绿化	村庄绿化	8 250
			乡镇绿化	12 500
		封山育林	环渤海湾地区	3 000
			长三角沿海地区	3 300
			东南沿海地区	3 300
			珠三角及西南沿海地区	3 300
		低效纵深防护林改造	环渤海湾地区	15 750
			长三角沿海地区	20 250
			东南沿海地区	24 000
			珠三角及西南沿海地区	24 000
2. 工程建设其他费用	2.1 科技支撑、技术培训、监测评价等费用	—	—	按工程建设直接费用的3%估算
	2.2 建设单位管理费、前期工作经费、设计费和监理费	—	—	按工程建设直接费用的6%估算
3. 工程建设预备费标准	工程建设过程中发生的不可预见的费用，包括基本预备费、涨价预备	经上级批准的可行性研究、规划变更和为预防意外事故而采取的措施所增加的工程项目和费用费	—	按工程建设直接费用的3%估算

注：引自罗细芳，2018。

9.2　沿海防护林综合效益评价体系构建

　　沿海防护林对当地气候、土壤、水文和景观等环境生态条件的影响是十分明显的，但如何评估和衡量这些作用所产生的生态、社会和经济等综合效益一直是比较困难的工作。近年来，国内外众多学者大量从特定区域出发，对沿海防护林体系工程建设内容所涉及的生态经济系统综合效益的相关评价与计量方法进行了大量探索，旨在提出一套综合评价沿海防护林体系整体效益的科学方法，但至今为止，研究获得具有可操作性和广泛适应性的评价方法却不多见（高岚等，2012）。因此，制定一套系统、全面、能够定量化反映区域经济发展和生态平衡提高的综合指标体系和评价方法，是防护林体系建设中的实际问题。

　　开展沿海防护林综合效益的评价，是对沿海防护林体系工程建设措施的计算和分析。通过综合效益评价可查明沿海防护林体系工程建设过程中存在的问题，认识理解沿海防护林体系对沿海地区人民生命与财产的影响机理及其区域适宜性，为进一步制定修编沿海防护林营建规划方案提供科学依据。

9.2.1 效益评价指标体系的概念与作用

9.2.1.1 指标

指标(indicator)是一种用来衡量某一目标的参数。其作用表现为：能够反映某一目标建设的各个方面，是系统、全面、准确地评价区域生态系统效益的基础。通常情况下，指标可划分2种：①数量化指标，如沿海防护林综合效益评价时，常用有林分年固碳量(t/a)、减少农作物受灾面积(hm^2)和年森林旅游价值(元$/a$)等指标；②非数量化指标，如消浪林带造林树种耐盐碱能力、基干林带更新能力、沿海城市风景林树姿优美程度等。

9.2.1.2 效益评价指标体系

效益评价指标体系(indicator system of benefit evaluation)是用来衡量效益总体目标的若干指标按照一定规则、相互补充、相对独立所构建集成的有机综合体。效益评价的首要工作就是建立一套能客观、准确、全面并定量化反映治理效果的评价指标体系。总体而言，指标体系的作用主要表现：①描述反映任何一个时间上或时期内各个指标在某一建设目标(如沿海防护林生态系统)的功能大小；②全面系统地对综合效益作出评价，防止主观随意性、避免盲目性和片面性；③综合衡量发展整体的各子系统之间的协调程度。

9.2.2 综合效益评价指标体系的构建

9.2.2.1 指标体系的构建原则

沿海防护林工程作为一项综合、复杂的生态工程，在量化评估其效益时就不能采用单一的标准或指标，而必须采用能够反映工程本质和行为轨迹的"量化特征组合"和质量优劣的"比较尺度标准"等一系列指标构成的指标体系，以便科学、全面、准确地计算工程的综合效益，为工程下一步实施和制定宏观决策提供科学依据和准确的数字信息。要制定一套科学、合理并具有可操作性的沿海防护林综合效益评价指标体系，高岚等(2012)对此进行了很好的总结归纳，认为在筛选指标时应该遵循以下基本原则。

(1)系统性原则

沿海防护林体系综合效益评价指标体系是一个社会—经济—自然的复合系统，具有多属性、多层次、多变化的特征，表现在功能、空间层次以及建设类型的多样性上。因此，评价指标和指标体系不仅要反映沿海防护林各项功能的单位价值大小，还要反映对区域功能的促进，即森林系统与环境、社会经济系统的整体性和协调性。通过构建综合的、多层次的评价体系，可以突显出指标体系内部因子的逻辑关系。

(2)全面性原则

评价指标体系作为一个完整的有机整体，评价的过程中应着眼于整体，必须要有较广的覆盖面，尽可能使所选取的指标能充分反映沿海防护林生态建设综合效益的各个方面，涵盖自然、经济和社会各个子系统，能反映沿海防护林体系工程建设前、建设中和建成后全过程情况，以及构成系统效益水平的各种主要因素。注意选择的各个指标之间相互独立而不相互影响。

(3)主因素原则

指标体系的建立以能够说明问题为目的，而并非包含的指标越多越好。选择的因素和指标过多会埋没主要因素和指标，致使评价无法进行或者无意义。因此，要充分考虑沿海防护林体系工程建设的阶段性特点，有针对性地选取有用的指标即可。衡量沿海防护林功能效益的指标数量多而广，不可能一一列举，重要的是突出重点，抓住主要矛盾，选取有代表性的指标，使指标体系完备、简洁。

（4）可比性原则

沿海防护林体系综合效益评价指标体系中的指标要具有可测性和可操作性，所需数据易于采集和统计。从时空而言，指标必须要有统一的量纲，以便于在不同区域对同一类型沿海防护林效益计量评价时进行比较。

（5）规范性原则

指标的选择应遵循使用国内外公认、常见的指标及计算方法或单位的原则，指标符合相应的国际和国内相关规范、标准要求，避免使用不常见、难以统计的指标，使指标标准化、规范化，易于在实际中找到适当的代表值，并使每个指标涵义明确、简便易算，评价方法易于掌握。

9.2.2.2　指标体系构建过程

沿海防护林工程效益反映的是工程实施后对海岸带经济、生态、社会产生的效果，其计量结果要为持续开展沿海防护林体系工程建设提供科学依据。到目前为止，针对沿海防护林暂未形成有较为规范的评价指标和方法。通常情况下，沿海防护林综合效益评价指标体系构建的过程包括了以下 4 个步骤。

（1）构建总体框架

首先考虑沿海防护林所能带来的生态、社会和经济等综合影响，结合沿海防护林体系工程建设区当地自然条件、社会发展水平，依据可持续发展、生态文明建设和大力发展绿色低碳经济等理论思想，按照一级指标构建原则，构建了沿海防护林综合效益评价指标体系的总体框架，一般可分为 3~4 个层次。目前，众多学者分别采取层次分析法、目标法、专家咨询法、Delphi 法和会内会外法等研究方法构建了评价指标体系。总体上，评价指标体系大多分为 4 个层次，如目标层、状态层或准则层、变量层或约束层、要素层或决策层所共同构成的四级指标体系。

（2）初选具体指标

围绕这个总体框架，按照指标初选方法进行资料、数据的收集、整理和分类，建立一个指标库。目前筛选指标的方法主要专家咨询法、理论分析法和频度分析法等。理论初选是体现设计思想的重要环节，因此，在进行广泛的资料收集和研究分析，掌握和占有大量的理论和实践经验材料的基础上，经过反复研究和征求有关方面的意见，初步预选符合沿海防护林综合效益评价思想的一些指标作为预选指标集。

（3）修改、调整指标

初步建立的指标体系是一个理想化的系统，但在实际操作中可能会遇到数据无法监测、数据有缺失值、有相近指标替代等情况，将预选的指标发放给多位专家（专家咨询法），请专家根据本人知识经验对预选指标集进行选择，同时结合统计年鉴、统计报告等文献（频度分析法）对指标进行实际收集检验，尽量筛选使用频度较高的指标，并根据我国沿海防护林的背景特征、主要问题以及不同建设区域的社会经济条件等，进行分析比较，通过这些过程对指标集做进一步调整。

（4）确定最终指标体系

经过专家意见和多方面调整，最终形成适合用于评价某一工程建设目标综合效益的指标体系。例如，广东沿海防护林体系综合效益评价指标体系分为：目标层—状态层—变量层—要素层构成（高岚等，2012），具体如图 9-1 所示。

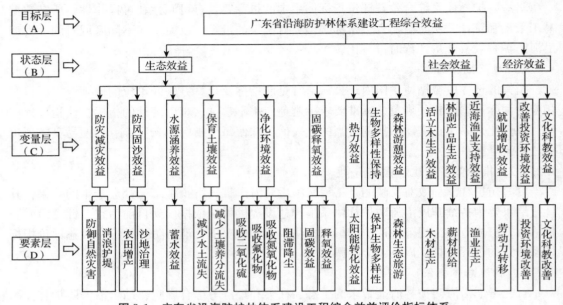

图 9-1 广东省沿海防护林体系建设工程综合效益评价指标体系

目标层（A）：该层主要明确沿海防护林体系综合效益评价指标体系设置、量化评价的总方向。命名为：广东省沿海防护林体系建设工程综合效益。

状态层（B）：也常称之为原则层，用于确定沿海防护林体系综合效益评价的角度和内容，是总体框架的次高层，它是实现总目标的原则要求，可以设置多个指标，如图 9-1 中的生态效益（B1）、社会效益（B2）和经济效益（B3）3 个指标。

变量层（C）：用于表示沿海防护林体系工程实施带来的生态、社会和经济方面变化的原因和动力。因此，该层也可称之为"指标层"，图 9-1 中共筛选出了 15 个相关指标。

要素层（D）：作为该沿海防护林综合效益评价体系的最底层，是实现上一层目标的具体要求。与 C 层指标相比，D 层筛选出的指标更加明确、具体且便于统计，可作为实现 C 层目标的必要手段。

9.3 沿海防护林综合效益的测度及提升策略

国内外有关学者对于沿海防护林体系工程综合效益评价进行了深入研究和分析，但所采用的测度方法不尽相同。总的来看，在评价某一建设区域沿海防护林生态工程的综合效益时，应该根据工程建设的实际情况，有针对性地采取科学合理的测度方法，才能最大可能确保评价结果的客观、真实，从而对该生态工程措施贡献作出精准计算与分析，进而针对现存问题提出合理的提升策略，实现其在沿海地区营林实践中的指导意义。本节主要围绕沿海防护林综合效益的指标测度方法及提升策略两个方面进行归纳总结。

9.3.1　综合效益指标的测度方法

9.3.1.1　客观数值量化法

罗细芳等（2013）选择 2010 年作为评估年，以"我国沿海防护林体系生态效益价值评估"为评价指标体系的总目标层（A 层），通过查阅《全国沿海防护林体系工程建设 2001—2010 年各年度检查验收报告和统计数据》《工程区各省 2010 年森林资源清查数据》《2000—2010 年各年度中国林业统计年鉴》等文献资料，经过认真筛选和比对，选择红树林防护、保护基础设施、改善和调节小气候、保育土壤、涵养水源、固碳释氧 6 个指标为状态层（B层），并确定了变量层（C 层）。其中，C 层共设置有 10 个具体评价指标：红树林年防护价值、基干林带防护价值、年减少农作物受灾价值、年增加农作物产量价值、林分年固土价值、林分年保肥价值、林分年调节水量价值、林分年净化水质价值、林分年固碳价值、林分年释氧价值。通过构建该评价指标体系，对我国沿海防护林体系的生态效益价值进行了定量评估，认为 2010 年，全国沿海防护林体系生态效益价值为 8 184.51 亿元。不同指标的测度过程如下：

（1）红树林防护价值

红树林在消浪促淤、防灾减灾、净化海洋环境等多方面发挥着重要的生态作用，其防护价值采用单位面积生态价值和红树林面积来确定。计算公式为：

红树林年防护价值 $C_{红}$：

$$C_{红} = A_{红} \times C'_{红} \tag{9-1}$$

式中，$A_{红}$ 为红树林面积，hm^2；$C'_{红}$ 为红树林单位面积生态价值，取值 173 300 元/（$hm^2 \cdot a$）。

计算结果：2010 年，红树林年防护价值为 51.82 亿元。

（2）保护基础设施价值

保护基础设施价值以沿海基干林带防护价值来衡量，采用已达规定宽度的基干林带长度和单位长度海堤建设的投资来确定。计算公式为：

基干林带防护价值 $C_{基}$：

$$C_{基} = L_{基} \times C_{堤} \tag{9-2}$$

式中，$L_{基}$ 为已达规定宽度的基干林带长度，km；$C_{堤}$ 为单位长度海堤建设的投资，取值 3 335 916 元/km。

计算结果：2010 年，基干林带年保护基础设施价值 454.57 亿元。

（3）减灾增产价值

沿海防护林体系有利于改善和调节工程区的小气候，为当地农业生产提供一个较稳定的生态环境，达到减灾增产的效果。工程实施以来，沿海防护林的防灾功能日渐显现，农作物受灾面积减少，农作物产量提高，减灾增产价值明显。计算公式为：

减少农作物受灾面积 $C_{减灾}$：

$$C_{减灾} = Z_初 - Z_末 \tag{9-3}$$

式中，$Z_初$ 为期初评价区域遭受自然灾害农作物面积，hm^2；$Z_末$ 为期末评价区域遭受自然灾害农作物面积，hm^2。

年增加农作物的产量 $C_{增产}$：

$$C_{增产} = A_农 \times C_农 \times P \tag{9-4}$$

式中，$A_农$ 为评价区域的农田面积，hm^2；$C_农$ 为农田林网控制率，%；P 为单位面积年增加农作物的产量，$t/(hm^2 \cdot a)$。

计算结果：2010 年，沿海防护林年减少农作物受灾价值 70.91 亿元，年增加农作物产量价值 144.57 亿元。

（4）保育土壤价值

森林保育土壤价值包括固土价值和保肥价值两方面。通过实施沿海防护林建设工程，工程区内水土流失面积大幅减少。计算公式为：

林分年固土价值 $C_{固土}$：

$$C_{固土} = A \times C_土 \times (X_2 - X_1) \div \rho \tag{9-5}$$

林分年保肥价值 $C_{保肥}$：

$$C_{保肥} = A \times (X_2 - X_1) \times (N \times C_1/R_1 + P \times C_1/R_2 + K \times C_2/R_3 + M \times C_3) \tag{9-6}$$

式中，A 为林分面积，hm^2；X_1 为林地土壤侵蚀模数，取值 13.5 $t/(hm^2 \cdot a)$；X_2 为无林地土壤侵蚀模数，取值 37.5 $t/(hm^2 \cdot a)$；$C_土$ 为挖取和运输单位体积土方所需费用，取值 21.8 元$/m^3$；ρ 为林地土壤容重，取值 1.55 t/m^3；N 为林分土壤平均含氮量取值 0.15%；P 为林分土壤平均含磷量，取值 0.065%；K 为林分土壤平均含钾量，取值 1.05%；M 为土壤有机质含量，取值 1.5%；R_1 为磷酸二铵化肥含氮量，取值 14.0%；R_2 为磷酸二铵化肥含磷量，取值 15.01%；R_3 为氯化钾化肥含钾量，取值 50.0%；C_1 为磷酸二铵化肥价格，取值 2 450 元$/t$；C_2 为氯化钾化肥价格，取值 2 850 元$/t$；C_3 为有机质价格，取值 315 元$/t$。

计算结果：2010 年，沿海防护林林分年固土价值 52.93 亿元，林分年保肥价值 2 142.16 亿元。

（5）涵养水源价值

沿海防护林在调节水量和净化水质等方面发挥着重要功能。计算公式为：

林分年调节水量价值 $C_调$：

$$C_调 = 10 \times A \times (P - E - C) \times C_库 \tag{9-7}$$

林分年净化水质价值 $C_净$：

$$C_净 = 10 \times A \times (P - E - C) \times C_{水质} \tag{9-8}$$

式中，A 为林分面积，hm^2；P 为年降水量，mm/a；E 为年蒸散量，mm/a；C 为年地表径流量，mm/a；$C_库$ 为水库建设单位库容投资（占地拆迁补偿、工程造价、维护费用等），取值 7.054 7 元$/m^3$；$C_{水质}$ 为水的净化费用，取值 2.09 元$/m^3$。

计算结果：2010 年，沿海防护林林分年调节水量价值 1 946.97 亿元，年净化水质价值 576.80 亿元。

（6）固碳释氧价值

森林通过光合作用吸收二氧化碳，释放氧气，具有强大的碳汇功能。计算公式为：

林分年固碳价值 $C_{固碳}$：

$$C_{固碳} = A \times C_{碳} \times K_{碳} \times B_{年} \tag{9-9}$$

林分年释氧价值 $C_{释氧}$：

$$C_{释氧} = K_{氧} \times C_{氧} \times A \times B_{年} \tag{9-10}$$

式中，$K_{碳}$ 为植物生长光合作用碳平衡系数，取值 0.444 4；$K_{氧}$ 为植物生长光合作用氧平衡系数，取值 1.185 2；A 为林分面积，hm^2；$B_{年}$ 为林分年净生产力，$t/(hm^2 \cdot a)$；$C_{碳}$ 为固碳价格，取值 997.5 元/t；$C_{氧}$ 为氧气价格，取值 1 000 元/t。

计算结果：2010 年，沿海防护林林分年固碳价值 746.88 亿元，林分年释氧价值 1 996.89 亿元。

综合以上计算结果，2010 年，我国沿海防护林体系生态效益价值为 8 184.51 亿元，是工程区同期林业总产值的 6.3 倍，充分反映了沿海防护林所产生的重大生态价值和作出的巨大贡献。

9.3.1.2 主观判定权重赋值法

张建锋等（2015）为探讨沿海防护林树种适宜性以及沿海防护林的生态效应，选择上海海湾森林公园和金山化学工业区防护林为研究对象，通过建立层次分析法模型评价指标体系，对防护林树种的适宜性进行评价（图 9-2、表 9-2）；同时，对采集的土壤样品进行测定，以此分析防护林的改土效果和生态效应。层次分析法（analytic hierarchy process，AHP），是指将与决策总是有关的元素分解成目标、准则、方案等层次，在此基础之上进行定性和定量分析的决策方法。该方法是 20 世纪 70 年代初由美国运筹学家匹茨堡大学萨蒂（Thomas L. Saaty）教授提出一种层次权重决策分析方法，最初是用于美国国防部分析各个工业部门对国家福利贡献大小而进行电力分配方面的研究。由于它在处理复杂的决策问题上的实用性和有效性，目前在世界范围内广泛应用于经济计划和管理、能源政策和分配、

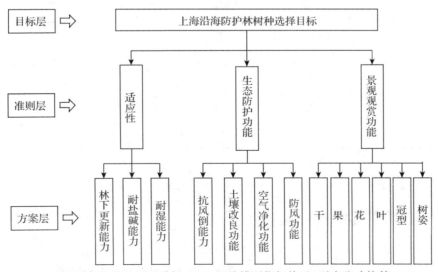

图 9-2 上海沿海防护林树种选择 AHP 评价模型指标体系（引自张建锋等，2015）

表 9-2　上海沿海防护林树种选择 AHP 指标权重与赋值标准表

一级指标	二级指标	赋值标准（分值）				
适应性（40%）	耐湿能力	极耐水湿（100）	耐水湿（80）	稍耐湿（60）	不耐湿（40）	极不耐湿（20）
	耐盐碱能力	极耐盐碱（100）	耐盐碱（80）	稍耐盐碱（60）	不耐盐碱（40）	极不耐盐（20）
	更新能力	优（100）	良（80）	一般（60）	差（40）	极差（20）
生态功能（40%）	防风功能	生长势强，树冠紧凑，大乔木	生长势一般，树冠稀疏，中等乔木（60）	生长势弱，小乔木（30）	大灌木（20）	小灌木或地被（10）
	空气净化功能	常绿针叶树，滞尘，杀菌，空气负离子产生量大（100）	常绿阔叶树，滞尘，杀菌能力中等（70）	落叶树，生长期较长，树冠紧凑（40）	落叶树，生长期短，树冠稀疏（10）	—
	土壤改良功能	固氮能力强（100）	共生固氮，能力一般（50）	无固氮能力（10）	—	—
	抗风倒能力	深根性树种（100）	浅根性树种（50）	—	—	—
景观功能（20%）	树姿	树姿优美（100）	树姿一般（50）	树姿较差（0）		
	冠型	冠形整齐、奇特、树叶繁茂	冠形整齐、枝叶数量一般（70）	冠形一般，没有特色，枝叶数量一般（40）	冠形较差，枝叶杂乱（10）	
	观叶	叶形奇特，美观，叶色变化（100）	叶色变化，叶形一般（80）	叶形美观，落叶（60）	叶形一般（40）	叶形较差（20）
	观花	花色艳丽，花大美观，花期长（100）	花形较大，美观，花期较长（80）	花色鲜艳，花小，花期短（60）	花小、一般，虫媒传粉花（40）	花无观赏价值（20）
	观果	果美、果期长，观赏价值高（100）	果美，观赏期短（60）	果实观赏性一般，可食（20）	果实无观赏性（0）	—
	观干	干型优美、干皮奇特（100）	干型优美、干皮一般（80）	干型一般、干皮可观赏（60）	干型通直，观赏性一般（40）	干型不良（0）

注：引自张建锋等，2015。

行为科学、军事指挥、运输、农业、教育、人才、医疗和环境等领域。

9.3.2　沿海防护林综合效益提升策略

沿海防护林综合效益的测度与评价的目的就是为制定相关政策、法规及下一阶段的工程建设提供科学依据。由于该体系建设是一项与生态、经济、社会紧密结合的系统工程，具有较强的综合性和复杂性，不仅需要从造林技术层面研究生态服务功能最大化的措施，更要从沿海区域生态环境与经济社会协调发展的角度去研究沿海防护林体系综合效益如何提升的问题，以维持该体系的可持续经营(陈火春等，2012)。

(1)完善沿海防护林体系工程建设规划

沿海防护林体系建设工程是一项长期、宏伟、复杂的建设工程，需要在对现阶段建设经验及成果进行全面总结的基础上，围绕生态、社会和经济有机构成的综合效益为核心，完善下一步的规划目标，制定全国沿海防护林体系建设工程长远战略规划，及其框架内的中近期建设目标，从增强沿海防护林体系组成的各个林种、树种的综合服务功能来提升整体的综合效益。

(2)调整沿海防护林体系外部政策环境

切实可行的外部政策环境是全面提升沿海防护林体系综合效益的关键措施之一。这就需要当地政府积极探索沿海区域土地利用结构的合理化，理清现有可用于长期发展防护林的林地资源，及时调整农、林、渔业产业结构、对影响基干林带建设的养殖塘(池)实行退塘还林，确保沿海生态屏障建设用地之需要，并出台相关沿海防护林保护条例，严格贯彻执行，为沿海防护林体系建设成果及其综合效益的提升营造一个稳定的外部环境。

(3)稳定沿海防护林体系建设及科研资金的投入

建设资金稳定、及时的投入是沿海防护林体系工程建设进度与质量的重要保障。从采种、育苗到造林、抚育等一系列过程都需要消耗大量的资金，更重要的是，这些营林环节受树木生长节律的影响，均有时节的限制，因此特别需要所投入的资金及时到位。同时，目前尚有诸多沿海防护林体系建设相关技术瓶颈亟待攻克，急需大量科研资金的投入。因此，建立一个长期稳定的投入资金运转机制对全面提升沿海防护林体系综合效益具至关重要的推动作用。

复习思考题

1. 简述沿海防护林综合效益的组成与特点。
2. 系统介绍沿海防护林体系工程建设综合效益评价指标体系构建过程。
3. 试述层次分析法在沿海防护林效益评价中的运用。
4. 我国沿海防护林体系综合效益提升策略包括哪些?

第10章
沿海防护林法制保障及生态管护

【本章提要】

本章主要介绍我国沿海防护林建设及经营管理的相关法律法规、有害生物防治及森林防火等基本理论与实践技术，旨在唤醒人们对沿海防护林及其形成特殊生态系统的保护意识，深化认识沿海防护林造林之后管理措施及科学技术研究的重要性，以促进沿海防护林的成功建设，充分发挥其减灾防灾的生态、社会及经济功能。

沿海防护林是全球范围内沿海防灾减灾功能的重要承载体，是生态建设的重要组成部分。虽然近年来国内外沿海防护林体系建设均已取得阶段性成果；但由于缺乏科学的管理体制、运行机制和有效的科学技术推广应用等原因，造成沿海防护林体系建设成效仍不尽人意，沿海生态环境依然十分脆弱。长期以来，沿海防护林体系建设以维护工农业生产安全为唯一目标，对其生态价值的认识片面单一，往往对其保持森林生态系统稳定性、维持社会经济长期稳定发展，以及保护生物多样性等综合功能重视不够。因此，沿海防护林体系建设必须从单纯的防护林管护转变到防护林生态系统综合管护上来，进一步明确防护功能仅仅是防护林体系建设的一个组成部分，而更重要的是保持防护林生态系统内的生物多样性和生态系统稳定发展的可持续性，增强防护林体系抗干扰能力和自身修复能力，以实现沿海防护林管护"整体效益大于部分效益之和"这一核心目标。

10.1 沿海防护林法制与引导

做好沿海防护林保护和管理方面的工作，需要制定严格的法律法规，以加强防护林地开发利用的控制力度，最终有效保护沿海防护林的数量及质量。我国相继出台了相关的法律法规，如《中华人民共和国海洋环境保护法》《中华人民共和国水土保持法》《中华人民共和国自然保护区条例》等法律；还有《全国沿海防护林体系建设工程规划（2016—2025年）》《全国林地保护利用规划纲要（2010—2020年）》《全国造林绿化规划纲要（2011—2020）》和

《推进生态文明建设规划纲要》等指导性文件；以及《沿海防护林体系工程建设技术规程》（LY/T 1763—2008）、《红树林建设技术规程行业标准》（LY/T 1938—2011）、《生态公益林建设技术规程》（GB/T 18337.3—2001）等国家标准及规范。

然而，沿海防护林处在经济活动频繁的海岸地带，极容易遭到人类活动的影响和破坏；加之未能完全调动社会各方面投资建设和管护防护林的主动性，特别是对于如何让投资者通过沿海防护林建设投资获得经济回报缺乏有效的政策保障，造成沿海防护林边治理边破坏的现象普遍存在(黄曦，2010)。因此，在今后相当长的一段时期内，仍应在加强法制建设、提高法律法规执行力的基础上，大力宣传引导，落实管护机制；完善科技服务体系，提高全社会对沿海防护林的建设及保护主观能动性。

10.1.1　法制建设

沿海防护林体系建设是国家重点生态建设项目，根据《全国沿海防护林体系建设工程规划要求(2016—2025 年)》，我国的沿海防护林体系工程建设管理必须做到有法可依、有章可循，从根本上保护沿海防护林的建设成果。完善法制建设需要从以下 4 个主要方面开展相关工作。

(1)完善法规和规章制度

要抓紧出台相关的法规和规章，把工程建设用地、补偿、基干林带，尤其是红树林建设管理等方面的政策措施用法律的形式固定下来，为工程建设和成果保护提供依据和保障。目前，我国沿海防护林立法可以分为两种情况：一种情况是制定专门的沿海防护林规范性法律文件。例如，林业部 1996 年 12 月 9 日颁布实施的《沿海国家特殊保护林带管理规定》《北海市红树林保护管理规定》《海南省沿海防护林管理办法》，这些专门的沿海防护林规范性法律文件主要是以部门规章、地方性法规和地方政府规章的形式表现出来。另一种情况是在制定非专门性沿海防护林规范性法律文件时，对沿海防护林有关问题进行规定，使沿海防护林建设相关单位及人员受其约束。这些相关法律规章制度，一定程度上为我国依法治理沿海防护林奠定了基础。

但是，随着社会经济的发展，受原来社会物质生活条件制约的沿海防护林立法，已经不能完全适应经济社会的需要。河北省根据沿海防护建设的实际情况，除了利用国家财政的森林生态补偿基金之外，地方各级政府可以通过财政预算分配、土地出让收入划拨、接受国内外政府、企业和社会捐助等多种渠道，设立沿海防护林体系建设专项生态补偿基金。这些资金主要用于沿海防护林体系各林种、各树种的造林、抚育和经营管理，为地方政府进行沿海防护林生态效益补偿提供保障(何鑫等，2013)。海南省人大常委会先后出台《海南省沿海防护林建设与保护规定》《海南省林地管理条例》和《海南省红树林保护规定》，规范管理海南沿海防护林建设。其中，《沿海国家特殊保护林带管理规定》强调：征用、占用特殊保护林带、林地的，要按照国家有关法规进一步严格审批管理；对经批准必须征用、占用的沿海基干林带、林地，要落实补偿措施；对未按法定权限和程序履行审批手续的，被征用、占用林带、林地的单位有权抵制。

(2)严格执法与普法宣传相结合

要严格执行与沿海防护林建设和保护有关的法律法规，对已经颁布沿海防护林条例的省份，要做好执法宣传和普法培训。根据防护林的立地条件、防护对象、林分生长状况以及人畜活动情况，确定管护方式，可分为封禁管护、重点管护、一般管护。对重点防护林区的特殊防护地段，根据林分生长发育状况，实行封禁管护。封禁区和封禁期由县级林业行政主管部门确定。

我国出台的第一部沿海防护林保护和管理专项的地方性法规是《福建省沿海防护林条例》，于1995年9月由福建省人民代表大会颁布。1996年12月，林业部出台《沿海国家特殊保护林带管理规定》；2007年12月，海南省人民代表大会颁布《海南省沿海护林建设与保护规定》；2008年时任国家林业局副局长李育材在全国沿海防护林体系建设工程启动大会上，提出争取抓紧出台《中华人民共和国沿海防护林条例》。但是，迄今为止，"沿海防护林体系"及"湿地"概念在中国现实法律体系当中明确出现的机会并不多见，将其纳入管理范围的法律更是为数不多。

（3）加强执法机构和队伍建设

要加强执法机构和队伍建设，建立健全重大林业行政案件逐级上报制度，对大案要案进行重点督察督办，依法严厉打击乱砍滥伐沿海防护林、乱征滥占沿海林地和湿地等违法行为，坚决遏制沿海防护林"边建设边破坏"的现象。对封禁区和沿海基干林带可设置永久性警示标志，在人畜活动频繁地段设置围栏，配备护林员进行巡护，必要时可在林区要道设卡检查。森林公安和林政管理部门加强执法力度，对毁坏防护林、乱砍滥伐、非法占用林地等违法行为予以严厉打击。

我国沿海防护林的最高阶法律依据是1996年11月13日由林业部通过的《沿海国家特殊保护林带管理规定》，1996年12月9日开始实施。根据《沿海国家特殊保护林带管理规定》，全国的林业总指挥为国家林业和草原局，由其负责组织和指导全国沿海国家特殊保护林带的建设和保护管理工作，各省、自治区、直辖市的沿海国家特殊保护林带建设应该在国家林业和草原局的指导下进行。沿海地区县级以上地方人民政府的林业行政主管部门是沿海国家特殊保护林带建设和保护的具体负责和执行机关，负责本行政区域内国家特殊保护林带的建设和保护管理工作。

（4）因地制宜推行管护制度

要结合本地实际，制定管护制度，落实管护人员和责任，有效保护和巩固工程建设成果。沿海防护林要划定管护责任区，确定管护类型，成立管护机构，明确管护人员、制定管护规章制度，签订管护合同。《福建省沿海防护林条例》中提出"防护林建设实行谁受益、谁投资、谁经营管理制度"，较为明确地划分了沿海防护林管理的管理职责。同时，对盗伐者按下列规定处以罚款"（一）采伐防护林的，按采伐面积每平方米处以50元至100元罚款；（二）采伐沿海基干林带的，按采伐面积每平方米处以100元至200元罚款"。违反该规定，造成防护林严重破坏的，由破坏地的上级机关追究单位负责人和直接责任人的行政责任；情节严重构成犯罪的，由司法机关追究责任人的刑事责任。

由于历史原因、监管不力等因素，海南省部分地区的毁林挖塘、采矿等破坏沿海防护林的情况较为突出。为此，《海南省沿海护林建设与保护规定规定》对这些严重破坏沿海防护林的行为，有针对性地明确了以下4类的处置措施：①对于那些未经批准而建设的挖塘养殖项目，由沿海地方人民政府予以取缔，并实施退塘还林，而且经批准建设的项目也应当逐步退塘还林。②对于沿海防护林带内所从事的采矿、采石等行为，由沿海市、县、自治县人民政府予以取缔，由有关部门依法处理。③非基本农田逐步退耕还林。④针对西部沿海个别市、县建坟、修坟占用防护林地、毁坏林木现象突出的情况，规定防护林内已建的坟墓限期迁出或者就地深埋，逾期不迁出或者深埋的，由沿海市、县、自治县人民政府强制深埋（周丽红，2011）。

10.1.2　宣传引导

沿海防护林体系建设工程是我国生态建设的重要内容，是沿海地区防灾减灾体系建设的重要组成部分。要加大宣传力度，多渠道、多层次、多方式广泛宣传沿海防护林建设的重大意义，为沿海防护林工程体系建设规划的实施创造一个良好的社会氛围，大大提高工程建设的社会影响力。2007 年 12 月海南省人民代表大会制定的《海南省沿海护林建设与保护规定》并不拘泥于政府单方的建设与保护，而是鼓励公民、法人和其他组织以各种灵活方式投资、捐资、认种、认养等参与到沿海防护林的建设和保护工作中；同时，重视先进技术的推广应用，鼓励沿海防护林科学研究和科普宣传活动的开展，以提高沿海防护林的综合效能。而且，对于建设和保护沿海防护林工作成绩显著的单位和个人，由县级以上人民政府对其进行表彰和奖励。

（1）强化政府宣传力度

各级林业主管部门要联合相关部门，积极组织以沿海防护林体系建设和保护为主题的大型宣传活动，对我国沿海防护林体系建设情况进行全方位、深层次的宣传报道，进一步提高沿海防护林体系建设工程的知晓率，让广大人民群众更加关注、支持、参与沿海防护林体系建设和保护。各地林业部门要具备敏锐的战略眼光和长远发展的意识，自觉承担其宣传近自然森林经营等先进林业经营思想及理论工作，让更多的人来关注、关心和支持我国林业事业发展。自 1987 年以来，我国由国家林业和草原局（原林业部、原国家林业局）等主管部门相继在广东湛江（1987 年）、福建福州（1991 年）、海南海口（2005 年）等地召开有关沿海防护林建设的大型会议近 10 场（表 10-1），商议的主题紧扣当前沿海防护林发展过程的重要瓶颈问题，并将各地积累的经验进行广泛推广，社会影响效果显著。

表 10-1　1987 年以来我国的沿海防护林体系建设会议

年份	举办地点	组织单位	会议名称	重要议题
1987	广东湛江	林业部	全国沿海防护林建设经验交流会	沿海防护林建设总体规划
1991	福建福州	林业部	全国沿海防护林建设工作会议	工程管理办法、建设标准、达标规划、达标检查验收办法等
2005	海南海口	国家林业局	全国沿海防护林体系建设学术座谈会	新时期沿海防护林体系建设的总体思路
2006	江苏连云港	国家林业局、中国林学会等	全国沿海防护林体系建设学术研讨会	沿海防护林体系建设与防灾减灾
2008	辽宁大连	国家林业局	全国沿海防护林体系工程建设启动大会	全国沿海防护林体系工程建设工作部署
2009	海南	国家林业局	全国沿海防护林建设现场经验交流会	沿海防护林体系建设工作的研究部署

（续）

年份	举办地点	组织单位	会议名称	重要议题
2013	湖北洪湖	国家林业局	全国长江流域等防护林体系工程建设现场会	二期工程建设成效和经验的总结交流，下一阶段工程建设工作的安排部署
2017	广西北海	国家林业局	全国沿海防护林体系建设工程启动实施现场会	沿海防护林体系建设与防灾减灾功能的强化

（2）积极发挥公共平台的宣传效果

各级政府要充分利用网络、广播、电视、报刊等宣传平台，大力宣传各地沿海防护林体系建设工程取得的成效、经验，及时报道破坏沿海防护林体系建设工程的典型案例，提高各级干部和广大群众依法治林的认识。2006—2015 年期间，江苏、山东两省共 10 个县市充分发挥其试点示范作用，带动了城乡绿化一体化，推动造林绿化向高质量、高层次方向发展，提高了周边区域整体造林绿化水平，也为下一期沿海防护林体系工程规划建设提供参考。为增强宣传效果，如图 10-1 所示，位于我国台湾省的红树林保护区，就在保护区入口处设置了秋茄树胎生胚轴的卡通式宣传牌，起到了很好的警示与宣传效果（图 10-1）。

图 10-1　台湾省红树林保护区宣传标语

在古代，人们出于对森林和树木的朴素的敬畏之情，举行一些纪念活动。例如，美洲印第安视森林为图腾，他们认为树木撑起了天空，如果森林消失，世界之顶的天空就会塌落，自然和人类就一起死亡。随着人类的发展，从早期的农业耕种到近现代对木材及林产品的消耗剧烈增长，导致全球森林面积急剧减少，森林品质不断下降，生态环境逐渐恶化。这不仅仅是某一个国家的内部问题，更是一个国际问题。

目前，人们普遍达成共识：森林可为人类做出巨大贡献，它在环境安全、消除贫困、提高人类生活水平等许多方面蕴藏着巨大潜力。为了人类与森林长久共存，全球当务之急是维护和增加森林覆盖面积；恢复并提高森林功能；加强种植业以弥补对森林的开发使用；重视森林土著人和森林工人的权利等。1972 年 3 月 21 日首个"世界林业节"（World

Forest Day）通过了联合国粮食和农业组织（Food and Agriculture Organization of the United Nations，FAO）的正式确认，其目的是为提高各国为今世后代加强所有类型森林的可持续管理、养护和可持续发展的意识做出了有益贡献。世界林业节的诞生，标志着人们对森林问题的警醒。有国家将这一天定为植树节；也有国家根据本国的特定环境和需求，确定了自己的植树节；我国的植树节是 3 月 12 日。

而如今，除了植树造林，"世界林业节"广泛关注森林与民生的更深层次的本质问题。为扩大全球对森林重要性的认知程度，至 2012 年 12 月 21 日，由联合国大会通过并宣布每年 3 月 21 日为国际森林日（International Day of Forests），并于 2013 年在意大利罗马的联合国粮农组织（FAO）总部举行了开幕式和技术研讨会，题为"景观环境中的森林"，并提供了关于森林可以最大化景观产品和服务的方式的最新的国家和技术信息。研讨会期间出版了《森林与水——国际势头与行动》一书。历年国际森林日主题见表 10-2。

表 10-2　历年国际森林日（International Day of Forests）主题

年份	主　题
2013	景观环境中的森林（Forests in the Landscape Context）
2014	让地球成为绿色家园（Forests and Our Future）
2015	森林与气候变化（Forests and Climate Change），旨在强调森林与气候变化的内在联系，呼吁全球采取更大的行动
2016	森林与水（Forests and Water），旨在认清森林如何成为供应我们生活所必需之淡水的关键
2017	森林与能源（Forests and Energy）
2018	造林促进可持续城市发展（Forests and Cities），旨在发动人们一起把城市打造成更绿色、更健康、更快乐的居住场所
2019	森林与教育：学会珍爱森林（Forests and Education），旨在强调各级教育在实现可持续森林管理和生物多样性保护方面的重要性
2020	森林和生物多样性（Forests and Biodiversity）

（3）普及沿海防护林工程建设的科技知识

沿海防护林体系工程建设单位要建立和完善该工程建设的宣传设施，在工程建设区域设立必要的专题宣传栏、标语、标牌等，普及沿海防护林体系建设和保护知识，提高全社会依法建设和保护沿海防护林体系的意识。

在国家发展和改革委员会、财政部等有关部门支持下，2001 年实施了长防、珠防、海防和太行山绿化二期工程建设；2006 年，全国平原绿化二期工程建设启动。"长防、珠防、海防、太行山和平原"二期工程涉及全国 2 000 多个县，规划投资 576.6 亿元，实际投资 1 258.8 亿元，共完成造林 1 322.0×10⁴ hm²，低质低效林改造 31.4×10⁴ hm²，森林覆盖率及资源稳定持续增长，综合防护效能有所增强，推动了林农增收致富的进程，丰富了防护林工程经营管理经验，提升了工程建设的科学化、标准化执行实施水平。二期工程建设能取得如此成效的重要原因主要有以下 5 个方面：①坚持统一部署与分级负责，正确处理中央和地方权责关系；②坚持中央、地方投入和社会投资齐头并进，正确处理国家资金补助政策和社会资金投入模式的关系；③坚持生态建设和民生改善统筹兼顾；④坚持增加森林资源和增强防护功能协调推进；⑤工程建设和宣传双管齐下。可见，对防护林工程建设阶段性成效进行有力宣传也是保证项目成功的关键之处，这些经验对全国各地防护林建设的规划与实施提供了宝贵借鉴(姜航等，2017)。

10.1.3 管护机制

沿海防护林体系建设在国民经济和社会可持续发展中具有重要地位，要促进人和自然的协调与和谐，保障沿海地区的生态安全，就必须把生态建设放到林业的突出位置，创新管护机制，建立综合性防护林为主体的区域生态安全体系，促进沿海地区人与自然和谐发展。

(1)完善沿海防护林生态产品和服务投入产出管理机制

林业的生态功能和服务是重要的社会公共产品，其服务对象是全社会。按照受益负担的原则，探索完善沿海防护林生态效益的补偿办法，完善生态产品及服务投入产出的良性循环机制，以及与市场经济体制相适应的运行管理机制，进而培育生态服务的市场化。加强沿海防护林生态价值的评估与核算，并纳入国民经济核算体系，推动生态效益的货币化。宣传并落实全民义务植树活动，对不尽义务者强迫其缴纳一定的造林基金，由社会组织或群众造林，并纳入法制化轨道，真正形成全民参与、共建美丽中国的氛围和工作机制。

(2)建立多种资金来源有机结合的沿海防护林建设投入机制

沿海防护林体系建设是一项公益事业，各级政府应将其纳入公共财政预算，不断增加投入力度，保证有一个稳定的投资渠道，逐步建立以各级财政投入为主体的海防林投入体系，设立专项资金，纳入财政预算，保证海防林重点工程投入。通过制定优惠政策，鼓励农民、企业和社会各界投资沿海防护林建设事业；调整林业相关税制，减轻沿海地区林农和林业企业的税赋，调减沿海纵深防护林的林产品特产税，允许企业以税前利润投资造林。

(3)调整沿海防护林建设用地的政策及其运行保障机制

落实《农村土地承包法》《农村土地流转条例》及有关林业政策，尊重农民对承包土地生产经营的自主权，维护土地承包法的严肃性和林农的合法权益。鼓励企事业单位、外商、个人采取承包、租赁、购买、股份制等形式，开发"四荒"林业用地，谁栽谁有，合造共有；扶持培育林业专业合作社和专业协会，把广大林农与市场连结起来。对包而不治的，发包方可依法收回，并收取一定的荒芜费。严禁改变林地用途和对林地实行破坏性掠夺式开发，否则依法处理。

10.1.4 科技服务体系

提高沿海防护林体系整体水平的关键因素之一就是完善科技支撑服务体系。通过建设并优化科技服务体系，形成由沿海地区各省(自治区、直辖市)林业技术推广总站牵头，相关高等院校和科研院所为科技支撑，市、县和乡镇林业技术推广站共同参与的科技成果推广体系(图10-2)，拓展沿海防护林体系建设成果的推广平台，加速成果的转化和推广应用，可有效推动沿海地区生态、经济、社会的稳定发展。

(1)强化科技创新能力建设

这就要求紧密结合沿海地区生态、经济和社会环境实际情况及当地人们的迫切需求，做好新品种、新技术和新设施的研发工作，重点加强盐碱地、流动沙丘、岩质海岸干旱瘠薄林地等不同海岸类型区困难立地造林难题的科技攻关，开展沿海防护林综合功能快速提升关键技术研究，以适应沿海防护林可持续发展的需要。

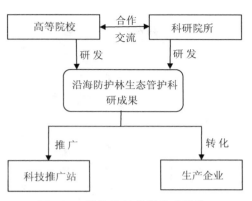

图 10-2　沿海防护林科技成果的推广与转化过程

（2）优化科技服务平台

完善省级培训体系，开展多层次、多形式的技术培训，精心培养一批基层技术骨干；建成以省厅为成熟科技成果数据库，市、县两级林业科技推广站为骨干的完整的技术推广体系，充分发挥各级科技服务平台对科技成果的引进、示范和推广之作用，以确保沿海防护林体系工程建设质量和成效。

（3）促进科技成果转化

从已有科技成果中筛选出技术成熟、先进适用的沿海防护林各种技术，通过组装配套进行重点推广转化。动员社会力量，特别是当地林业龙头企业参与沿海防护林建设技术的转化，允许各类优秀企业采取"公司+农户"、高校产学研等产业化模式，通过承包租赁、股份合作、成果共享等方式把科技成果运用于生产实践，有力带动沿海地区林业，以及沿海生态旅游、特色养殖等相关产业的快速发展。

10.2　沿海防护林有害生物防治

自从 1989 年我国沿海防护林工程启动以来，沿海防护林体系的建设得到了快速发展。但是，有害生物一直是制约我国沿海防护林发展的主要因素之一。森林病虫害被称为"不冒烟的森林火灾"，尤其是沿海防护林具有重要的生态区位，频繁发生的病虫害，严重削减了沿海防护林生态环境屏障的作用，进而制约了其综合防护效益的稳定发挥。调查发现，我国沿海防护林中的害虫达到了千种以上，其中发生频率较高且危害性较大的约有百余种。据统计，仅 2015 年我国沿海地区的林业有害生物发生面积就将近 $300 \times 10^4 \ hm^2$（中国林业工作手册，2018）。因此，如何实现沿海防护林主要病虫害的有效防治已迫在眉睫。

10.2.1　沿海地区有害生物危害现状

我国是林业有害生物较严重的国家之一。据统计，我国林业有害生物有 8 000 余种，其中有害昆虫 500 多种，病原物约 3 000 种，啮齿类有害动物 160 余种，有害植物 30 多种，广泛分布于森林、湿地、荒漠三大生态系统中。多年来，受气候变化等综合因素影响，林业有害生物呈高发态势，年均发生面积超过 $1\ 100 \times 10^4 \ hm^2$，2007 年高达 $1\ 210 \times 10^4 \ hm^2$，

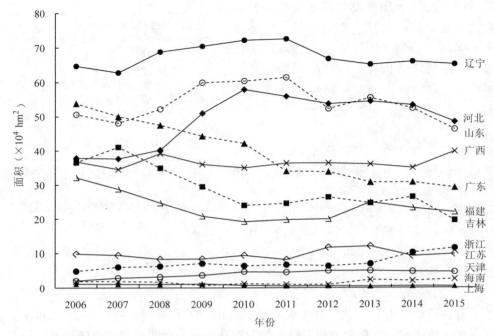

图 10-3 2006—2015 年沿海地区林业有害生物发生情况(引自中国林业工作手册，2018)

林业有害生物发生面积居高不下，造成的经济损失呈逐年上升的态势，造成的经济损失从 1996 年的 72 亿元上升到 2006 年的 880 亿元，2006—2015 年年均损失为 1 100 亿元，直接经济损失和生态服务价值损失相当于全国林业年总产值的 10%（中国林业工作手册，2018）。图 10-3 列出了我国沿海地区林业有害生物发生情况（2006—2015 年），其中辽宁、河北和山东的林业有害生物发生面积历年较高，而天津、海南和上海的发生面积较小。

10.2.1.1 沿海防护林有害生物种类

我国海岸线绵长，为了建设海洋与陆地的绿色屏障，需要沿海防护林体系建设工程。该工程肩负着抵御灾害、降低灾害的使命。在沿海防护林建设的同时，有害生物的存在导致虫害频繁发生，使防护林遭受到了很大的危害，严重制约了海防林综合效益的发挥。我国沿海防护林体系有害生物种类多、传播速度快、严重威胁着沿海防护林的生长。

据报道，我国沿海防护林体系有害生物种类繁多，有千余种。其中，经常性发生且能够造成较大经济损失的有百余种，主要有：松材线虫、松突圆蚧、湿地松粉蚧、日本松干蚧、松毛虫类虫、杨干象、美国白蛾、椰心叶甲、红棕象甲尺、褐纹甘蔗象、栗山天牛、肩星天牛、木麻黄毒蛾、黑翅土白蚁、广州小斑螟、松针褐斑病菌、木麻黄青枯病菌、桉树焦枯病菌、薇甘菊等，这些病虫害对沿海防护林造成的危害极其严重。

10.2.1.2 沿海防护林有害生物危害的特点

（1）非本地有害生物占比大

沿海地区处在陆地与海洋的交汇处，是人类活动的密集区，给外来有害生物的生存提供了较好的生存环境。随着对沿海防护林建设研究的不断深入，在引进树种用于造林的同时也可能间接传入了有害生物。周茂建等（2007）研究发现，引种时传入的比较重要的有害生物有：松突圆蚧、湿地松粉蚧、松材线虫、红脂大小蠹、松针褐斑病、杨树花叶病毒等；而且一些在原产地危害不是很严重的有害生物传入我国以后危害明显，如松材线虫、红脂大小蠹等。因此，盲目引种不仅会带入外地病虫害，还可能产生新树种不适应新的生态环境进而发生病虫害的现象。

（2）有害生物传播速度快

有害生物传播速度快在一定程度上加重了对沿海防护林的危害。我国于 1982 年在南京市中山陵首次发现被誉为松树的"癌症"的松材线虫病，仅短短 30 余年，疫区范围已扩大到江苏、浙江、安徽、福建等 16 省（自治区、直辖市），可见其致病力之强，传播速度之快。日本松干蚧最初于 1995 年在山东日照市被发现，当时的危害面积只有 12 hm^2，仅仅用了两年时间，危害面积就扩大了 68 倍，其传播蔓延的速度令人震惊。

（3）环境变化诱导病虫害发生

沿海地区空气湿润且风大，其自然条件有利于病菌的生长、繁殖及传播。在发生海风时，给沿海防护林带来一定的创口，遍布于空气中的病菌随后就容易从创口侵入，进而引发病虫害；同时沿海地区也是海洋危害频发地区，例如，海水倒灌、台风、海啸等导致自然环境发生较大变化，也是导致病虫害发生的重要原因之一，如在台风暴雨后经常出现大面积木麻黄青枯病（王宇，2017）。

10.2.1.3　沿海防护林主要常见有害生物

沿海防护林体系各林种、各树种遭受的有害生物类型繁多，下文以消浪林带的红树林，以及基干林带重要组成树种木麻黄常见的有害生物为例，简要介绍相关有害生物的发生概况及规律。

（1）红树林主要有害生物

红树林是生长在陆地向海洋过渡的特殊生态系统，对于维持海岸生态平衡具有重要作用。由于人类对红树林不合理的开发利用，生态环境被破坏，改变了红树林生态系统的生物种群结构，造成大量有害生物的天敌种群发生巨大变化，为病虫害的暴发提供了条件，给红树林带来严重危害。

①红树林病害主要为真菌病害，如炭疽病、煤烟病和锈病等。表 10-3 中，红树林植物还会时常遭受其他病害的入侵，如叶斑病（主要危害木榄和桐花树）、茎腐病（主要危害秋茄树）、煤污病（主要危害桐花树）等。

②危害红树林的害虫种类多，危害重。最早报道的红树林虫害为 2001 年发生在福建漳江口红树林省级自然保护区的食叶害虫螟蛾，之后不断有新害虫出现，对红树林存在严重的危害。表 10-4 列出了近年来我国红树林植物主要遭受的虫害类型。

③其他有害生物方面，银合欢、五爪金龙、南美蟛蜞菊、薇甘菊和飞机草等入侵植物在陆域林地、基围鱼塘陆岸等人为干扰较多的地方分布范围较广，容易形成优势群落，侵占红树林植物潮上带生态位。还有螃蟹等蟹类海洋生物会钳断或咬啃海桑等红树植物幼苗的茎、叶，造成苗木死亡，是红树林植物引种育苗的首害。团水虱、藤壶也会通过抑制红树林植物正常呼吸和光合作用而产生了危害。

表 10-3 我国红树林主要病害

病害名称	有害生物	危害部位	寄主	分布
灰霉病	灰葡萄孢菌 *Botrytis inerea*	茎叶	海桑	深圳、海南
茎腐病	镰孢菌 *Fusarium* spp.	茎	海桑、无瓣海桑、海榄雌	海南、湛江
茎腐病	根霉菌 *Rhizopus* spp.	茎	海桑	海南
猝倒病	腐霉菌 *Pythium* spp.	茎	海桑	海南
叶斑病	拟盘多毛孢菌 *Pestalotiopsis* spp.	叶	桐花树	海南、湛江、深圳
叶斑病	交链孢菌 *Alternaria* spp.	叶	正红树、红海榄、木榄	海南、深圳
煤烟病	小煤炱菌 *Meliola* spp.	叶	海桑、桐花树、榄李	海南、湛江
炭疽病	胶孢炭疽菌 *Colletotrichium gloeosporioides*	叶	海桑、海漆、桐花树、榄李、木榄、海榄雌	广西山口、钦州、防城
煤污病	番荔枝煤炱菌 *Capnodium anona*	叶	桐花树	广西
煤污病	杜茎山星盾炱 *Asterina maesae*	叶	桐花树	广西
煤污病	撒播烟霉 *Fumagovagans*	叶	桐花树	广西
煤污病	盾壳霉 *Coniothyrium* spp.	叶	桐花树	广西

注：引自蒋学建等，2006。

表 10-4 我国主要红树林树种虫害

树种	虫害种类	害虫分布	危害部位
海榄雌	广州小斑螟 *Oligochroa cantonella*	红树林分布区	叶
	潜蛾 *Lyonetiidae*	深圳	叶
	双纹白草螟 *Pseudcatharylla duplicella*	广西、广东湛江、福建	叶
	吹绵蚧 *Icerya purchasi*	深圳	叶
	广翅蜡蝉 *Ricania sublimbata*	广西、广东湛江、福建	叶
	丝脉蓑蛾 *Amatissa snelleni*	北部湾	叶
	胸斑星天牛 *Anoplophora macularia*	北部湾	茎
桐花树	丽绿刺蛾 *Latoia lepida*	福建	叶
	桐花毛颚小卷蛾 *Lasiognatha cellifera*	福建	叶
	丝脉蓑蛾 *Amatissa snelleni*	深圳	叶
	胸斑星天牛 *Anoplophora macularia*	深圳	茎
海桑	棉古毒蛾 *Orgyia postica*	海南	叶
无瓣海桑	红树林豹蠹蛾 *Zeuzera* sp.	深圳	枝干
	海桑毛虫 *Suana* sp.	广西英罗湾	叶
秋茄树	丽绿刺蛾 *Latoia lepida*	福建	叶
	丝脉蓑蛾 *Amatissa snelleni*	深圳	叶
	咖啡豹蠹蛾 *Zeuzera coffeae*	深圳	茎
	胸斑星天牛 *Anoplophora macularia*	深圳	茎
红海榄	介壳虫(学名未定)	海南	叶

注：引自蒋学建等，2006。

（2）木麻黄主要有害生物

木麻黄生长迅速，抗风力强，不怕沙埋，耐盐碱，是我国南方沿海防风固林的优良树种。由于沿海生态条件较为恶劣，而且早期营造的木麻黄基干林带已进入自然衰老阶段，加之木麻黄大多为纯林，这些因素累积起来给木麻黄病害虫的发生创造了有利条件。

木麻黄病害主要有青枯病、丛枝病、溃疡病、白粉病、猝倒病等。木麻黄虫害主要有星天牛（*Anoplophora chinensis*）、多纹豹蠹蛾（*Zeuzera multistrigata*）、相思拟木蠹蛾（*Arbela bailbarana*）、木毒蛾（*Lymantria xylina*）、棉蝗（*Chondracris rosea*）、龙眼蚁舟蛾（*Stauropus alternus*）、皮暗斑螟（*Euzophera batangensis*）、禾沫蝉（*Poophilus coastalis*）、吹绵蚧等。其中以星天牛、木毒蛾发生最为严重（何学友，2007）。病虫害大面积发生的林区，可引起木麻黄林木枯梢、断干或风倒，使得林木陆续枯死，以至于林带残缺不全，有的林分累积枯死率达 50% 以上，防护效益不断降低。

10.2.2　沿海有害生物濒发的原因

在沿海防护林体系各树种的长期生长发育过程中，除了常见森林病虫害的周期性复发危害，还难免遭遇新型病虫害的入侵与暴发成灾，或是一些隐蔽性的、原来未成灾的病虫害还会因各种原因而演变成主要的森林病虫灾害。再者，我国森林病理的理论及实践研究起步较晚，沿海地区基层林业部门技术力量薄弱，难以完全掌握某些病虫害的致病机理及防治手段，未能及时做好相关防治措施，如木麻黄青枯病、松针褐斑病、松枯梢病等尚无良好的防治措施（沈瑞祥，1992）。总而言之，沿海防护林有害生物危害频发的原因主要包括环境因素和经营管理因素，具体原因表现在以下几方面：

（1）沿海防护林多为人工纯林

受沿海防护林造林地立地环境、气候条件等因素的限制，可作为各个造林区域首选的抗病虫害能力较强的优良防护林树种并不多。而且，我国天然沿海防护林较少，一般都需要人工造林。人工营造的防护林往往因为树种单一、生态结构简单、生物多样性差，易导致病虫害频繁发生。据报道，一旦原有植被被单一的人工栽培植被所取代，该区域的生物多样性就会急剧下降，随之而来的是有害生物的暴发成灾。例如，福建沿海防护林主要树种以马尾松、木麻黄、台湾相思和湿地松等人工纯林为主，其林分生态系统结构单一，很容易周而复始地发生马尾松毛虫、木蠹蛾等病虫灾害。

（2）海洋灾害性气候多

沿海地区空气湿润、多雨雾，且风大，有利于病菌的生长、繁殖及传播。特别是海风极易造成沿海防护林树木枝条、树皮等部位受损，产生不同大小的创口，从而大大增加了各种病虫入侵植物体内的机会。例如，春季天气多雨、空气湿润，是松枯梢病等病害发生和蔓延的高峰期。又如，夏季发生的台风不仅会增加树皮、枝叶的受伤程度，还会通过树干径流等途径将病原菌传播至更远的距离，因此，木麻黄青枯病往往在台风暴雨后大面积发生。还有，在发生海风、海雾、海水倒灌等海洋灾害性天气后，沿海防护林各树种都容易遭受病虫害。

（3）经营管理不当

我国沿海防护林工程始于 20 世纪 80 年代末，早期营造的防护林已经进入成、过熟阶段，呈老化状态，二代更新幼林明显矮化，长期生产力及抗性受限严重；另外，大面积马尾松、相思树等水土保持林由于土地贫瘠，又受风、沙、旱、碱侵袭，许多成为"老头树"，对病虫害的抵抗力均不高，必然导致防护林病虫害频繁发生。有时也是因为在沿海防护林体系建设的整个预算当中，往往忽视了病虫害防治经费的比重及其有效投入，导致病虫害防治管理措施滞后。"成灾忙一阵，无灾无人问"的怪象时有发生，常常造成某些病虫害延误防治而扩散蔓延，最终再次暴发成灾。

（4）防控不到位

应该对频繁发生病虫害的沿海防护林林区加强监控力度，目的是能够在下一次大规模发生危害之前就采取有效措施进行防治，避免灾害蔓延扩大。然而，多数沿海林区防控不到位，往往在危害大面积发生之后才被发现，此时虽然采取一定的应急措施进行防治，但早已错过了最佳防治期，导致防治难度加大，只能依靠大量施用农药等化学防治方法。这样，即使控制住局面，也会对自然环境带来严重污染，很大程度上破坏了有益天敌赖以生存的环境，并使病虫害产生抗药性，从而导致周期性暴发成灾。

（5）沿海地区人类活动频繁及盲目引种

沿海地区人类活动频繁为各种害虫的流动提供了便利条件，外来有害生物一般都从沿海地区开始入侵内陆。另外，人们经常将未经驯化的以植物引种，造成外来树种生长衰弱，防护功能低效且抗病虫害能力不足，例如，我国早期引进的一些国外松；也有一些引入的植物种类，其生长速率明显优于乡土植物，很快侵占了原有植被的生态位，造成生物入侵，如互花米草和大米草等。

10.2.3　沿海有害生物防治对策

随着全球气候及人类生活环境的变化，沿海防护林的作用越发明显，而有害生物对沿海防护林的潜在破坏危害越来越严重。对沿海防护林进行有害生物的科学防治和有效治理，是关系到沿海居民生命财产安全的大事。针对沿海防护林有害生物危害频发的原因提出相应对策，能够对高质高效沿海防护林建设起到根本性保障作用（郭祥，2002；王宇，2017）。目前主要的防治对策有以下六个方面：

（1）坚决贯彻行政法规，增强居民认识

当前导致沿海防护林有害生物危害频发的主要原因之一就是认识及重视程度不够，没有充分认识到沿海防护林对于沿海居民的重要性，也没有完全认清有害生物对沿海防护林的危害性。只有在提高居民思想认识的基础上，根据《森林病虫害防治条例》及各省（自治区、直辖市）沿海防护林相关管理条例，强化政府行为，建立相应的病虫害防治投入机制，拓展筹集资金渠道，加大行政执法力度，依法并严格遵循林业有害生物防治相关技术标准并进行森林病虫害防治，才能做好海防林的经营管理及防护工作，促使森林病虫害的防治步入法制化轨道。

（2）生态控制和遗传控制有机结合

基于系统生态学理论原理，利用基因工程为主导的现代遗传控制技术，对沿海主要造林树种的抗病虫基因进行编辑与提升。通过实施近天然林的生态治理、封山育林、营造混交林、调整树种结构等林业措施，在增加沿海防护林生物多样性、增强森林系统稳定性的同时，又能凭借树种自身的高抗遗传特性，逐步形成具有自我协调、自我组成、自我维持的稳定机制，从而起到对森林病虫害的可持续控制。目前涉及遗传转化的树种主要有杨树、木麻黄、湿地松等，分别表现出对舞毒蛾(*Lymantria dispar*)、青枯病和松针褐斑病的抗性。

（3）以生物防治为主，化学防治为辅

维持"植物—有害生物—天敌"三者之间生态学关系是实施生物防治的理论基础。自然环境中，群落中每一生物种类都占有一定的生态位，但由于乱砍滥伐、毁林垦荒、森林火灾、大面积营造人工纯林、误伤天敌、气候因子等各种人类活动的影响和生态系统的变化，极大破坏了森林群落中原有的稳定结构，从而导致病虫害的发生。通过实施生物防治有助于重建森林群落原有的稳定关系，以及有益天敌的增殖和保护。例如，白僵菌的喷施可明显增加诸多害虫的灭除机率，它能寄生包括鳞翅目等 15 目的 149 科 521 属 707 种害虫，还能侵染蛛形纲及多足纲等节肢动物。然而，对已暴发成灾的害虫或还没有研究其机理的某些病虫害来讲，采用化学防治控制病虫害仍是重要的辅助应急措施之一，关键在于正确掌握科学的施药方法，在减少污染、保护天敌及其他生物多样性的基础上，争取最佳防治效果。

（4）加强监测及预警力度

沿海地区各级政府及森防部门应加强对有害生物的监测和预测预报工作，利用航空遥感系统(RS)、地理信息系统(GIS)和全球定位系统(GPS)等高新技术与病虫害的预测预报系统、防治决策系统相结合，实时掌握有害生物的发展动态，及时做好病虫害的防控工作。当前我国气象部门和农业部门对病虫害的发生会提前做出一些预警，但是目前多数只针对农作物，对森林病虫害的预警较少。在后续的管理过程中，林业部门可与气象部门加强沟通，及时对沿海防护林病虫害的发生做出预警，使沿海防护林管理单位能够及时做出应对，减少不必要的损失。

（5）有效防止外来有害生物入侵

相对而言，沿海地区与国内其他地区、境外的各项交流活动均较为频繁，容易在这些活动中带入有害生物。例如，松材线虫病、美国白蛾、松突圆蚧、日本松干蚧、湿地松粉蚧等危险性病虫害均是在沿海省份首次发现。随着我国对外开放深度和广度的不断提高和经济贸易往来的飞速发展，从国外和省外进入和经过的森林植物及产品与日俱增，从而大大增加了将国外有害生物一同引入的风险。因此，必须加大检疫执法力度，利用现代分子生物学技术，提高检疫检验水平，加强出入境森林植物及其产品的检疫，防患于未然。

（6）加大病虫害防治专项资金的投入

对沿海防护林有害生物的治理，需要一定数量的奖金支持，包括健全各项病虫害监测与防治等过程中需要配套的工具设备、基层科技人员及林农有关病虫害防治技能的培训、林业有害生物作用机理及危害过程的基础性宣传等费用开支。然而，目前现在这方面的专项资金存缺口较大，应增加财政投入，为沿海防护林的有害生物治理提供稳定的资金来源；并通过市场机制，吸纳各种社会资金到沿海防护林有害生物的治理上，促进防护林有害生物治理工作有效开展。

总之，我们应该从沿海防护林生态系统整体出发，坚持"预防为主，综合防治"的方针，以提高沿海防护林控灾减灾能力为目标，应用现代高新科学技术，基于生态学、社会学和经济学基本理论体系，围绕寄主树种—生物灾害—有益生物—生存环境之间"四位一体"综合调控，充分研究沿海防护林生态系统的演替与病虫害消长之间的关系，协调运用各种防治技术措施，实现沿海防护林主要病虫害的防治工作由被动救灾向主动减灾的方向转变，走可持续控灾之路。

10.3 沿海防护林防火及预警

林火是一个重要生态因子，其突发性强，一旦超出人为控制便会在森林中迅速延伸扩展，甚至发展成为森林火灾，不仅会造成大量森林资源的损失，还会威胁人类生命财产安全，给生态环境带来严重危害，是一种危害性极大的自然灾害。我国是一个森林火灾多发的国家，据统计，仅在 2000—2014 年期间，我国森林火灾的次数平均为 7 945 次/a，火场总面积平均为 $2.4×10^5$ hm^2/a，受害森林面积平均为 $1.0×10^5$ hm^2/a，直接经济损失平均为 1.5 亿元/a。

随着我国沿海防护林体系工程建设面积的不断扩大和林分质量的提升，林内可燃物也呈逐渐增多的趋势，而且在沿海防护林内从事相关经营、旅游、耕作的活动也日益增多，从而造成林内火源增多；加之全球气候变暖造成高森林火险天气数量的增加，森林火灾已成为沿海防护林生态安全的重要潜在隐患。一旦发生森林火灾，将会对沿海防护林的生态系统造成严重的破坏。

10.3.1 沿海防护林防火现状

（1）缺乏足够的关注，防火意识不强

沿海防护林作为森林生态体系的重要组成部分，是国家重点生态工程之一，它对开发和发展现代林业、维护生态平衡、推进经济社会可持续发展具有重要意义。在我国林业发展过程中，森林火灾一直限制林业发展的重要影响因素之一，频繁发生的森林火灾是威胁沿海防护林生态安全的重要隐患。然而，在现阶段的沿海防护林防火工作开展过程中，广大人民群众及相关部门对防护林防火工作缺乏足够的关注和认识，尽管近年来政府不断加强对于防护林防火工作的宣传、教育及落实，但相应工作的开展依然缺乏一个良好的环境。这与相关部门对防火工作认识不足、监督管理工作不到位、防火机构不够完善、人力物力投入不足等密切相关，而人民群众自身防火意识不强、不够重视防火问题、对自己行为缺乏约束都会影响了防火工作的有效开展。

（2）基础设施投入不足

据 2018 年统计，我国共建立 6 049 个县级以上的防火指挥部、大约 2 万座森林防火瞭望台，开设 110×10^4 km 隔离带，购置 212 万部通信设备，72 万台灭火设备，组建 2 万支消防队（含半专业），12 个森林警察队（共 1.2 万人），28 个航空护林站，具体内容见表 10-5（那姝，2019）。尽管我国森林防火工作相比早期已取得了显著的成绩，但目前我国大部分地区投入防火工作的经费相对较少，整体的基础防火设备较为落后，防火队伍建设不够，不

表 10-5　2018 年我国森林防护设备统计表

设备名称	数量	设备名称	数量
通信设备	212 万部	伐木机	1 213 万台
风机	72 万台	防护面具	32 万个
救火直升机	382 架	其他	—

能满足实际的防火工作开展需求。沿海防护林区由于地质条件较为复杂，交通环境不便，一旦发生火灾，现场车辆行驶困难，救火工作的开展就会受到较多的限制。

（3）制度不够完善，缺乏监督管理

为了加强森林防火力度和管理，国务院于 1987 年设立了森林防火总部，并于 1988 年颁布了《森林防火条例》，全国各地也陆续制定了相关的规范、文件。同时国家每年举行森林防火知识宣传，以提高群众的森林防火意识。然而，在防火工作开展过程中，由于相关防火制度不够完善，很多工作仅仅停留在理论宣传，实践演练安排的较少。当前对于火情的预案响应速度较慢，各个防火工作环节之间的衔接性不足，监督管理制度不完善，很多防火工作的开展都缺乏有效的监督管理和社会监督机制。此外，还缺乏对一些人为因素导致的森林火灾的有效惩戒和警示。

（4）森林防火重行政手段，轻技术研究

在防火工作开展过程中，往往过于强调责任制落实、扑火队伍建设等行政措施，而对于林火的发生原因、林火的分布特点、林火发生与气候类型、地形、可燃物类型的相关性、林火监测等技术体系研究甚少，在一定程度上制约了对森林火灾防控能力的全面发展。因此，为了保护沿海防护林的安全，应在侧重应用行政措施的同时，大力推进防火技术体系的科学研究。

10.3.2　沿海防护林防火对策

（1）整合各项防火技术，完善管理措施

通过沿海林区实地调查、野外火烧模拟试验，研究沿海防护林火灾各个类型与气候类型、地形、可燃物的相关性，确定引起火灾的环境指标，如温度、湿度、降水量、干旱、风、地形、坡度和可燃物类型等，提出综合防火技术措施。沿海防护林要划定管护责任区，确定管护类型（封禁管护、重点管护、一般管护），成立管护机构，明确管护人员、制定管护规章制度，签订管护合同。对重点防护林区的特殊防护地段，根据林分生长发育状况，实行封禁管护。封禁区和封禁期由县级林业行政主管部门确定。对封禁区和沿海基干林带可设置永久性警示标志，在人畜活动频繁地段设置围栏，配备护林员进行巡护，必要时可在林区要道设卡检查。

（2）加强信息网络建设，做好林火预报

林火预报是贯彻"预防为主，积极消灭"的森林防火方针的重要措施，也是农林事用火、森林火灾监测和扑救的依据。国外对林火的预测预报取得了很多成果，国内对林火预测预报的研究起步较晚，且大多集中在东北林区，主要采用综合预报、利用点火试验、利用林火模型、利用历史火灾资料和利用可燃物湿度变化与气象要素的相关关系等方法进行预报（Su 等，2019）。目前，我们应通过建立森林防火"信息高速公路"和完备的网络系统，完善卫星防火监测系统，防火指挥中心通过卫星监测系统和地面监测，以便及时作出火险预报，为森林火灾的防控工作作出准确全面的指导。

（3）提升营林技术水平，发展生物防火工程

在做好沿海防护林的森林防火长远规划中，应大力发展生物防火工程建设。例如，通过采取科学合理的营造林措施，积极利用木荷、火力楠、大叶相思等阔叶树种，推进现有针叶纯林的套阔改造，逐步过渡形成针阔叶混交林，提高沿海防护林自身抗火能力。同时，在针叶纯林中加大生物防火林带密度，改现有林为阻火林，调节森林的易燃性，建立多功能综合阻火带，以最大限度地阻隔林火蔓延，提高森林综合阻火能力。在发生旱情时，应根据干旱程度，适时进行人工降雨，以增加可燃物含水率，降低其可燃性。

（4）加强宣传，提高群众防火意识

森林火灾的起因主要有人为火和自然火两大类。自然火包括雷电火、自燃等，它们引起的森林火灾约占我国森林火灾总数的1%。可见，森林火灾多数与人为因素关系密切。因此，森林防火工作的重点就是杜绝人为火，但仅仅依靠相关部门的力量，而忽视广大人民群众的积极参与配合，防火工作就难以开展。我们应在易发生林火的地段设立醒目标识，加强火源管理；同时通过采取报纸、广播、电视、互联网等新媒体加强防火宣传教育和法制教育，提高沿海群众防火意识。防火管理部门还要深入群众，定期开展相关防火宣传和普及工作，真正提高群众的防火意识和防火能力。同时，可以联合群众积极构建群众性的联防组织，全面开展护林联防工作。

（5）加强基础设施建设，壮大防火队伍

沿海地区各级政府应将森林防火设施设备的建设纳入当地的发展规划，适当加大对森林防火经费的投入，发展壮大防火组织机构。高素质、高水平的森林防火队伍是保证森林防火工作顺利开展的重要基础，通过专业、统一的管理和培训，明确专业防火技术人员、火灾扑救人员以及群众等不同人员的分工和责任。如护林员应配备好交通和通信设备，一旦发生火情能及时报告，及时组织人员扑救，做到"打早、打小、打了"。在易发生林火的地区和民间节假日人为活动频繁期间，应加强对进入林区人员的登记管理，控制火源进山，减少火灾隐患。

10.3.3 正确认识林火的双重属性及预警

10.3.3.1 林火发生的自然与社会属性

灾害经济学理论认为，任何灾害都遵从害利互变原理，它的形成和发生在否定原有的自然结构、社会结构及人与自然之间关系的同时，促成了一种新型的自然结构、社会结构及人与自然的关系（张念慈等，2018）。森林火灾具有自然和人为双重属性，也同样存在着变害为利的可能性。其自然属性主要是指森林可燃物状况、气候变化、高温、大风、雷电等高火险天气易形成森林火灾；人为属性是指人们在野外用火等行为，直接或间接引发森林火灾。

随着国内外学者对火生态学的深入研究，林火对森林演替的驱动作用被逐渐认识，普遍认为森林火灾能够通过改变森林环境资源（土壤、养分、光照等）进而改变群落的资源竞争格局，如林分郁闭度的降低为喜光植物创造有利条件；林火消耗地表有机质，提高养

分归还效率。可见，并不是所有的林火都对自然资源环境产生破坏。一方面，森林火灾能够在短时间内烧毁大面积森林，破坏生态系统的结构和功能，降低林木产品等级，使森林环境急剧改变，给生态环境带来严重危害，甚至威胁人民生命财产安全；另一方面，适度的森林火灾可以促进生态系统的演化、促使种子的萌发、提高土壤肥力、消除病虫害，有利于森林更新和森林健康。例如，在一些特殊环境和地域条件下，一些林火反而成为一种营林措施，不但消除了森林环境中一些有害生物，还减少了一些不利于目的树种生长的竞争性植被，有利于森林生态环境的改善；低强度地表火，也是减少可燃物载量降低火险等级的有效途径。

因此，正确认识林火的双重属性，合理判断区分林火属性，科学地作出扑救决策，是当前森林防火工作的一个重要课题。例如，2002 年 4 月大兴安岭某林区发生地表火，当地防火部门对火行为作出正确判断，没有发起大规模扑救行动，仅派防火队员对火情进行密切监测，避免火势扩大，直至火情消失；当翌年林业部门进一步调研时，发现该林区过火林地的树木不但没有烧死，反而长势旺盛，林相更好。这说明有些林火不足以严重破坏原有森林生态系统的稳定性，还可节省大量不必要的扑救支出(张念慈等，2018)。

10.3.3.2　建全沿海防护林林火预警机制

森林火灾的突发性远大于森林病虫害，救火过程危险且困难，特别是沿海防护林林区风力大，火势蔓延快，不易扑救，对该区域森林资源破坏性极大。因此，构建森林防火预警体系，加强沿海防护林火险的预测预报工作，对于最大限度地降低森林火灾发生次数及其所带来的损失程度，以及保护沿海防护林及其生态环境具有重要的现实意义。

林火预警就是运用各种监测技术手段，及时发现森林火情并准确定位起火点，确定火势的大小及动态，在对林火发生、发展整个过程进行有效监视的基础上，对林火的应对措施作出判断的行为。作为发现林火和传递林火信息的措施和手段，林火监测可为有效控制和扑灭森林火灾提供重要基础。及时发现和精确定位林火，是实现森林火灾早发现、早扑救的关键，能够有效地减少森林火灾所造成的各项损失。我国森林防火工作起步较晚，森林火险预测作为森林防火工作的首要问题，其发展过程大概包括：自 1955 年起，我国就开始引进使用国外的预报方法，如实效温度法(日本)、火险检尺法(美国)、聂斯切诺夫的综合指标法(苏联)等，但这些方法并不完全适用于我国森林火灾的发生发展规律。1958年，我国科研工作者发明了"双指标森林火险预报方法"，即先把火行为的"蔓延危险"列为指标，再从火灾发生概率及蔓延两个方面进行预测，该方法于 20 世纪 60 年代被广泛应用于东北、内蒙古和西南等林区。自 1983 年来，在引进和使用国外森林火险预报模型，如加拿大林火天气指标(fire weather index，FWI)和美国国家火险等级系统(national fire danger rating system，NFDRS)的基础上，重点对火险预报系统中各子系统的建立进行研发，有效地推进了我国森林火险预报工作的发展(李少虹，2019)。

目前，我国森林火灾监测体系主要包括近地监测、航空监测、卫星监测、雷达监测及无线传感器网络技术等(闫德民等，2017)。近年来，基于气象科学、遥感技术、通信技术和航空航天技术的快速发展，加上化学、生物技术手段的有机结合，现代科学管理的不断渗透，森林消防的先进技术得以不断发展。例如，红外线、雷达、激光探测技术，森林火灾预测技术，卫星火情监测技术，人工增雨、飞机吊桶灭火扑救措施以及利用计算机进行森林火灾防范管理等。

　　由于森林火灾发生和蔓延的影响因子很多,各影响因子之间还存在着复杂的关系。因此,应该根据森林火灾资料,综合考虑气候、地形、植被、人文等多方面的因素,结合遥感、地理等数据分析森林火灾发生和火源的时空分布规律,进行数据预处理,再通过实地调查、野外火烧模拟试验,确定引起火灾的环境指标,如温度、湿度、降水量、干旱、风等气候因子,地形、海拔、坡度、坡向等地形因子,以及植被类型、植被覆盖度、可燃物类型等植被因子和人口密度、森林距居民点距离等人文因子,进而建立相关的火灾风险模型,预测火灾发生概率并提出综合防火技术措施及预警机制(图10-4)。孙虹雨等(2018)利用2002—2015年辽宁省森林火灾资料、2014—2016年卫星监测热点资料以及高空天气图等相关气象资料,采用统计分析、天气学分析和灰色关联分析方法发现,4月气温、4月风速、5月相对湿度、5月气温、3月风速是影响森林火灾发生程度的主要因子。

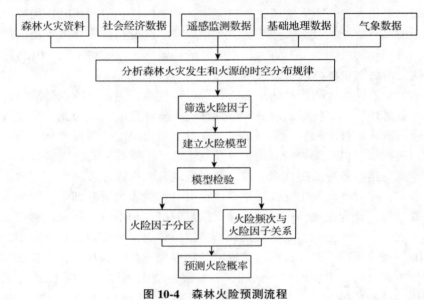

图10-4　森林火险预测流程

复习思考题

　　1. 简述加强沿海防护林法制建设与执行的有效途径。

　　2. 试述沿海外来林业有害生物的入侵途径及防治对策。

　　3. 沿海有害生物危害濒发的原因是什么?

　　4. 简要介绍一下沿海防护林防火监测及预警机制。

参考文献

陈德志, 叶功富, 卢昌义, 等, 2015. 沙质海岸前沿不同下垫面的沙粒度参数特征[J]. 森林与环境学报, 35(3): 83-89.

陈火春, 楼毅, 郑云峰, 等, 2012. 我国沿海防护林体系工程建设可持续发展对策研究[J]. 林业资源管理(4): 13-16.

陈少雄, 李志辉, 李天会, 等, 2008. 不同初植密度的桉树人工林经济效益分析[J]. 林业科学研究, 21(1): 1-6.

陈顺伟, 高智慧, 卢庭高, 等, 2001. 不同造林措施对岩质海岩防护林造林成活率及其生长的影响[J]. 防护林科技(2): 1-3, 9.

陈永忠, 2009. 海南沿海防护林体系现状及建设对策[J]. 林业调查规划, 34(5): 104-107.

陈玉军, 廖宝文, 李玫, 等, 2012. 无瓣海桑和秋茄人工林的减风效应[J]. 应用生态学报, 23(4): 959-964.

成向荣, 虞木奎, 张翠, 等, 2011. 沿海基干林带结构调控对林分冠层结构参数及林地土壤的影响[J]. 生态学杂志, 30(3): 516-520.

程洪, 颜传盛, 李建庆, 等, 2006. 草本植物根系网的固土机制模式与力学试验研究[J]. 水土保持研究, 13(1): 62-65.

池源, 石洪华, 丰爱平, 2015a. 典型海岛景观生态网络构建——以崇明岛为例[J]. 海洋环境科学, 34(3): 433-440.

池源, 石洪华, 郭振, 等, 2015b. 海岛生态脆弱性的内涵、特征及成因探析[J]. 海洋学报, 37(12): 95-107.

崔莉, 李俊清, 向楠, 等, 2011. 浙江沿海森林资源现状及动态分析[J]. 安徽农业科学, 39(30): 18663-18667.

但新球, 廖宝文, 吴照柏, 等, 2016. 中国红树林湿地资源、保护现状和主要威胁[J]. 生态环境学报, 25(7): 1237-1243.

方佳毅, 陈文方, 孔锋, 等, 2015. 中国沿海地区社会脆弱性评价[J]. 北京师范大学学报(自然科学版), 51(3): 280-286.

房用, 朱宪珍, 王清彬, 等, 2004. 浅谈泥质海岸沿海防护林体系建设[J]. 防护林科技(4): 35-37.

傅宗甫, 1997. 互花米草消浪效果试验研究[J]. 水利水电科技进展, 17(5): 45-47.

高岚, 李怡, 2012. 广东省沿海防护林体系综合效益评价及可持续经营策略研究[M]. 北京: 中国林业出版社.

高志义, 1997. 中国防护林工程和防护林学发展[J]. 防护林科技(2): 22-26.

高智慧, 陈顺伟, 1999. 亚热带岩质海岸不同类型植被的水土保持效益[J]. 浙江农林大学学报, 16(4): 380-386.

高智慧, 贺位忠, 严晓素, 等, 2013 沿海防护林造林技术[M]. 杭州: 浙江科学技术出版社.

高智慧, 康志雄, 刘亚群, 等, 1994. 浙江省舟山群岛几种主要树种生长的初步研究[J]. 林业科技通讯(11): 25-27.

耿兵，王华田，王延平，等，2013. 刺槐萌生林与实生林的生长比较[J]. 中国水土保持科学，11(2)：62-67.

顾沈华，刘丽月，叶益平，等，2010. 嘉兴沿海基干林带主要造林树种防护效能评价[J]. 浙江林业科技，30(2)：73-76.

顾宇书，邢兆凯，赵冰，等，2010. 沙质海岸防护林体系建设技术及其研究现状[J]. 防护林科技(3)：36-38，57.

郭祥，2002. 沿海防护林病虫害的可持续控制[J]. 林业科技开发(2)：8-10.

何鑫，赵忠宝，齐璐，2013. 河北省沿海防护林生态补偿机制存在问题及对策探讨[J]. 林业资源管理(6)：53-56.

何学友，2007. 木麻黄病害研究概述[J]. 防护林科技(2)：27-30.

贺强，崔保山，胡乔木，等. 2008. 水深环境梯度下柽柳种群分布格局的分形分析[J]. 水土保持通报(5)：28，70-73.

洪元程，叶功富，黄传印，等，2010. 晋江市沿海防护林20年景观生态格局变化研究[J]. 林业资源管理(3)：69-74.

侯晓梅，郇长坤，2015. 我国沿海地区台风灾害防范分析[J]. 新乡学院学报(4)：62-68.

胡海波，张金池，2001. 平原粉沙淤泥质海岸防护林土壤渗透特性的研究[J]. 水土保持学报，15(1)：39-42.

黄曦，2010. 连江县沿海防护林体系生态管护研究[J]. 林业勘察设计(2)：150-152.

黄承标，梁宏温，温远光，等，1999. 窿缘桉防护林小气候的初步研究[J]. 浙江林学院学报(3)：31-35.

黄金水，蔡守平，何学友，等，2012. 东南沿海防护林主要病虫害发生现状与防治策略[J]. 福建林业科技，39(1)：165-170.

黄俊彪，陈步峰，裴男才，等，2013. 海岸景观防护林群落对堤岸土壤化学的生态效应[J]. 生态环境学报，22(8)：1303-1309.

贾亚运，何宗明，周丽丽，等，2016. 造林密度对杉木幼林生长及空间利用的影响[J]. 生态学杂志，35(5)：1177-1181.

江行玉，王长海，赵可夫，2003. 芦苇抗镉污染机理研究[J]. 生态学报(5)：856-862.

姜航，石小亮，2017. 浅析沿海防护林体系二期工程建设经验与任务[J]. 农村经济与科技，28(17)：82-83，99.

蒋妙定，高智慧，康志雄，等，1996. 亚热带沿基岩海岸湿地松营造技术研究[J]. 浙江林业科技，16(3)：1-6.

蒋学建，罗基同，秦元丽，等，2006. 我国红树林有害生物研究综述[J]. 广西林业科学，35(2)：66-69.

颉洪涛，成向荣，吴统贵，等，2017. 基于文献计量的沿海防护林研究内容分析[J]. 山东农业大学学报，48(3)：365-370.

康斌，2016. 我国台风灾害统计分析[J]. 中国防汛抗旱(2)：26.

赖华燕，黄博强，吴鹏飞，2017. 海岛型城市的土壤侵蚀状况及主要影响因子分析——以福建省平潭岛为例[J]. 水土保持研究，24(1)：12-17.

李强，刘国彬，许明祥，等，2013. 黄土丘陵区撂荒地土壤抗冲性及相关理化性质[J]. 农业工程学报，29(10)：153-159.

李嘉琪，白爱娟，蔡亲波，2018. 西沙群岛和涠洲岛气候变化特征及其与近岸陆地的对比[J]. 热带地理，38(1)：74-83.

李连伟，刘展，白永良，等，2018. 基于AHP-CVI技术的黄河三角洲海岸带环境脆弱性评价[J]. 生态环境学报，27（2）：297-303.

李林鑫，吴文景，杨振，等，2019. 水陆交错带芦苇根系表型与解剖结构的差异[J]. 防护林科技（12）：9-12.

李明仁，2010. 育林实务手册[M]. 台北：兰潭彩色印刷股份有限公司.

李秋芳，王克勤，王帅兵，等，2012. 不同治理措施在红壤坡耕地的水土保持效益[J]. 水土保持通报，32（6）：196-200.

李少虹，2019. 浙江省森林火灾时空分布及其对策[D]. 杭州：浙江农林大学.

李铁民，2000. 太行山低质低效林判定标准[J]. 山西林业科技（3）：1-8，14.

李晓敏，张杰，马毅，等，2017. 基于无人机高光谱的外来入侵种互花米草遥感监测方法研究——以黄河三角洲为研究区[J]. 海洋科学，41（4）：98-107.

李玥，张金池，李奕建，等，2010. 上海市沿海防护林下土壤养分、微生物及酶的典型相关关系[J]. 生态环境学报，19（2）：360-366.

李忠伟，2003. 尾巨桉林分萌芽更新技术研究[J]. 桉树科技（2）：21-23.

廖晓丽，周新年，刘健，等，2012. 沿海防护林主要造林树种木麻黄适生立地条件的研究[J]. 森林与环境学报，32（2）：107-112.

林承超，魏守珍，肖海燕，等，1995. 从琅岐岛滨海沙丘朴树群落特征探讨福建沿海防护林更新与改造问题[J]. 生态学报，15（1）：54-60.

林达恒，2016. 密度对厚荚相思人工林生长和土壤肥力的影响[J]. 林业勘察设计（4）：45-47.

林德城，吴文景，陈敏，等，2019. 沿海地区四旁造林现存问题及发展对策[J]. 防护林科技（4）：39-41.

林开敏，俞新妥，邱尔发，等，1996. 杉木造林密度生长效应规律的研究[J]. 福建林学院学报，16（1）：53-56.

林默爱，2005. 滨海平原农田防护林营造技术的研究[J]. 林业勘察设计（2）：1-4.

林武星，黄雍容，叶功富，等，2013. 沙质海岸木麻黄+湿地松林不同混交模式综合效益评价[J]. 中国水土保持科学，11（5）：70-75.

林武星，叶功富，徐俊森，等，2004. 木麻黄防护林不同造林密度综合评价研究[J]. 防护林科技（3）：1-3.

林育真，付荣恕，2013. 生态学 [M]. 2版. 北京：科学出版社.

刘琳，安树青，智颖飙，等，2016. 不同土壤质地和淤积深度对大米草生长繁殖的影响[J]. 生物多样性，24（11）：1279-1287.

刘平，邱月，王玉涛，等，2019. 渤海泥质海岸典型防护林土壤微生物量季节动态变化[J]. 生态学报，39（1）：363-370.

刘平，邱月，王玉涛，等，2018. 渤海泥质海岸典型防护林对土壤酶活性季节动态的影响[J]. 沈阳农业大学学报，49（6）：678-685.

刘洁，石青松，沈守云，等，2016. 岳麓山枫香风景林碳汇效应研究[J]. 西北林学院学报，31（2）：103-108.

刘士玲，杨保国，郑路，等，2019. 马尾松人工林小气候调节效应[J]. 中南林业科技大学学报，39（2）：15-20.

刘贤德，孟好军，张宏斌，等，2012. 黑河流域中游典型退化湿地生态恢复技术研究[J]. 水土保持通报，32（6）：116-119.

刘宪钊，薛杨，王小燕，等，2017. 海南省东北部沿海地区更新造林实验研究[J]. 生态科学，36（3）：130-134.

刘延春，2006. 生态·效益林业理论及其发展战略研究[M]. 北京：中国林业出版社.

刘艳莉，陈鹏东，侯玉平，等，2015. 烟台沙质海岸前沿 4 种草本植物热值与建成成本分析[J]. 生态环境学报，27(7)：1211-1217.

卢俊培，曾庆波，1981. 海南岛尖峰岭半落叶季雨林"刀耕火种"生态后果的初步观测[J]. 植物生态学报，5(4)：271-280.

罗美娟，2002. 沿海木麻黄防护林生态作用研究进展[J]. 防护林科技 (3)：46-47，57.

罗细芳，古育平，陈火春，等，2013. 我国沿海防护林体系生态效益价值评估[J]. 华东森林经理，27(1)：25-27，56.

罗细芳，2018. 谈生态文明体制下生态安全屏障体系构建——沿海防护林建设主要技术经济指标研究[J]. 国家林业局管理干部学院学报(1)：16-21，47.

罗旭辉，张俊斌，黄毅斌，等，2013. 南方红壤区草被的水土保持功能研究进展[J]. 福建农业学报 (11)：1164-1169.

骆华松，周跃，2002. 云南松林控制坡地侵蚀的机械效应分析[J]. 中国人口·资源与环境，107-109.

马霄华，韩炜，管文轲，等，2018. 不同盐度水对芦苇固碳释氧和增湿降温的影响[J]. 环境科学与技术，41(8)：11-16，125.

毛晓曦，郭云继，崔江慧，等，2016. 滨海生态脆弱区土地生态系统服务价值动态变化分析——以黄骅市为例[J]. 水土保持研究，23(2)：249-254.

孟强，吴云云，2014. 滩海工程中仿生草消浪特性试验研究 [J]. 水利与建筑工程学报，12(4)：185-190.

孟庆峰，杨劲松，姚荣江，等，2012. 碱蓬施肥对苏北滩涂盐渍土的改良效果[J]. 草业科学，29(1)：1-8.

那姝，2019. 我国森林防火现状及其对策[J]. 南方农业，13(15)：88-89.

聂森，张勇，仲崇禄，等，2012. 福建沿海木麻黄速生抗性无性系选育[J]. 森林与环境学报，32(4)：300-304.

欧建德，2018. 造林密度对峦大杉生长性质及林分分化的影响[J]. 东北林业大学学报，46(1)：7-11.

潘勇军，陈步峰，黄金彪，等，2014. 南沙沿海防护林对"韦森特"台风的防护效应[J]. 中南林业科技大学学报，34(10)：84 -89.

彭修强，夏非，张永战，2014. 苏北废黄河三角洲海岸线动态演变分析[J]. 海洋通报，33(6)：630-636.

皮宝柱，1999. 泥质海岸沿海防护林先锋树种——柽柳造林方法的研究[J]. 河北林业科技(2)：8-10.

齐清，2006. 胶南市沿海防护林体系结构优化与树种配置的研究[D]. 泰安：山东农业大学.

秦伟山，张义丰，2013, 国内外海岛经济研究进展[J]. 地理科学进展，32(9)：1401-1412.

冉启华，李蔚，梁宁，等，2013. 人类活动对海岛土壤侵蚀影响的数值模拟[J]. 浙江大学学报(工学版)，47(7)：1199-1224.

任璘婧，李秀珍，杨世伦，等，2014. 崇明东滩盐沼植被变化对滩涂湿地促淤消浪功能的影响[J]. 生态学报，34(12)：3350-3358.

桑昌鹏，万晓华，余再鹏，等，2017. 凋落物和根系去除对滨海沙地土壤微生物群落组成和功能的影响[J]. 应用生态学报，28(4)：1184-1196.

沈国舫，2001. 森林培育学[M]. 北京：中国林业出版社.

沈荷芳，叶顺根，林海忠，2000. 海水倒灌对农田的危害与治理措施[J]. 耕作与栽培(1)：53-54.

沈瑞祥，周仲铭，1992. 我国大陆森林病理事业之概况[J]. 森林病虫通讯(4)：39-45.

石川政幸，张士刚，1984. 日本海中部地震海啸时海岸防护林的效果和被害状况[J]. 河北林业科技(4)：31.

苏芳莉，隋丹，李海福，等，2017. 芦苇根茎和根对造纸废水中铜的吸收[J]. 湿地科学，15(5)：753-757.

孙林，文庆玉，韩国辉，等，2011. 农田防护林的综合效益及对环境质量作用的分析[J]. 吉林林业科技，40(1)：54-55.

孙东，朱纯，熊咏梅，等，2011. 林隙光照对广州市风景林林下植物分布的影响[J]. 华南农业大学学报，32(4)：63-66.

孙国吉，黄夏银，张金池，等，2003. 徐淮平原主要农田防护林树种的水分蒸腾胁地机理[J]. 南京林业大学学报(自然科学版)，27(3)：31-34.

孙虹雨，程攀，程佳悦，等，2018. 辽宁省林火发生和过火面积与气象因子关系分析[J]. 气象与环境学报，34(5)：128-134.

唐行，刘明臻，1999. 木麻黄繁殖及造林技术[J]. 广西林业科学，28(1)：35-37.

唐廷贵，张万钧，2003. 论中国海岸带大米草生态工程效益与"生态入侵"[J]. 中国工程科学，5(3)：17-22.

滕洪举，染福臣，穆维利，等，1994. 海岸沙地营造樟子松防护林技术研究[J]. 林业科技通讯(4)：8-11.

田超，2018. 福建沿海地区生态环境脆弱性评价研究[D]. 福州：福建农林大学.

万福绪，韩玉洁，2004. 苏北沿海防护林优化模式研究[J]. 北京林业大学学报，26(2)：31-36.

王春，2015. 天津绒毛白蜡的引种试验[J]. 防护林科技(5)：49-50.

王刚，张秋平，管东生，2016. 红树林植物生物量沿纬度分布特征[J]. 湿地科学，14(2)：259-270.

王洪，许跃华，张金池，等，2013. 苏北泥质海岸盐碱地杨树纯林土壤的改良效应[J]. 中国水土保持科学，11(1)：65-68.

王洪，张金池，张东海，等，2010. 苏北泥质海岸主要防护林树种生长特性[J]. 亚热带农业研究，6(3)：167-171.

王磊，2011. 植被根系固土力学机理试验研究[D]. 南京：南京林业大学.

王数，东野光亮，2013. 地质学与地貌学[M]. 2 版. 北京：中国农业大学出版社.

王旭，杨怀，郭胜群，等，2012. 海桑—无瓣海桑红树林生态系统的防浪效应[J]. 林业科学(8)：48，39-45.

王颖，朱大奎，1994. 海岸地貌学[M]. 北京：高等教育出版社.

王宇，2017. 沿海防护林体系有害生物治理对策[J]. 防护林科技(4)：86-87.

王利宝，张志毅，康向阳，等，2012. 造林密度对白杨杂种无性系初期生长性状的影响[J]. 北京林业大学学报，34(5)：25-30.

王述礼，孔繁智，关德新，等，1995. 沿海防护林防海煞危害初探[J]. 应用生态学报，6(3)：251-254.

王铁良，苏芳莉，张爽，等，2008. 盐胁迫对芦苇和香蒲生理特性的影响[J]. 沈阳农业大学学报，39(4)：499-501.

王喜年，2005. 关于温带风暴潮[J]. 海洋预报，22(s1)：17-23.

王永吉，刘振，许涛，等，2017. 平原地区四旁绿化调整的必要性及措施[J]. 现代农业科技(8)：170-171.

王宗星，虞木奎，成向荣，等，2010. 上海市郊沿海防护林防护效应的研究[J]. 植物资源与环境学报，19(3)：85-88，96.

温小乐，林征峰，唐菲，2015. 新兴海岛型城市建设引发的生态变化的遥感分析：以福建平潭综合实验区为例[J]. 应用生态学报，26(2)：541-547.

温佐吾，谢双喜，周运超，等，2000. 造林密度对马尾松林分生长、木材造纸特性及经济效益的影响[J]. 林业科学，36(S1)：36-43.

毋亭，侯西勇，2017. 1940s 以来中国大陆岸线变化的趋势分析[J]. 生态科学，36(1)：80-88.

吴强，张合平，2016. 森林生态补偿研究进展[J]. 生态学杂志，35(1)：226-233.

吴福元，2018. 速生桉树幼林抚育管理的重要性及技术措施[J]. 现代农业科技，13：152-153.

吴建军，2016. 黑松幼苗期的抚育管理技术探析[J]. 林业科技，33(5)：169.

吴志华，李天会，张华林，等，2010. 沿海防护林树种木麻黄和相思生长和抗风性状比较研究[J]. 草业学报，19(4)：166-175.

武庆新，2014. 消失的大陆：如何守护我们依存的家园[M]. 北京：北京工业大学出版社.

夏江宝，孔雪华，陆兆华，等，2012. 滨海湿地不同密度柽柳林土壤调蓄水功能[J]. 水科学进展(5)：23，628-634.

夏江宝，赵西梅，刘俊华，等，2016. 黄河三角洲莱州湾湿地柽柳种群分布特征及其影响因素[J]. 生态学报，36(15)：4801-4808.

肖金辉，2008. 沿海岩岸黑松低效防护林更新改造技术[J]. 福建林业科技，35(4)：4-6.

谢宝华，韩广轩，2018. 外来入侵种互花米草防治研究进展[J]. 应用生态学报，29(10)：3464-3476.

邢献予，刘平，魏忠平，等，2016. 渤海沙质海岸不同防护林下土壤理化性质及草本植物多样性变化[J]. 沈阳农业大学学报，47(6)：673-680.

徐谅慧，李加林，李伟芳，等，2014. 人类活动对海岸带资源环境的影响研究综述[J]. 南京师范大学学报(自然科学版)，37(3)：124-131.

许基全，王宇阳，2016. 沿海困难立地绿化造林技术探讨[J]. 防护林科技(8)：93-95，127.

许景伟，王卫东，乔勇进，等，2003. 沿海沙质岸基干林带黑松防护林的更新方式[J]. 东北林业大学学报，31(5)：4-6.

闫明，潘根兴，李恋卿，等，2010. 中国芦苇湿地生态系统固碳潜力探讨[J]. 中国农学通报，26(18)：320-323.

闫德民，李庆阁，2017. 我国森林火灾监测体系现状及展望[J]. 森林防火(3)：27-30，54.

颜利，吴耀建，陈凤桂，等，2015. 福建省海岸带主体功能区划评价指标体系构建与应用研究[J]. 应用海洋学学报，34(1)：87-96.

杨磊，李加林，袁麒翔，等，2014. 中国南方大陆海岸线时空变迁[J]. 海洋学研究，32(3)：42-49.

杨升，张华新，刘涛，2012. 16个树种盐胁迫下的生长表现和生理特性[J]. 浙江农林大学学报，29(5)：744-754.

杨盛昌，陆文勋，邹祯，等，2017. 中国红树林湿地：分布、种类组成及其保护[J]. 亚热带植物科学，46(4)：301-310.

杨宝仪，郑鹏，陈红跃，2015. 生态风景林群落色彩要素与林分特征研究[J]. 现代农业科技(16)：162-164.

杨幼平，2014. 构筑沿海生态体系打造千里绿色屏障[J]. 浙江林业(3)：8-9.

叶功富，卢昌义，尤龙辉，等，2013. 基于生态文明视域的海岸带林业建设与发展[J]. 防护林科技(1)：1-4.

叶功富，王维辉，施纯淦，等，2000. 木麻黄低效林改造方式、树种选择和改造效果研究[J]. 防护林科技(s1)：64-68.

叶功富，吴锡麟，张清海，等，2003. 沿海防护林生态系统不同群落生物量和能量的研究[J]. 林业科学，39(S1)：8-14.

于雷，韩友志，魏忠平，等，2009. 泥质海岸防护林树种配置与优化模式[J]. 防护林科技(1)：4-6.

于福江，董剑希，李涛风，2015. 暴潮对我国沿海影响评价[M]. 北京：中国海洋出版社.

袁信昌，张晓勉，贺位忠，等，2015. 3个树种在海岛困难立地造林试验[J]. 浙江林业科技，35(1)：68-71.

翟明普，沈国舫，2016. 森林培育学[M]. 3版. 北京：中国林业出版社.

张敏，厉仁安，陆宏，2003. 大米草对我国海涂生态环境的影响[J]. 浙江林业科技，23(3)：86-89.

张丹华，胡远满，刘淼，2019. 基于 Maxent 生态位模型的互花米草在我国沿海的潜在分布[J]. 应用生态学报，30(7)：2329-2337.

张冬明，张文，郑道君，等，2016. 海水倒灌农田土壤盐分空间变异特征[J]. 土壤，48(3)：621-626.

张纪林，康立新，季永华，1998. 沿海防护林体系的结构与功能及发展趋向[J]. 世界林业研究，11(1)：50-56.

张建锋，张德顺，陈光才，等，2014. 上海沿海防护林树种适宜性评价及生态效应分析[J]. 中国农学通报，31(4)：1-6.

张金池，2011. 水土保持与防护林学[M]. 北京：中国林业出版社.

张金池，臧廷亮，曾锋，2001. 岩质海岸防护林树木根系对土壤抗冲性的强化效应[J]. 南京林业大学学报(自然科学版)，25(1)：9-12.

张立华，叶功富，林益明，等，2007. 木麻黄人工林细根分解过程中的养分释放及能量归还[J]. 厦门大学学报(自然科学版)，46(2)：268-273.

张念慈，魏云敏，2018. 基于灾害经济理论的林火扑救决策初探[J]. 森林防火(3)：45-48.

张乔民，2001. 我国热带生物海岸的现状及生态系统的修复与重建[J]. 海洋与湖沼，32(4)：454-464.

张水松，林武星，叶功富，等，2000. 海岸带风口沙地提高木麻黄造林效果的研究[J]. 林业科学，36(6)：39-46.

张万儒，盛炜彤，蒋有绪，等，1992. 中国森林立地分类系统[J]. 林业科学研究(3)：251-262.

张晓勉，高智慧，高洪娣，等，2012. 基岩质海岸防护林主要林分类型土壤抗冲性研究[J]. 浙江林业科技，32(5)：1-4.

张艳杰，温佐吾，2011. 不同造林密度马尾松人工林的根系生物量[J]. 林业科学，47(3)：75-81.

张云吉，金秉福，李宁，2002. 山东半岛沿海防护林与沙质海岸地貌变迁[J]. 海洋科学(8)：31-33.

张忠东，2007. 山东沿海防护林体系建设规划的研究[D]. 南京：南京林业大学.

张子扬，吴文景，梅辉坚，等，2019. 我国沿海城市风景林研究进展[J]. 防护林科技(7)：55-58.

张祖陆，2016. 地质与地貌学[M]. 北京：科学出版社.

赵伟，2006. 试论辽东半岛沿海防护林体系建设[J]. 防护林科技(2)：34-36.

赵彩霞，郑大玮，何文清，2005. 植被覆盖度的时间变化及其防风蚀效应[J]. 植物生态学报，29(1)：68-73.

郑殿升，刘旭，黎裕，2012. 起源于中国的栽培植物[J]. 植物遗传资源学报，13(1)：1-10.

郑晶晶，蔡锰柯，林宇，等，2015. 6 种不同沿海防护混交林凋落叶持水性能比较[J]. 水土保持通报，35(5)：111-116.

郑彦妮，2008. 论城市风景林的营造[J]. 中南林业科技大学学报(社会科学版)，2(6)：56-59.

中国林业工作手册编纂委员会，2017. 中国林业工作手册[M]. 2 版. 北京：中国林业出版社.

中华人民共和国国家统计局，2015. 中国统计年鉴(2015)[M]. 北京：中国统计出版社.

仲应喜，洪富文，陈荣，等，2017. 桉树萌芽林留萌株数对伐期林分结构与材积的影响[J]. 桉树科技，34(2)：13-18.

周洁敏，谢先建，2015. 影响我国人工用材林发展条件分析及对策[J]. 林业资源管理(6)：49-53.

周茂建，赵宇翔，李永成，等，2007. 我国外来林业有害生物发生现状及趋势分析[J]. 植物检疫，21(2)：71-73.

周生贤，2005. 全面加强沿海防护林体系建设加快构筑我国万里海疆的绿色屏障[J]. 中国林业产业，4(7)：6-11.

周晓峰，赵惠勋，孙慧珍，2001. 正确评价森林水文效应[J]. 自然资源学报，16(5)：420-426.

周晓燕，马彦玲，杨涓，2015. 芦苇组培快繁技术的研究[J]. 江苏农业科学，43(10)：57-58，327.

朱炜，2015. 沙质海岸风口区风障阻沙特征及初步治理试验[J]. 中国水土保持科学，13(1)：54-58.

朱教君, 2013. 防护林学研究现状与展望[J]. 植物生态学报, 37(9): 872-888.

朱金兆, 贺康宁, 魏天兴, 2010. 农田防护林学[M]. 2 版. 北京: 中国林业出版社.

庄瑶, 孙一香, 王中生, 等, 2010. 芦苇生态型研究进展[J]. 生态学报, 30(8): 2173-2181.

左长清, 2007. 红壤地区水土保持技术特点及发展趋势[J]. 亚热带水土保持, 19(1): 1-3, 6.

BADRU G, ODUNUGA S, OMOJOLA A, et al., 2018. Shoreline change analysis in parts of the barrier - lagoon and mud sections of nigeria coast[J]. Journal of Extreme Events (4): 277-296.

CHAMBERS R M, MEYERSON L A, SALTONSTALL K, 1999. Expansion of Phragmitesaustralis into tidal wetlands of North America[J]. Aquatic Botany, 64(3-4): 261-273.

EPTING S M, HOSEN J D, ALEXANDER L C, et al., 2018. Landscape metrics as predictors of hydrologic connectivity between coastal plain forested wetlands and streams [J]. Hydrological Processes, 32 (4): 516-532.

FENG W, SCHAEFER DA, ZOU X, et al., 2011. Shifting sources of soil labile organic carbon after termination of plant carbon inputs in a subtropical moist forest of southwest China[J]. Ecological Research, 26(2): 437-444.

FONSECA M S, CAHALAN J A, 1992. A preliminary evaluation of wave attenuation by four species of seagrass [J]. Estuarine, Coastal and Shelf Science, 35(6): 565-576.

HASHIM A M, CATHERINE S M P, 2013. A laboratory study on wave reduction by mangrove forests[J]. APCBEE Procedia(5): 27-32.

JAYANTHI M, THIRUMURTHY S, SAMYNATHAN M, et al., 2018. Shoreline change and potential sea level rise impacts in a climate hazardous location in southeast coast of India[J]. Environmental Monitoring & Assessment, 190: 51. Doi: 10.1007/s10661-017-6426-0.

LEFF J W, WIEDER W R, TAYLOR P G, et al., 2012. Experimental litterfall manipulation drives large and rapid changes in soil carbon cycling in a wet tropical forest[J]. Global Change Biology, 18: 2969-2979.

LIU W W, STRONG D R, PENNINGS S C, et al., 2017. Provenance by environment interaction of reproductive traits in the invasion of Spartina alterniflora in China[J]. Ecology, 98: 1591-1599.

MCSWEENEY S, SHULMEISTER J, 2018. Variations in wave climate as a driver of decadal scale shoreline change at the inskip peninsula, southeast queensland, Australia[J]. Estuarine, Coastal and Shelf Science, 209: 56-59.

MELIS R T, FEDERICO D R, CHARLES F, et al., 2018. 8000 years of coastal changes on a western mediterranean island: a multiproxy approach from the posada plain of Sardinia[J]. Marine Geology, 403: 93-108.

PEREIRA L C C, COSTA A K R, COSTA R M, et al., 2017. Influence of a drought event on hydrological characteristics of a small estuary on the amazon mangrove coast[J]. Estuaries & Coasts, 41 (3): 676-689.

PURUGGANAN M D, 2019. Evolutionary insights into the nature of plant domestication[J]. Current biology, 29: 705-714.

RICKERL D H, JANSSEN L L, WOODLAND R, 2000. Buffered wetlands in agricultural landscapes in the Prairie Pothole Region: environmental, agronomic and economic evaluations[J]. Journal of Soil & Water Conservation, 55(2): 220-225.

SU Z, HU H, TIGABU M, WANG G, et al., 2019. Geographically weighted negative binomial regression model predicts wildfire occurrence in the Great Xing'an Mountains better than negative binomial model[J]. Forests, 10(377): 1-16.

WANG B, LIANG S, ZHANG W, et al., 2003. Mangrove flora of the world[J]. Acta Botanica Sinica, 45(6): 644-653.

附　录

附录1　沿海防护林学相关行业标准目录

序号	标准号	名称	起草单位	主要起草人	范围
1	LY/T 1763—2008	沿海防护林体系工程建设技术规范	山东省林业科学研究院、国家林业局长江流域防护林体系建设管理办公室	许景伟、乔勇进、王福祥、李冰、曾宪芷、李传荣、王卫东、王月海	本标准规定了沿海防护林体系的构成、造林树种、营造技术、经营管理、检查验收、档案管理等方面的技术要求。本标准适用于全国沿海防护林体系工程建设
2	LY/T 1938—2011	红树林建设技术规程	国家林业局长江流域防护林体系建设管理办公室、广西壮族自治区林业厅、广西壮族自治区林业勘测设计院	黄永、莫祝平、岑巨延、韦启忠、尹国平、蒋桂雄、陆志星、李震、王福祥、李冰、曾宪芷、韦立权	本标准规定了红树林（包括半红树）建设所涉及的育苗、造林、抚育、封育、改造、检查验收、监测和档案管理等方面的技术要求。本标准适用于我国南方地区沿海滩涂的红树林建设
3	GB/T 8337.3—2001	森林公益林建设技术规程	国家林业局植树造林司、国家林业局调查规划设计院	雷加富、刘红、王恩玲、唐小平、钱能志、樊喜斌、杜纪山、赵雨森、郑小贤、薛建辉、林书宁、罗中康、张同伟、赵博生、周洁敏、程小玲	本标准规定了生态公益林营造、经营、林地配套设施建设及生态公益林建设档案管理等技术要求。本标准适用于全国范围内的生态公益林建设
4	GB/T 15781—2015	森林抚育规程	国家林业局造林绿化管理司、国家林业局调查规划设计院	王祝雄、唐小平、吴秀丽、蒋三乃、翁国庆、王红春、周洁敏、王鹤智、程志楚、刘弈	本标准规定了幼中龄林抚育的对象、抚育条件、措施、方法、技术指标等基本要求。本标准适用于全国范围内的用材林，防护林的幼中龄林抚育
5	LY/T 2496—2015	防护林经营技术规程	北京林业大学、河北农业大学	余新晓、谷建才、贾国栋、陈丽华、牛健植、毕华兴、樊登星、贾剑波、陆贵巧、孙佳美、娄源海、张锁成	本标准规定了防护林的调整、抚育、低效防护林改造和防护林更新等方面的技术要求。本标准适用于全国范围内防护林的经营工作
6	GB/T 15776—2016	造林技术规程	国家林业局调查规划设计院、中南林业科技大学、中国林科院热带林业实验中心、北京林业大学、辽宁省森林经营研究所、中国林科院荒漠化研究所、中国林科院华北林业实验中心、新疆维吾尔自治区林业调查规划院、河南省安阳市林业局	赵良平、唐小平、王恩苓、周洁敏、翁国庆、王君厚、牛牧、王道阳、王瑞辉、郭文福、余新晓、谭学仁、杨文斌、孔庆云、王永平、王红春、郭玉生、李卫忠、边策、卞斐、王倩	本标准规定了造林设计、造林分区、造林树种、种子和苗木、造林密度、造林作业、未成林抚育管护、四旁植树、林冠下造林、造林地生境保护、造林成效评价和造林技术档案等方面的技术要求。适用于全国范围适宜造林地段的人工造林、更新以及四旁植树

（续）

序号	标准号	名称	起草单位	主要起草人	范围
7	LY/T 2498—2015	防护林体系营建技术规程	北京林业大学	余新晓、贾国栋、陈丽华、牛健植、毕华兴、樊登星、贾剑波、孙佳美、娄源海、张晓明、王建文、信忠保、赵阳	本标准规定了防护林体系营建的总则、分区与配置、防护林体系营造和检查验收等方面的技术要求。本标准适用于中华人民共和国境内防护林体系的营建工作
8	LY/T 2257—2014	防护林术语	北京林业大学	余新晓、陈丽华、牛健植、樊登星、贾国栋、张振明、信忠保、张学霞	本标准规定了防护林体系范围内的基础、营造和维护术语等内容（基于 GB/T 10112—1999）。本标准适用于中华人民共和国境内防护林体系的营建、经营、科研、教学和管理等
9	GB/T 18005—1999	中国森林公园风景资源质量等级评定	同济大学、中南林学院、东北林业大学、北京林业大学	丁文魁、吴楚材、李功阳、马建章、张启翔	本标准规定了我国森林公园风景资源质量等级评定的原则与方法，作为森林公园保护、开发、建设和管理的依据。本标准适用于我国已建和待建各级森林公园
10	LY/T 2256—2014	防护林分类	北京林业大学	余新晓、陈丽华、牛健植、樊登星、贾国栋、张振明、信忠保、张学霞	本标准规定了防护林的分类原则、分类指标、分类体系等技术内容和要求。本标准适用于全国各地区防护林分类
11	LY/T 2093—2013	防护林体系生态效益评价规程	北京林业大学、中国林业科学研究院森林生态环境与保护研究所、国家林业局调查规划设计院、中国科学院沈阳应用生态研究所	余新晓、陈丽华、牛健植、樊登星、贾国栋、史宇、李春平、张振明、宋思铭、王兵、刘德晶、范志平	本标准规定了防护林体系生态效益评价的指标体系，生态效益综合指数的计算方法以及评价分级方法和防护林体系生态效益评价流程。本标准适用于中华人民共和国境内防护林体系营建区域的生态效益评价，但不涉及林木资源价值、林副产品和林地自身价值
12	LY/T 1760—2008	长江珠江流域防护林体系工程建设技术规程	四川省林业勘察设计研究院	周立江、骆建国、李冰、高均凯、吴秀丽、曾宪芷、王福祥、曹昌楷、蔡凡隆、潘发明、张立恭、王春峰、王建华	本标准规定了在长江、珠江及淮河、钱塘江流域范围内进行防护林体系工程建设，所涉及的营建改造、经营基础设施、效益评价、档案管理及规划设计等方面的技术要求。本标准适用于长江、珠江及淮河、钱塘江流域范围内的防护林体系工程建设

（续）

序号	标准号	名称	起草单位	主要起草人	范围
13	LY/T 1952—2011	森林生态系统长期定位观测方法	中国林业科学研究院森林生态环境与保护研究所、北京林业大学、北京澳作生态仪器有限公司、北京市农林科学院、清华大学、重庆市林业科学研究院、内蒙古农业大学、江西农业大学、贵州省林业科学研究院、云南省林业科学院、西北农林科技大学、广东省林业科学研究院	王兵、鲁绍伟、李红娟、聂伟、于长青、薛沛沛、王丹、宋庆丰、戴伟、魏江生、俞社保、丁访军、罗大庆、任晓旭、姜艳、牛香、张秋良、周梅、郎南军、孟广涛、尤文忠、刘建军、周平、张卫强、乔磊、周薇、杨晓菲、耿绍波、高东、赵鹏武、张慧东、潘勇军	本标准规范了森林生态系统野外长期连续定位观测方法和技术要求。本标准适用于森林生态系统野外长期连续定位观测，也适用于其他相关森林生态监测工作
14	LY/T 1556—2000	公益林与商品林分类技术指标	国家林业局调查规划设计院	林进、唐小平、周洁敏、李荣玲、程小玲	本标准规定了适用于林业分类经营的森林分类系统、公益林与商品林的分类指标体系和原则性技术指标，明确了森林分类区划的优先等级。本标准适用于全国范围内的森林分类区划
15	LY/T 1626—2005	森林生态系统定位研究站建设技术要求	中国林业科学研究院森林生态环境与保护研究所、中国林业科学研究院热带林业研究所	王兵、陈步峰、杨锋伟、崔向慧、李少宁、肖以华	本标准规定了森林生态系统定位研究站建设程序、试验设施及仪器布设要求，包括站址选择、台站命名、试验分析室建设.森林气象观测设施建设、森林水文观测设施建设、森林土壤定位观测设施建设、森林生物定位研究设施建设、森林健康和可持续发展观测设施建设以及水土资源的保持观测设施建设等。本标准适用于全国范围内各森林生态系统定位研究站建设
16	LY/T 2008—2012	简明森林经营方案编制技术规程	国家林业局调查规划设计院、国家林业局森林资源管理司	张松丹、唐小平、许传德、崔武社、王红春、程小玲、欧阳君祥	本标准规定了简明森林经营方案编制的依据、任务、程序、内容、成果等技术性要求。本标准适用于小型森林经营主体，包括集体、非公有森林经营单位，以及个体林主等编制森林经营方案
17	LY/T 2007—2012	森林经营方案编制与实施规范	国家林业局调查规划设计院、国家林业局森林资源管理司	张松丹、唐小平、崔武社、王红春、袁少青、许传德、谢守鑫、欧阳君祥、李云、程小玲	本标准规定了森林经营方案编制与实施的目的与原则、单位类型，以及编案程序、编案内容、编案深度、编案方法、编案成果和方案实施等技术要求。本标准适用于全国范围森林经营方案的编制与实施

（续）

序号	标准号	名称	起草单位	主要起草人	范围
18	LY/T 1594—2002	中国森林可持续经营标准与指标	中国林科院林业可持续发展研究中心	张守攻、肖文发、江泽平、刘金龙、朱春全、臧润国、陆文明、史作民、雷静品、孙晓梅、姜春前、马娟、黄清麟	本标准规定了中国森林保护与可持续经营应该遵守的标准框架。本标准适用于国家水平森林可持续经营
19	LY/T 1571—2000	国有林区营造林检查验收规则	国家林业局植树造林司	张同伟、李绪尧、王树良、刘红、王恩玲、钱能志、樊喜斌	本标准规定了森林更新、宜林地造林、宜林水湿地造林、低质林改造、封山育林、森林抚育的检验项目、检验方法、质量标准和检验程序。本标推适用于中华人民共和国国有林区所辖的国有、集体、个体及其他形式营造林项目的作业质量与成果、成效检验。天然林资源保护工程营造林项目的作业质量与成果、成效检验，非国有林区的营造林项目作业质量与成效检验参照执行
20	LY/T 1172—95	全国森林火险天气等级	黑龙江省森林保护研究所	王贤祥、刘志忠、吴士英、陈振智、刘兴周、石生彩、王安明、宋庆福、刘勇	本标准规定了全国森林火险天气等级及其使用方法。本标准适用于全国各类林区的森林防火期当日的森林火险天气等级实况的评定，也可用于未来的森林火险天气等级预报准确率的事后评价
21	GB 7908—1999	林木种子质量分级	中国林业科学研究院林业研究所、南京林业大学、江西省林业研究所、东北林业大学和四川、浙江、福建、山西、甘肃、黑龙江、内蒙古、辽宁、北京林木种苗站	于淑兰、赵德铭、陈幼生、杨国华、吴琼美、翁尧富、陈恩军、李锦文、李庆梅	本标准规定了我国主要造林绿化树种种子净度、发芽率、生活力、优良度和含水量等技术指标。本标准适用于育苗、造林绿化及国内、国际贸易的乔木、灌木种子划分等级
22	DB21/T 2733—2017	沿海防护林体系工程建设技术规程	辽宁省林业科学研究院	潘文利、范俊岗、郭锦山、魏忠平、陈罡、田永霞、马冬菁、颜继鑫、李景梅、叶景丰、高英旭、汪成成、刘红民、刘怡菲、孟凡金、杨鹤、高宇、张闯令、杨月、张光美、管宝辉、黄先东、佟帅、王静、高蕊、陈静、张夏、张艳春	辽宁省内的泥质海岸、岩质海岸、沙质海岸地带防护林体系的工程建设均适用于本标准

（续）

序号	标准号	名称	起草单位	主要起草人	范围
23	DB21/T 2732—2017	森林防火技术规程	辽宁省森林防火预警监测中心	李强、张志刚、贾斌英、刘洋、刘飞、明霞、曹华龙、李卓骋、程佳悦、田华森、姬璐璐	本标准规定了森林火灾预防、森林火灾扑救和森林火灾后期处置的技术方法。本标准适用于辽宁省所辖地区的森林防火工作
24	DB35/T 1654—2017	生物防火林带作业设计技术规程	龙岩市林业调查规划所、福建省林木种苗总站、龙岩市森林防火指挥部办公室、龙岩市林业种苗站	卢春英、张文元、廖柏林、郑建英、赖健、张盛钟、兰明、谢贤镇、邱莲	本标准规定了生物防火林带作业设计的术语和定义、依据和任务、设计资格和编制单元、设计程序、作业设计成果等内容。本标准适用于生物防火林带作业设计。电力线路走廊、自然保护区、风景名胜区，军事管理区、易燃易爆品仓库周边等各类专项生物防火林带作业设计可以参照使用
25	DB41/T 683—2011	森林防火总体规划编制规范	河南省人民政府护林防火指挥部办公室、南京森林警察学院、河南省森林航空消防站、河南省林业调查规划院、河南省林业科学研究院等	胡志东、李军、汪万森、尚忠海、刘飞、王明印、赵定新	本标准规定了河南省县级以上行政区域森林防火总体规划编制的术语和定义、总则、编制程序、规划文件组成、森林火险区划、规划目标与总体布局、规划内容、规划图件及附表、档案管理等。本标准适用于河南省辖区县级以上行政区域森林防火总体规划的编制，国有林场和省级以上的风景名胜区、森林公园、自然保护区，以及有森林防火任务的乡镇(街道办事处)森林防火总体规划可参照执行

附录 2　沿海防护林相关专利

序号	申请号	发明名称	申请人	发明人	摘要
1	200910220199.8	一种生态脆弱带沙质海岸沿海防护林造林修补方法	辽宁省林业科学研究员	顾宇书、邢兆凯、赵冰、高军、于世河、陈罡、叶景丰	本发明涉及沙质海岸沿海防护林生态修复方法,具体的说是沙质海岸生态脆弱带沿海防护林修补造林方法。具体为在防护林脆弱带沙质海岸沿海公路旁边或临海沙质滩涂上用黏壤土筑堤造林,能够改善沙质土壤理化特性,且能抑盐、保水、保肥,同时能够起到防护效能。本发明在沙质海岸延线和滨海大道两翼沙质海岸营养贫瘠和漏肥漏水的砂土地上,用黏壤土筑堤的方法抬高成堤坝形林地,筑堤垫土层的黏壤土物理性质和水分条件满足了植物生长的水、肥、气、热的肥力需求,相比其他土壤质地,有较高的田间持水量和较高的保水保肥能力,有效地保持了土壤中各种有机物和活性酶的生理活性,继而保证合格的造林成活率和保存率
2	201010226161.4	一种海堤基干林带的配置模式	江苏省林业科学研究院	李淑琴、储建新、张纪林、芮雯奕	本发明公开了一种海堤基干林带的配置模式:在海堤的外坡,采用刺槐×茅草的配置模式。选择优良品系刺槐树苗,栽植前把保水剂调成泥浆,将苗木根系浸入泥浆中蘸根,随蘸随栽,栽后浇足定根水;内坡和青坎采用刺槐×杨树×茅草的立体配置模式。选择粗度为2~3 cm的杨树,剪成长度为30~40 cm的插条,把插条放入清水浸泡,再放入保水剂中快浸后插于树穴中,浇足水;把茅草切成块状,点栽于空地上,浇水保湿。本发明的一种海堤基干林带的配置模式,不仅克服了单一树种栽培模式和栽植密度不合理造成的防护林带树木枯死率高,防风抗灾效果差的弊端,而且多树种配置还具有提高土壤固N和活化P的功能,使基干林带的预期防护效能提前3~5a,防风效果提高12%~16%
3	201010226162.9	一种提高海堤基干林带造林成活率的方法	江苏省林业科学研究院	李淑琴、储建新、张纪林、芮雯奕	本发明公开了一种提高海堤基干林带造林成活率的方法:2~3月,在海堤的内、外坡,挖树穴、施基肥。选择优良品系刺槐树苗,栽植前把保水剂加水、加土调成泥浆,将苗木根系浸入泥浆中蘸根,随蘸随栽,栽后浇足定根水;青坎上选择粗度为2~3 cm的杨树,剪成长度为30~40 cm的插条,把插条放入清水中浸泡,使其充分吸收水分,然后将插条放入保水剂中快浸3~5 s后插于树穴中,深度以枝条上剪口离地面1 cm为度,浇足水。把茅草切成块状,点栽于空地上。本发明的一种提高海堤基干林带造林成活率的方法,不仅使造林成活率提高到85%~96%,而且克服了传统的栽植模式造成的造林成活率低、成林慢、防护效果差的弊端,使海堤基干林带提前3~5 a达到预期的抗灾和防风效果

（续）

序号	申请号	发明名称	申请人	发明人	摘要
4	201010266012.0	泥质海岸防护林的建设方法	天津市绿源环境景观工程有限公司	刘海崇	本发明涉及一种泥质海岸防护林的建设方法，其特征是：具体步骤如下，在种植区的前沿建防止海水倒灌的隔水坝，种植区铺设渗滤层、埋盲管；种植区施用有机肥和酸性肥料；苗木配置；日常管理。有益效果：①采用铺设盲管使渗滤水分汇集到集水井，在集水井安装自动排水装置，可有效、实时监控地下水位，解决土壤返盐问题。②施用有机肥和酸性肥料，可有效增加土壤养分及团粒结构，降低土壤pH值，加快土壤脱盐过程，增加苗木抗盐性。③采用枸杞、紫穗槐、侧柏、北京桧、白蜡、槐树、毛白杨的种植模式，可有效降低海风伤害，抵抗海水侵蚀，使苗木成活率达到90%以上
5	201010605778.7	沿海防护林种植决策系统	浙江省林业科学研究院	许利群、周炼清、肖纪军、汪奎宏、高智慧、陈顺伟、杜国坚、杨华、程诗明、汤杜平、陈英苗、王冬米、张新波	沿海防护林种植决策系统，涉及一种防护林种植决策系统。现防护林树种的选择往往根据经验完成树种的选择，主观因素多，由于个人掌握的内容有限，决策较难作出，而且也易于出错，防护林非但不能起防风、固水作用反而破坏本地的生态环境。本发明包括：土壤信息查询输入模块、空间查询输入模块、土壤信息判断模块、空间查询判断模块、土壤数据存储模块、树种数据存储模块、土壤数据查询模块、树种种植决策模块、输出模块。集合土壤数据库和树种数据库，树种种植决策时根据该样地号的土壤信息确定树种种植方案，提高树种种植决策的客观性、准确性、快速性
6	201110091245.6	一种沿海防护林的建设方法	天津海林园艺环保科技工程有限公司	刘洪庆、刘太祥、刘洪发	本发明提供一种沿海防护林的建设方法，包括以下步骤：按照防护林的栽植模式挖条形沟；在条形沟底部挖淋水盲沟，然后在淋水盲沟内装填石渣袋；在条形沟沟壁上铺设防渗层；把挖出的沟土掺拌碎秸秆、碎杂草或其他野生植被，对土壤进行改良，把改良后的土回填到条形沟内；在回填完土后的条形沟上打畦梗；排盐后种植苗木。本发明的有益效果是解决了沿海防护林苗木成活率低、保存率低、树木生长缓慢的问题
7	201210351238.X	滨海地区重盐碱地段道路防护林综合配套营建技术	滨州学院	夏江宝、许景伟、李传荣、胡丁猛、王月海	本发明公开了一种滨海地区重盐碱地段道路防护林综合配套营建技术，在高规格台田整地后，经1a的裸地晒田、冰冻改土和1a的深翻熟耕、种植绿肥后，2a后进行防护林植物材料的种植，其包括以下步骤：①构建"林网、路网、水网"三位一体，集合"单元模块台田沟渠"工程整地措施；②裸地晒田，冰冻改土；③深翻熟耕，种植绿肥；④防护林植物材料配置。采用本发明技术能有效解决道路防护林植物材料成活率低、地表返盐严重、结构功能不稳定等问题，极大提高了树木成活率和保存率，起到了较好的压碱抑盐、蓄水保墒、改善。土壤通气和透水性能、增加土壤养分的效能，经连续3a的试验监测，适合滨海地区重盐碱地等段营建道路防护林

（续）

序号	申请号	发明名称	申请人	发明人	摘要
8	201510403996.5	一种沿海盐碱地雨季柳树扦插造林方法	江苏省林业科学研究院	王红玲、施士争、隋德宗、韩杰峰	本发明公开了一种沿海盐碱地雨季柳树扦插造林方法，包括品种选择、林地地下水位控制、土壤改良、作床、地膜覆盖、造林、管理。与现有技术相比，本发明的有益效果：雨季降雨多、造林地盐碱胁迫效应小，柳树易于发芽生长，到雨季结束后，柳树已经可以生长到高度1 m，通过适当密植，可以有效覆盖林地，抑制林地盐分表渗作用；雨季造林，可以有效规避春旱的影响，对于无淡水浇灌的沿海滩涂造林地，雨季扦插造林优势特别明显；此外，采用扦插造林，插条完全插入土中，柳条的保水能力更强，提高沿海盐碱地柳树造林成活率；采取扦插造林，消耗造林材料少，种条采集、运输过程快，造林成本低、并且便于造林各环境的紧密衔接，提高造林效率
9	201510749474.0	一种海岸防护林带冠层结构优化方法	中国林业科学研究院亚热带林业研究院	吴统贵、虞木奎、王金宝、张雷、张慧、张鹏	本发明提供了一种海岸防护林带冠层结构优化方法，所述方法通过清理目标防护林带的平均木和倒伏木，并在林窗或林隙内补充栽植树木，来实现防护林带冠层指数和冠层结构的优化。采用本发明的优化方法，可以显著提高更新造林成活率、有效降低防护林带冠层指数并且提高有效防护距离。比如，在本发明的一个实施例中，更新造林成活率达90%以上；5 a后，防护林带冠层指数由3.35优化为1.96，大树比例由80.12%调整为59.66%，有效防护距离由8.6H增加到10.5H（H为防护林带平均树高）。因此，本发明的冠层优化方法可以在中短期内，有效地提高防护距离20%以上
10	201620080076.9	海岸防护林带水平和垂直防风梯度监测设备及方法	广东省林业科学研究院	魏龙、张方秋、周平、高常军	本发明属于气象监测设备及方法，具体涉及海岸防护林带水平和垂直防风梯度监测设备及方法。海岸防护林带水平和垂直防风梯度监测设备包括监测塔A和监测塔B，设置监测塔B于防护林带中，设置监测塔A于T1、T2、T3、T4、T5处，所述的T1设在防护林带前距防护林带前缘H处，所述的T2设在防护林带后距防护林带后缘H处，所述的T3设在防护林带后距防护林带后缘5H处，所述的T4设在防护林带后距防护林带后缘10H处，所述的T5设在防护林带后距防护林带后缘20H处。本发明的有益效果在于：利用监测塔对防护林的防风具体数据进行了记录，利于今后对防护林的维护和改进
11	201610535887.3	一种滨海防护林的种植方法	王玲燕	王玲燕	本发明提供了一种滨海防护林的种植方法，通过埋设暗管、挖水处理坑对水进行过滤和盐分隔离、挖通到地下水的集水井排水的方式，比传统的挖排水沟的方式排水效果好很多，解决了低洼盐碱地区的盐害和涝害问题；通过特别的树木混栽方式，达到防风固沙、生态多样化的效果，避免了单一林种对生态的破坏；采用特制的微生物肥料，可以调节土壤中的含碱量以及提高树木成活率

（续）

序号	申请号	发明名称	申请人	发明人	摘要
12	201611121728.5	一种用于建筑防风的多排式防风林	天津大学前沿技术研究院有限公司	盛传明、练继建、李蕾、盛传勇、郭琳琳	一种用于建筑防风的多排式防风林，由布置在建筑物前方的五排防风林组成，五排防风林高度依次为 8 m、7 m、6 m、5 m、4 m，宽度为 1.5 m，防风林每两棵树木间隔 5 m，排与排之间间距 5 m，相邻两排防风林交错布置，建筑物距离第 5 排防风林 30 m。本发明的有益效果是：通过在建筑物前方布置五排防风林，并按照高度逐渐降低形式布置，确定合适的树木间隔、排间距和建筑物位置，当台风过境时，可大幅度减弱目标建筑物处风速，使建筑物更安全可靠
13	201410363552.9	一种用于研究根系应对垂直障碍的试验装置及其试验方法	福建农林大学	吴鹏飞、邹显花、侯晓龙、刘爱琴	本发明涉及一种用于研究根系应对垂直障碍的试验装置，包括用于植物苗木生长的透明圆筒容器，所述圆筒容器内沿竖直方向排列设置有若干个透明隔层以将圆筒容器内部分隔成多个用于填充培养基质的分层区域，每个隔层上设置有连通上下两相邻分层区域的通孔，每个分层区域所对应的圆筒容器侧壁上开设有测试孔。同时本发明还提供一种用于研究根系应对垂直障碍的试验方法。该用于研究根系应对垂直障碍的试验装置整体结构简单，造价低廉，取材和制作方便，模拟自然环境，研究根系如何启动形态生理学响应策略以应对生长逆境，尤其是试验植物根系应对垂直方向固体障碍的能力，提高困难立地条件下造林成功率
14	201120433722.8	一种用于研究根系水平方向觅养行为的试验装置及方法	福建农林大学	马祥庆、吴鹏飞、侯晓龙、蔡丽平、刘爱琴、程飞	本发明涉及一种用于研究根系水平方向觅养行为的试验装置及方法，包括用于移植植物苗木的中心圆筒和同心套装在中心圆筒外侧的若干个同心圆筒，其特征在于：所述中心圆筒与最外层同心圆筒之间的区域沿径向方向均匀布设有若干个竖直隔层，以分隔出若干个用于放置不同养分的养分斑块的扇形区域，所述中心圆筒和同心圆筒的底部设置有底板，所述中心圆筒的筒壁、同心圆筒的筒壁和竖直隔层均为玻璃纤维网，所述玻璃纤维网上凝固有琼脂，以让植物根系能顺利穿过玻璃纤维网的同时阻隔不同扇形区域内养分的流动。利用该试验装置可以在最接近自然的状态下，研究植物在根际养分随时间消耗殆尽后，其根系由近及远感应开拓新养分斑块的能力，尤其是试验植物根系水平觅养的能力
15	201710765195.2	沿海防护林受风力影响程度检测方法	福建农林大学	陈灿、刘宝、洪滔、李键、林晗、范海兰	本发明涉及沿海防护林受风力影响程度检测方法，包括步骤S1：在沿海防护林中沿远离海边方向等间隔设置若干样地区间，若干样地区间形成样地梯度；步骤S2：在每个样地区间内选择3~5个调查样方，在每个调查样方内随机选择10株沿海防护林树种作为待测树，对每棵待测树测量树径和树高；步骤S3：在常年风向方向上分别在每株待测树的树干生长长度等间隔设置若干测量部，在每个测量部上测量树干在竖直方向的倾角；步骤S4：用方差分析检验不同样地区间、不同调查样地、不同树高上倾角的差异。本发明使用倾角的差异性检验，能快速从不同组别以及组内的数据中分析发现差异，进而统计分析出相关科学规律，能够客观地满足沿海防护林与风力相关性的研究

（续）

序号	申请号	发明名称	申请人	发明人	摘要
16	201620114886.7	海岸防护林带防风梯度监测塔	广东省林业科学研究院	魏龙、张方秋、周平、高常军、陈建新、王明怀、许秀玉、温小莹	本实用新型属于气象监测设备，具体涉及海岸防护林带防风梯度监测塔，包括塔体，所述的塔体上设有平台，所述的平台上设有风速仪、辐射仪。温度湿度传感器，所述的塔体上还设有数据箱、爬梯和刻度尺，本实用新型有益效果在于：能很好地对海岸防护林的防风效果进行监测和统计，对土壤侵蚀的程度进行评估，了解防护林的防风和防土壤侵蚀效果
17	201721198667.2	一种用于沿海湿地灌溉的海水淡化环保装置	杭州中艺生态环境工程有限公司	钟江波、张凌啸、陈波、万遥	本实用新型公开了一种用于沿海湿地灌溉的海水淡化环保装置，包括筒体以及穿套于筒体内且呈环形状的反渗透膜，所述反渗透膜将筒体内部分隔成海水区域和淡水区域，所述筒体顶部开设有供海水进入海水区域的进水通道以及供淡水区域内的水体排出的出水通道，所述进水通道内设置有用于防止水体回流的防回水机构。对海水进行淡化时，从进水通道处通入海水，海水将进入海水区域，并在反渗透膜的反渗透作用下，在淡水区域形成淡水，淡水区域内的淡水经由出水通道排出即可，为了防止水体回流，本实用新型还设置了防回水机构。本实用新型可以就近利用海水资源，就近淡化海水，以用于沿海湿地苗木的灌溉，大大提高了灌溉效率以及降低了成本